Das **Apple Watch** Handbuch

Matthias Zehden & Holger Sparr

falkemedia

Impressum

Das Apple Watch Handbuch, Matthias Zehden, Holger Sparr
Erste Auflage 2019, ISBN 978-3-96417-111-5

An der Halle 400 #1 D-24143 Kiel info@falkemedia.de
Geschäftsführer und Herausgeber:
Kassian A. Goukassian (V.i.S.d.P)

Liebe Leserin, lieber Leser,

willkommen zum aktuellen Handbuch zur Apple Watch von Falkemedia. Ich freue mich, dass Sie zu diesem Ratgeber rund um die Apple Watch gegriffen haben. Es ist das jüngste Mitglied in unserer beliebten Handbuch-Reihe, die bereits Exemplare zu iPhone, iPad und Mac umfasst. Auch das Apple-Watch-Handbuch konzentriert sich in bewährter Weise auf im Alltag nützliche Hilfen und praxisorientierte Anleitungen. Wir erklären ausführlich die Konfiguration aller wichtigen Systemfunktionen und die Nutzung der mitgelieferten Apps, mit vielen Grundlagen, Tipps und Workshops, die Sie sofort ausprobieren können.

Die Apple Watch ist die Nummer eins in ihrem Markt. Ein Grund für den Erfolg ist die perfekte Integration in das Apple-Universum mit iPhone, iCloud, Apple Music und mehr. Doch auch die Leistung der Uhr an sich überzeugt. Seit dem ersten Modell in 2015 hat sich enorm viel getan. Das auf der Uhr laufende watchOS hat sich mit großen Schritten weiterentwickelt. Immer schnellere Chips öffnen neue Einsatzmöglichkeiten und steigern den Komfort. Heute ist die Apple Watch viel mehr als ein Anhängsel des iPhone, sondern ein wichtiges eigenständiges Produkt. Apples Vorstöße in die Bereiche Fitness und Gesundheit machen die Uhr für Leute interessant, die noch vor kurzem nicht im Traum daran gedacht hätten, eine Smartwatch zu nutzen.

Wir hoffen sehr, dass das Apple-Watch-Handbuch Ihnen im Alltag mit der Uhr hilft und Ihnen neue Möglichkeiten aufzeigt.

Viel Spaß bei der Lektüre!

Herzlichst Ihr

Matthias Zehden

FÜR EILIGE

Inhalt

1

Schneller Einstieg

2

Konfiguration

5 Top-Apps

6

Fitness

7

Aktuelle iPhones

8

Apple Watch in der Praxis

1

Schneller Einstieg

Die Apple Watch hat vor vier Jahren das komplette Genre der Smartwatches mit einem Handstreich übernommen. Dabei steht gar nicht so sehr die ausgefeilte Technik im Vordergrund, sondern eher die ganz selbstverständliche Art, mit der sich die Uhr ins Apple-Universum einfügt. Wir starten mit einer umfassenden Kaufberatung und dem Test der Apple Watch Series 5. Dazu stellen wir die neuen Funktionen im aktuellen watchOS 6 vor.

Fotos: Apple

Intelligenz fürs Handgelenk

Als Apple 2015 die erste Apple Watch präsentierte, waren nicht wenige Beobachter skeptisch, ob dem Hersteller aus Cupertino damit ein großer Wurf gelingen würde, der an iPod und iPhone anknüpfen kann. Denn schließlich sind Armbanduhren bei jungen Leuten ziemlich aus der Mode gekommen, woran Apple ironischerweise nicht ganz unschuldig ist. Denn das dank seiner Kommunikationsmöglichkeiten heutzutage unverzichtbare Smartphone zeigt die Uhrzeit ebenfalls - Armbanduhren wirken da wie ein Relikt aus längst vergangener Zeit. Und irgendwie passt dazu auch die Tatsache, dass Apple sich um die Bekanntgabe von Verkaufszahlen drückt, sodass die absoluten Verkaufsdaten bis heute ein gut gehütetes Geheimnis sind.

Indirekt lässt sich dann aber doch auf den Erfolg der intelligenten Uhr schließen: So sind die Entwickler mit dem Erfolg von Apps für die Apple Watch durchaus zufrieden, und Apple selbst stellt jedes Jahr fleißig und unverdrossen neue Modelle vor. Mittlerweile hat die Uhr ihren Platz im Apple-Sortiment gefunden, und die ersten Irrungen und Wirrungen wie die vollkommen überteuerten goldenen „Edition“-Modelle der ersten Generation, sind vergeben und vergessen. Im Alltag sieht man immer öfter jemanden mit einer Apple Watch am Handgelenk herumlaufen.

Die drei Säulen

Der Erfolg ist also nicht zu leugnen, doch auch nach vier Jahren muss man als Besitzer einer Apple Watch anderen immer noch geduldig erklären, was man mit der Uhr eigentlich anfangen kann, denn es kursieren viele falsche Vorstellungen. Ist sie ein eigenständiger kleiner Computer? Ist sie eine luxuriöse Version eines Fitness-Trackers? Ist sie nur ein verlängertes iPhone-Display? Letztlich stimmt alles ein bisschen, doch das Ergebnis ist wie so oft mehr als die Summe der Einzelteile. Es sind drei Themenbereiche, bei denen sich die Apple Watch beweisen kann: Kommunikation, Fitness und Gesundheit.

Bei der Kommunikation ist die Uhr auch dann extrem hilfreich, wenn sie nicht ein Modell mit integriertem Mobilfunkmodul ist. Mit Letzterem kann man sogar autark telefonieren, doch

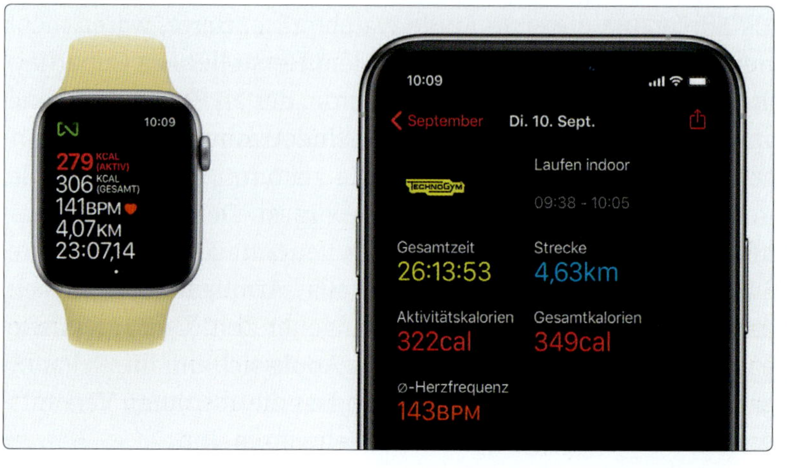

Für Sportler ist die Apple Watch eine geniale Ergänzung, denn sie protokolliert nicht nur das Training, sondern liefert dazu noch das passende Unterhaltungsprogramm.

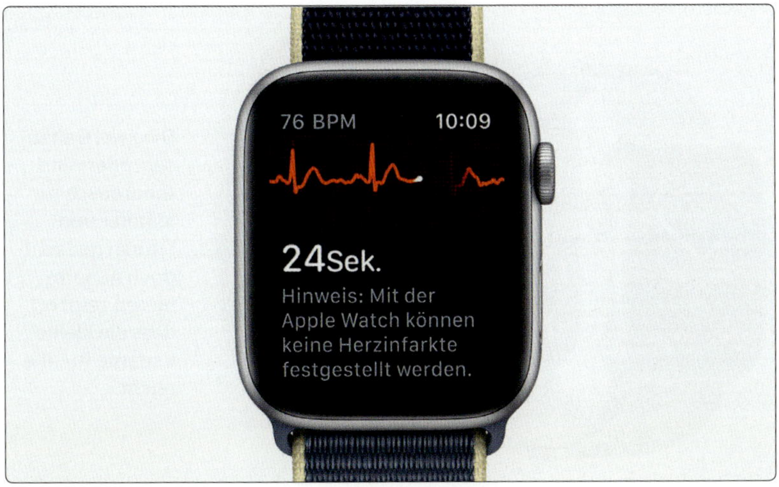

Die Apple Watch kann auch ein einfaches EKG erstellen und das Ergebnis in der Health-Datenbank des iPhones festhalten.

solange das iPhone in der Nähe ist, können die anderen Modelle nicht weniger. Die Apple Watch dient, wenn man es denn so formulieren möchte, als bequemes Zusatzdisplay für das iPhone, das dafür in der Tasche bleiben darf. Mails, Nachrichten, Termine und andere Mitteilungen sieht man auf dem Display, und zwar gut genug, um unwichtige und wichtige Mitteilungen unterscheiden zu können und notfalls auch gleich zu antworten.

Für Sportler ist die Apple Watch wie gemacht: Sensoren erfassen den Herzschlag, zurückgelegte Strecken, gelaufene Schritte und sogar Höhenunterschiede, die allesamt protokolliert werden und jederzeit überwacht werden können. Dabei kann man das iPhone auch zu Hause lassen und unterwegs über Bluetooth-Kopfhörer Musik direkt von der Uhr hören, während die neueren Modelle dennoch mit ihrer internen GPS-Funktion die Wegstrecke protokollieren und dazu noch so wasserdicht sind, dass man mit ihnen nicht nur schwitzen kann, sondern ohne Weiteres auch Wassersport betreiben darf.

Auch beim Erhalt der Gesundheit kann die Uhr ihren Träger unterstützen, indem sie den Herzschlag und die Bewegung wie bei Sportlern protokolliert und an Atemübungen erinnert. Die neueren Modelle können auch eine Art „Mini-EKG" durchführen und die Herzfunktion überwachen. Dazu kommen die auf Sensoren basierende Sturzerkennung, die einen automatischen Notruf auslösen kann und die Möglichkeit, Lärmbelastungen zu messen.

Die zwei Gehäusegrößen sind theoretisch für Männer und Frauen gedacht, doch Ausprobieren zeigt oft, dass die kleine Variante für alle reicht.

Aber es gibt noch etliche weitere Gründe, die für die Apple Watch sprechen, und der vielleicht wichtigste davon ist, dass eine Vielzahl von Fremdanbietern Apps für die Apple Watch anbieten, mit denen sich der Einsatzbereich enorm vergrößern lässt und die aus der Apple Watch viel mehr als nur eine Uhr machen. Es mag zwar das „Killerfeature" fehlen, nach dem manche suchen, aber die Summe der Möglichkeiten macht den Unterschied.

Echter Generationswechsel

Nachdem Apple über viele Jahre die Apple Watch nur innerlich überholt hatte, wurde 2018 mit der Apple Watch Series 4 erstmals ein Modell präsentiert, das mit etwas größeren Gehäusen, stärker abgerundeten Ecken und einem größeren, weiter an den Rand reichenden Display als Neukonstruktion durchgeht und auch für die Series 5 übernommen wurde. Das Gehäuse von Series 4 und 5 wuchs um rund 2 Millimeter in der Diagonale - auf 44 Millimeter in der Herren- und 40 Millimeter in der Damenversion - und wurde gleichzeitig geringfügig dünner, was sie tatsächlich eleganter, aber auch größer aussehen lässt als die vorherigen Generationen.

Etwas wankelmütiger ist Apple bei den Gehäusematerialien: Gab es die Ur-Watch sogar als Edition-Modell aus echtem Gold, war man bei der Series 4 bei nur mehr 2 Materialien, nämlich Alu und Edelstahl angekommen. Bei der Series 5 gibt es zunächst einmal sowohl Alu als auch Edelstahl in je drei Farben: Natur, Dunkelgrau beziehungsweise Schwarz und Gold. Doch die aktuelle Uhr gibt es auch in zwei Edition-Modellen mit Titan-Gehäuse in natur und schwarz sowie in in weißer Keramik - dieses für ein Uhrengehäuse exotische Material gab es zuletzt nicht mehr.

Als kostengünstigere Variante blieb die zwei Jahre alte Apple Watch Series 3 im Programm, die es nur mit Alu-Gehäuse, aber nach wie vor auch mit Mobilfunkanbindung gibt.

Mobilfunkanbindung

Während die früheren Versionen der Apple Watch zum Telefonieren und für Datenverbindungen das iPhone mitbenutzten, führte Apple mit der Series 3 erstmals Modelle mit eigenständiger Mobilfunkanbindung ein. Mit dieser kann die Apple Watch eigenständig telefonieren, und zwar entweder über das eingebaute Mikro und den Lautsprecher oder aber über ein Bluetooth-Headset, das direkt mit der Watch gekoppelt ist, was natürlich deutlich sinnvoller ist. Außerdem kann die Uhr auch ohne iPhone Apple Music, Hörbücher und Podcasts nutzen.

Die Cellular-Version kann selbsttätig Telefongespräche aufbauen sowie die Verbindung zu Apple Music aufbauen.

Aber natürlich kann man auch mit allen anderen Modellen telefonieren. Solange das iPhone in der Nähe und per Bluetooth mit der Apple Watch verbunden ist, stehen exakt die gleichen Möglichkeiten zur Verfügung. So lässt sich beispielsweise im Auto im Notfall die Apple Watch als Freisprecheinrichtung benutzen. Nur wenn man das iPhone partout zu Hause lassen möchte - etwa beim Sport -, bringt die Cellular-Variante einen Vorteil.

Die Cellular-Watch hat natürlich keinen Platz für eine steckbare SIM-Karte, sondern stattdessen eine programmierbare „eSIM", die vertraglich immer ans iPhone gekoppelt ist, sodass sich Telefon und Uhr die Nummer teilen. Der Mobilfunkanbieter muss also entsprechende Möglichkeiten vorsehen, was oft mit kräftigen Aufpreisen verbunden ist: Die Telekom verlangt monatlich rund fünf Euro für die Nutzung einer zweiten SIM-Karte, Gespräche und Datenvolumen teilt sich die Uhr dann mit dem iPhone. Mittlerweile findet man bei vielen Providern Angebote für die Apple Watch. Im Vergleich zum iPhone sind der Empfang und die Unterstützung für verschiedene Mobilfunkstandards allerdings etwas eingeschränkt.

Man muss aber ganz klar sagen, dass sich die meisten Anwender den Aufpreis für die Cellular-Version wohl schenken können. So richtig lohnt sich die Mobilfunkversion nur für Sportler, bei denen es auf jedes Gramm am Körper ankommt. Alle anderen haben ihr Smartphone ohnehin immer in der Tasche. Und wenn

Die Apple Watch Nike+

Von Anfang an bot Apple die Uhr auch in einer speziellen Version für Sportler an, die in Zusammenarbeit mit Nike entwickelt wurde. Sie bietet speziell gestaltete und besonders robuste Armbänder in Kombination mit dem normalen Aluminium-Gehäuse. Dazu kommen die Nike Run Club-App und die Training Club-App, mit denen sich Läufe und Work Outs besonders gut dokumentieren lassen sowie spezielle Zifferblätter, die nur das Nike-Modell bietet. Technisch gesehen gibt es keinen Unterschied zur normalen Apple Watch. Die gute Nachricht dabei ist aber, dass die Apple Watch Nike+ keinen Cent teurer ist als das normale Modell mit Alu-Gehäuse.

Die Apple Watch Hermès

Auch die Zusammenarbeit mit dem französischen Luxusartikelhersteller Hermès besteht bereits seit dem allerersten Modell der Apple Watch. Die Hermès-Variante basiert natürlich auf dem Edelstahlgehäuse mit Saphirglas. Hermés steuert die Armbänder bei, die in aufwändiger Arbeit aus feinstem Leder gefertigt werden. Dazu gesellen sich besondere Zifferblätter, die sehr elegant gestaltet sind und keinen Platz für Komplikationen haben. Die Preise allerdings sind gehoben, um es einmal freundlich auszudrücken und beginnen bei 1350 Euro, also etwa beim Doppelten der einfachsten Edelstahl-Version. Dafür hat man aber ein exklusives Erlebnis.

man kein Headset benutzt, kann man zwar notfalls mal ein Telefongespräch mit der Uhr führen, muss dabei aber auch qualitative Nachteile hinnehmen. Immerhin hat Apple die Freisprechqualität mit der Series 4 deutlich verbessert. Eine Wahl hat man aber ohnehin nur bei der Alu-Version, alle anderen Gehäuse gibt es ausschließlich mit Mobilfunk.

Große Auswahl bei Optik und Preis

Uhren sind ja eine sehr individuelle Angelegenheit, und so verwundert es nicht, dass Apple etliche Versionen im Programm hat, die sich in der Größe, im dazu passenden Armband, im Gehäusematerial und in der Farbe unterscheiden.

Das Basismodell ist dabei die „normale" Apple Watch Series 5 im Alu-Gehäuse mit dem einfachen Sportarmband aus Kunststoff, die für rund 450 in der kleinen beziehungsweise 480 Euro in der großen Variante erhältlich ist. Die Nike-Version unterscheidet sich nur in der Optik. Für 100 Euro Aufpreis bekommt man die Cellular-Version mit eigenständiger Mobilfunkanbindung, die an einem roten Ring im Kronenknopf erkennbar ist. Für Edelstahl als Gehäusematerial muss man schon einiges drauflegen und mindestens 750 Euro ausgeben, was ein wenig dadurch relativiert wird, dass die Edelstahl-Version immer die Mobilfunkanbindung enthält.

Luxus aus Frankreich und den USA

Die Luxusversionen mit Edelstahlgehäuse und Lederarmband von Hermès gehen erst bei 1350 Euro los. Exklusiv haben die Hermès-Uhren sehr edel wirkende Zifferblätter und die Lederarmbänder dieser Modelle sind wirklich sehr schick.

Mit der Series 5 feiert auch die Apple Watch Edition eine Wiederauferstehung. Mit einem Gehäuse aus Titan gehen die Preise bei 850 Euro los, mit dem nochmals aufwendiger zu fertigenden Keramikgehäuse sogar erst bei 1400 Euro. Man kann die Titan-Variante als geringfügig teurere Alternative zur Edelstahl-Uhr ansehen, während die weiße Keramik-Watch eher etwas für Individualisten ist, zumal es für 1400 Euro nur das einfachste Armband gibt.

Die Preisaufschläge auf die „normalen“ Varianten sind sehr groß. Dabei sollte man stets im Hinterkopf behalten, dass das Innenleben der bisher genannten Modelle, vom Mobilfunkchip abgesehen, vollkommen identisch ist. Geht es also nur um die Technik, tut es auch das günstigste Modell - die Unterschiede sind nur kosmetischer Natur. Doch die Kosmetik spielt bei einer Uhr, die immer auch Schmuckstück sein wird, durchaus eine Rolle. Die Zahl der Gehäuse- und Armbandvarianten ist so groß,

Die Apple Watch Edition

Unter der Bezeichnung Apple Watch Edition verkaufte Apple bei der ersten Generation noch goldene Modelle zu fünfstelligen Preisen, mittlerweile ist man auf dem Boden angekommen und bietet besondere Modelle mit Gehäusen aus Titan und Keramik. Die Titan-Version ist nur einen Hunderter teurer als Edelstahl, was angesichts der Tatsache, dass das sehr stabile Material schwieriger zu bearbeiten ist, vollkommen in Ordnung ist. Die Optik des etwas gröber wirkenden Titan-Gehäuses ist durchaus reizvoll. Außergewöhnlich ist aber auch das teure, aber dank spezieller Fertigungstechnik extrem harte Keramik-Gehäuse, das Unbedarfte leider oft für Kunststoff halten, das in Wirklichkeit aber die teuerste und hochwertigste Variante der Apple Watch kleidet.

dass man eigentlich nur jedem empfehlen kann, falls irgend möglich einen Apple Store zu entern und sich dort die passende Kombination auszusuchen.

Die Budgetvariante

Zusätzlich zur erneuerten Series-5-Version bietet Apple nach wie vor die Apple Watch Series 3 an, die immerhin 200 Euro unter der Series 5 liegt. Dafür gibt man natürlich auch etwas auf: Ihr Display ist kleiner und bleibt nicht ständig aktiv, außerdem lassen sich die neuen Zifferblätter mit bis zu acht Komplikationen nicht nutzen. Ihr Prozessor ist nominell nur etwa halb so schnell und ihre Sensoren beherrschen weder EKG noch Sturzerkennung.

Doch nichts wird so heiß gegessen, wie es gekocht wird. In der Praxis bleibt von den theoretisch sehr großen Unterschieden deutlich weniger übrig. Die Displayfläche der Series 3 ist zwar

Wasser marsch

Die allererste Apple Watch ist ebenso wie die Series 1 nur spritzwassergeschützt nach IPX7, die neueren Versionen sind dagegen wasserdicht bis 50 Meter nach ISO 22180:2010. Doch das heißt nicht, dass eine Apple Watch eine Taucheruhr wäre, und Apple empfiehlt den Einsatz im Wasser nur an der Oberfläche. Nach längerer Zeit oder aber bei impulsartigen Belastungen, etwa beim Schlagen der Arme aufs Wasser beim Schwimmen, kann sehr wohl Wasser eindringen. Gleiches gilt übrigens für den Einsatz von Seife, deren Zweck es ja gerade ist, das Wasser auch in die kleinsten Ritzen dringen zu lassen. Doch gegen Schweiß oder auch Wasser beim Surfen und anderen Sportarten ist man bestens geschützt, und bei einem Schauer braucht man sich um die Uhr keine Sorgen zu machen. In Grenzen gilt das übrigens auch schon für die frühen Modelle und die Series 1. Deren Spritzwasserschutz reicht locker fürs Händewaschen und auch einen Regenguss. Schwimmen und Duschen sollte man mit ihnen aber lieber nicht, und vor dem Wassersport sollte man sie ablegen. Damit ist Wasser kaum ein Thema.

Schneller Einstieg

1

erkennbar kleiner, aber eben auch nicht zu klein. Die 30 Prozent Flächenunterschied kann man vor allem im direkten Vergleich sehen. Der Prozessor mag langsamer sein, wirkt aber noch immer sehr schnell und engt den Besitzer nicht ein. Und der EKG-Sensor dürfte Gesunden herzlich egal sein.

Die Series 3 gibt es nur noch im Alu-Gehäuse, wahlweise in silberner oder schwarzer Variante und ausschließlich mit Sportarmband. Doch dafür gibt es sogar noch die Cellular-Version, die mit Preisen ab 330 Euro immer noch deutlich günstiger ist als die billigste Series 4-Variante ohne Mobilfunk. Insgesamt ist die Series 3 eine durchaus attraktive Möglichkeit, für einen überschaubaren Betrag ab 230 Euro in die Welt der Apple Watch zu schnuppern.

Die Materialwahl

Eines muss man Apple lassen: Bereits die Aluversionen der Apple Watch, die es in Silber, Gold oder Grau gibt, sind extrem widerstandsfähig und bekommen selbst im langjährigen Einsatz nur selten einen Kratzer ab. Apple setzt hier eine speziell gehärtete Aluminium-Legierung ein, die reichlich mehr aushält, als man diesem Material gemeinhin zutraut. So gesehen ist der Griff zur etwas schwereren Edelstahlvariante eigentlich nur aus optischen Gründen sinnvoll, denn diese ist poliert und glänzend. Glän-

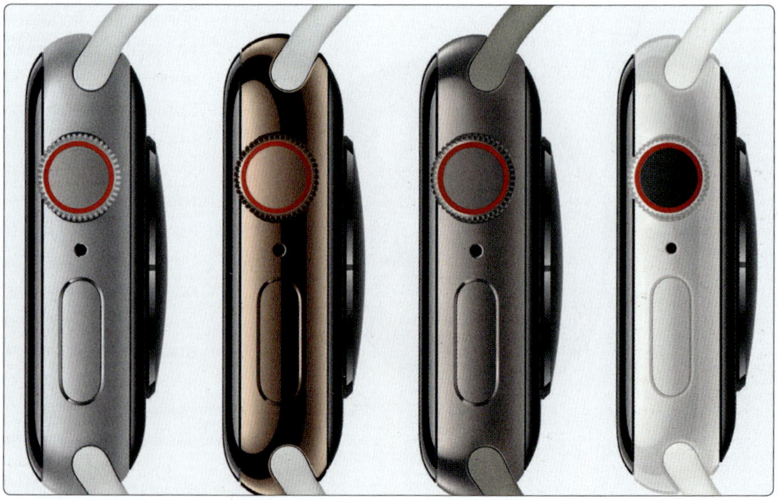

Die Apple Watch ist in vier Materialien erhältlich (von links nach rechts): Aluminium, Edelstahl, Titan und Keramik. Doch Bilder können den Eindruck der eigenen Augen kaum ersetzen.

zen tut auch das extrem harte Keramik-Gehäuse, während die Titan-Variante deutlich matter ist und absichtlich die Spuren der Bearbeitung zeigt, was in der Realität großartig aussieht.

Auch bei den Gläsern gibt es Unterschiede, die sich aber nicht unbedingt in der Haltbarkeit bemerkbar machen: Das prestigeträchtige Saphirglas der Edelstahl-Modelle ist zwar kaum zu zerkratzen, dafür aber etwas spröder und damit bei Stürzen gefährdeter als das „Ion-X“-Glas der Aluversionen, das zwar geringfügig weicher, aber dafür eben auch flexibler und weniger bruchgefährdet ist.

Auswahl der Armbänder

Wenn die Apple Watch oft schon als Luxusartikel gesehen wird, was gilt dann für die Armbänder? Das Armband lässt sich innerhalb von Sekunden wechseln, sodass wenig dagegen spricht, sich gleich mehrere zuzulegen und je nachdem, ob man gerade Sport treibt oder in die Oper möchte, mal robusten Kunststoff und mal edles Leder zu nehmen.

Bei den Armbändern hat man reichlich Auswahl, denn neben Apple selbst bieten auch Fremdanbieter eine große Auswahl, die man beim Kauf der Uhr im Hinterkopf haben sollte. Denn Apples eigene Armbänder sind teils sehr teuer: Einfache Lederarmbänder schlagen hier schon mit 100 Euro zu Buche, die Hermès-Versionen starten erst bei 370 Euro. Und dass ein Metall-Gliederarmband 350 Euro kosten soll, mag zwar qualitativ zu rechtfertigen sein, aber ob es zu einer Smartwatch passt, die im Endeffekt deutlich schneller veraltet als normale Uhren, sei dahingestellt.

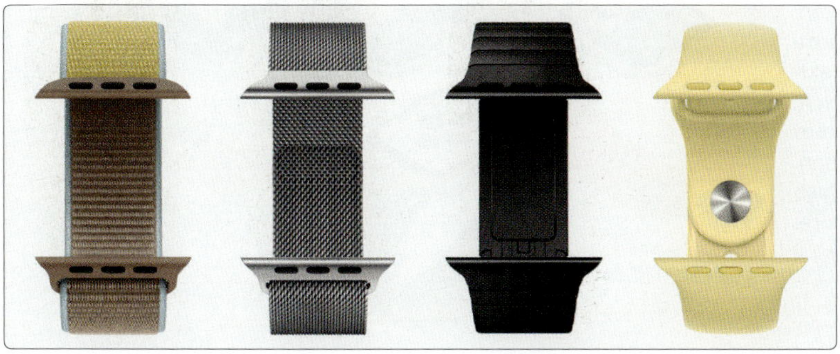

Hier ist nur eine kleine Auswahl der von Apple angebotenen Armbänder zu sehen, es gibt noch weit mehr und es kommen noch Fremdanbieter hinzu.

Etwas Vorsicht ist auch bei den Sportarmbändern aus einem elastischen Kunststoff angebracht, die zwar sehr stabil sind, dafür aber schnell Schmutz ansetzen. Die „Sport Loops“ aus Gewebe sind da deutlich praktischer. In allen Fällen gilt: Bei Fremdanbietern gibt es vielleicht nicht immer so hochwertige, aber oft deutlich günstigere Alternativen. Schon bei der Neuanschaffung der Uhr sollte man das im Hinterkopf haben.

Die Qual der Wahl

Man kann die Wahl des richtigen Apple-Watch-Modells natürlich wie bei technischen Geräten üblich an den Anforderungen orientieren. Tut man dies, stellt man meist fest, dass die normale Apple Watch Series 5 die richtige Wahl ist. Sie bietet die aktuelle Technik, was nicht zuletzt auch heißt, dass Apple sie noch viele Jahre mit neuen Systemen versorgen wird - ganz gleich, was zukünftige Generationen der smarten Uhr an neuen Features bringen werden.

Den Aufpreis für die Cellular-Version können sich alle, die nicht regelmäßig zur besten Geschäftszeit Sport treiben und dabei partout erreichbar bleiben möchten, schenken. Denn solange man auch das iPhone dabeihat, bietet die Cellular-Version nicht den geringsten Vorteil. Dass man diese Version dennoch öfter sieht, hat auch damit zu tun, dass Apple die besseren

Die möglichen Kombinationen aus Materialien, Farben und Armbändern sind extrem zahlreich. Wirklich beurteilen kann man diese Vielfalt fast nur im Store.

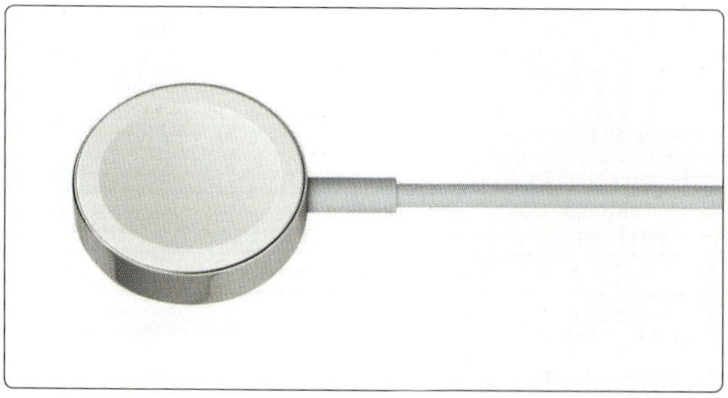

Das Ladekabel hält magnetisch an der Unterseite der Uhr und braucht oft nur eine Stunde, um die Uhr voll zu laden.

Gehäuseversionen nur mit Mobilfunkteil anbietet, der oftmals einfach ungenutzt bleibt.

Eher schon eine Überlegung ist die Series 3 wert, die zu einem deutlich günstigeren Einstiegspreis von 230 Euro erhältlich ist. Sie ist damit die richtige Entscheidung für Leute, die sich an der etwas langsameren Arbeitsweise nicht stören und die dafür lieber einen günstigeren Einstieg in die Welt der Apple Watch bekommen möchten. Womöglich wird man etwas früher als mit der Series 5 von Updates ausgeschlossen und vom gesparten Geld wird man beim Wiederverkauf viel wieder einbüßen. Das alles kann einem aber vielleicht egal sein, wenn man die Apple Watch einfach behalten möchte.

Praktisch und/oder schick

Zu welchem Modell man auch greift: Gutes Design kostet extra. Der Aufpreis für das Edelstahlgehäuse und das Saphirglas mag noch in Ordnung sein, wenn es nicht auf jeden Euro ankommt und man damit leben kann, dass man beim späteren Verkauf vom zusätzlich investierten Geld nicht allzu viel wiedersehen wird.

Bei den Preisen für Zubehör wie Armbändern verwechselt Apple sich selbst leider mit einem Hersteller von Luxusuhren, was die Apple Watch aber wohl nur für die wenigsten ist. Natürlich lassen sich das Gehäuse aus Edelstahl und die Armbänder entsprechend aus edlem Leder oder Metall wählen. Doch all diese Accessoires ändern nichts an der Leistung oder am grundsätzlichen Design der Uhr, sondern variieren es höchstens ein wenig. Zum Protzen taugt die Apple Watch, die man ja sofort als solche erkennt, ohnehin nicht sehr gut.

Vielmehr ist die Apple Watch einfach ein praktischer Alltagshelfer, der seinem Besitzer bei der Information, beim Kommunizieren und bei der Unterhaltung behilflich ist. Im Vergleich zu einer normalen Uhr, die nur die Zeit, das Datum und bestenfalls noch die Mondphase zeigt, hat Apples smarte Version reichlich mehr drauf, wenn sie zusätzlich über Wetter, Mails oder die Busabfahrtszeiten informiert, Fotos zeigt oder Musik spielt und sogar telefonieren kann. Zur Apple Watch greift man also tendenziell wegen der Funktionalität und nicht wegen des Designs.

Möchte man lediglich die Uhrzeit wissen, gibt es weit günstigere, einfachere und praktischere Lösungen als die Apple Watch. Man stelle sich einmal eine edle Armbanduhr vor, die täglich geladen und gelegentlich mit Updates versorgt werden muss. Daran kann man sich aber schnell gewöhnen - ebenso wie an einen intelligenten, stets und einfach verfügbaren Begleiter für den Alltag am Handgelenk.

Oder reicht eine gebrauchte Apple Watch?

Die Apple Watch gibt es nun schon seit einigen Jahren und mittlerweile schon in fünf - je nach Sichtweise auch sechs - verschiedenen Versionen, die jeweils an Leistung und Features zugelegt haben. Da gibt es nicht wenige, die ihre Uhr zugunsten eines neueren Modells wieder verkaufen oder bei denen der Funke zur

Die Series 3 ist mit ihrem günstigen Anschaffungspreis oft die bessere Alternative zu gebrauchten Apple-Watch-Modellen.

Benutzung der smarten Uhr eben doch nicht übergesprungen ist. Der Gebrauchtmarkt für die Apple Watch ist entsprechend gut bestückt, allerdings müssen Verkäufer eine bittere Pille schlucken, nämlich den mit 230 Euro relativ günstigen Neupreis für die Series 3 - mit Garantie, Rechnung und frischem Akku. Viele Anbieter gebrauchter Uhren haben neu deutlich mehr bezahlt und mögen nicht einsehen, dass man gute Argumente benötigt, um für eine gebrauchte Apple Watch mehr zu verlangen als für ein Neugerät.

Eine kurze Geschichte der Uhr

Um die angebotenen Modelle einordnen zu können, hilft vielleicht ein kleiner Ausflug in die Geschichte der Apple Watch. Die allererste Generation der Apple Watch hatte noch einen etwas langsameren Einkern-Prozessor und war gleichzeitig das einzige Modell, dass nicht nur mit Alu- und Edelstahl-Gehäuse, sondern als „Edition"-Version auch mit Goldgehäuse zu fünfstelligen Preisen erhältlich war. Die erste Version der Uhr war auch nur vor Spritzwasser geschützt. Als Apple die Apple Watch Series 2 präsentierte, wurde diese erste Version - Series 0, wenn man so möchte - mit dem schnelleren Doppelkernprozessor der Series 2 ausgestattet und blieb ansonsten unverändert als einfacheres Einstiegsmodell namens Series 1 im Programm - und zwar bis zur Vorstellung der Apple Watch Series 4. Das Urmodell mit seinem Einkernprozessor ist das einzige, das sich nicht mehr mit dem aktuellen watchOS 6 betreiben lässt und der Geschwindigkeitsnachteil gegenüber den neueren Modellen ist deutlich spürbar. Aufpassen muss man auch, weil das Urmodell mit seinem lahmeren Prozessor oft und fälschlich als Series 1 bezeichnet wird. Weder die Urversion noch die Series 1 kann man heute noch zum Kauf empfehlen.

Mit der Series 2 kamen neben der höheren Geschwindigkeit vor allem zwei wichtige Dinge hinzu: Die Uhr wurde wasserdicht und so endgültig ein Fall für Sportler, und das Display wurde deutlich heller, sodass es auch bei Sonnenschein überzeugen kann. Die noch immer erhältliche Series 3 wurde anschließend nochmals schneller und ist optional mit eigenem Mobilfunkmodul ausgestattet.

Tops und Flops unter den Gebrauchten

Da wird auch recht schnell klar, dass einige Modelle gebraucht durchaus attraktiv sind: So war der Sprung von Series 2 auf 3 letztlich eher gering - zumindest, solange man auf die Cellular-Version mit der integrierten eSim-Karte verzichten kann. Allerdings muss eben auch der Preis stimmen, der deutlich unter dem einer neu gekauften Series 3 liegen sollte. Auch die Series 4 findet man bisweilen gebraucht und da die aktuelle Series 5 ihr vor allem das Always-On-Display, aber kaum andere Features oder einen nennenswerten Geschwindigkeitsvorteil voraus hat, ist das Preisniveau hier noch recht hoch. Und das heißt auch, dass sich eine gebrauchte Series 4 fast nie lohnt, wenn man für ein paar Euro mehr das aktuelle Modell neu haben kann.

Schwierig wird es bei der Preisfindung auch spätestens dann, wenn der Erstkäufer kräftig in schicke Gehäuse oder Armbänder investiert hat und der Meinung ist, dafür noch einen deutlichen Aufpreis verlangen zu können. Oft sind die Preisvorstellungen leider einfach überzogen und deutlich zu nah an den Neupreisen.

Wenn allerdings der Preis stimmt und man ein hübsches Sümmchen sparen kann, ist der Kauf einer gebrauchten Apple Watch durchaus eine Überlegung wert. Denn wir reden hier nicht über einen Hochleistungscomputer, mit dem man seinen Job erledigen kann, sondern immer noch über eine Armbanduhr mit erweiterten Fähigkeiten. Und die haben auch die langsameren Exemplare fast im gleichen Maße wie die neueren, besseren Versionen. Eigentlich ist es doch beruhigend, dass wenigstens die Apple Watch nicht ganz so schnell und deutlich veraltet wie andere Geräte - so sehr Apple sich auch bemühen mag, jedes Jahr eins draufzulegen.

Das stets aktive Display der Series 5 bewährt sich nicht nur beim Sport, sondern auch bei vielen anderen Aktivitäten.

Die Apple Watch 5 glänzt vor allem mit dem Always-On-Display. Es gibt sie auch wieder im Titan- und Keramikgehäuse.

Die ultimative Uhr für iPhone-Nutzer

Die neueste Apple Watch sieht aus wie ihre Vorgängerin - und auch auf den zweiten Blick scheint sich nur wenig geändert zu haben. Doch eine Funktion erweist sich als echte Revolution - das Display ist auf Wunsch ständig ablesbar, wie bei einer ganz normalen Armbanduhr.

Fangen wir zunächst mit den Dingen an, die Apple mit der Series 5 nicht verändert. Rein äußerlich sind die Series 4 und 5 nicht zu unterscheiden, sieht man mal vom Always-On-Display ab, doch dazu später mehr. Displaygröße, Gehäusedicke und Ausmaße bleiben identisch. Es gibt auch weiterhin Varianten in 40 und 44 Millimetern. Die Series 5 ist erhältlich in Alu-, Edelstahl-, Titan- und Keramikgehäusen, jeweils in unterschiedlichen Farben. Das einzig wirklich neue Material ist dabei Titan; Keramik gab es für die Apple Watch Series 3 schon einmal. Das Innenleben der unterschiedlichen Gehäusevarianten ist identisch.

Ebenfalls unberührt sind die Sensoren für die Herzfrequenz und die EKG-Aufzeichnung. Erste Blicke in die Spezifikationen bestätigen, dass wohl auch der Prozessor der Apple Watch Series 5 im Vergleich zum Vorjahr fast unverändert ist und nicht schneller wurde. In unserem Test liefen aber alle Apps und Funktionen zu jeder Zeit flüssig und werden dies sicherlich auch noch in den kommenden Jahren zuverlässig tun. Apple ist bei der Chip-Entwicklung anderen Smartwatch-Herstellern inzwischen deutlich voraus, und daher kann die Apple Watch auch mit einem ein Jahr alten Chip noch locker mithalten. Kommen wir nun aber zu den wahren Neuerungen.

Der Kompass: nicht nur für Pfadfinder

Eine der neuen Funktionen der Series 5 ist der Kompass. In einem ersten Test zeigte er zuverlässig die Himmelsrichtung und den Neigungswinkel an. Außerdem soll die App Höhe sowie Längen- und Breitengrad anzeigen. Spannender ist allerdings die Auswirkung des Kompass auf eine weitere wichtige App.

Während die reine Kompass-Anwendung für Wanderer, Pfadfinder und Outdoor-Abenteurer sicherlich nützlich ist, kann der durchschnittliche Großstädter damit wenig anfangen, navigiert er doch eher mit einer Navigations-App durch Häuserschluchten. Doch genau hier ist der Kompass, zugegeben etwas versteckt, eine große Hilfe: Dank ihm weiß die Apple Watch nämlich endlich, in welche Richtung ihr Träger sieht und kann die Karte entsprechend drehen. Im Test fällt auf, wie praktisch das ist. Bisher brauchte die Karten-App auf der Watch immer etliche Meter, um zuverlässig zu erkennen, in welche Richtung der Nutzer läuft. Häufig durfte man dann wieder umdrehen oder doch in eine andere Seitenstraße abbiegen. Mit dem Kompass gehört

Die neue Apple Watch Series 5 besitzt nun einen Kompass.

Mit dem Kompass verbessert sich die Navigation der Karten-App.

In der Trainings-App sehen Sie nun zurückgelegte Höhenmeter.

dies der Vergangenheit an, und die neue Apple Watch führt ihre Besitzer zuverlässig zum Ziel.

Always-On-Display macht die Watch zur Armbanduhr

„This Watch Tells Time.“ Mit diesem Satz beginnt ein Apple-Video zur neuen Series 5. Das klingt banal, doch Apple bringt eine wichtige Neuheit damit auf den Punkt. Darin steckt nämlich eine deutlich fundamentalere Änderung als man zunächst glaubt.

Die Apple Watch zeigte die Zeit bisher erst an, wenn ihr Träger das Handgelenk anhob oder drehte. Auch wenn man sich nach einer gewissen Zeit an diese Bewegung gewöhnt und die Uhr auch fast immer richtig darauf reagiert, gab es doch immer wieder Situationen, in denen das Display dennoch schwarz blieb. Spätestens mit einem Kaffeebecher in der Hand war das Ablesen der Uhrzeit nur noch mit Verrenkungen möglich. Und in einem Gespräch mal eben wegen einer Notifikation auf die Uhr zu sehen wurde häufig als Hinweis gedeutet, man müsse jetzt bald mal los selbst wenn es gar nicht so gemeint war. Dank des neuen Always-on-Displays gehören solche missverstandenen Gesten, verschütteter Kaffee und verrenkte Arme der Vergangenheit an.

Apple setzt dafür auf eine Displaytechnologie, welche die Helligkeit und die Geschwindigkeit regelt. Dafür passen die Entwickler alle Zifferblätter entsprechend an. Diese sind im aktiven Zustand zum Beispiel mit einem Sekundenzeiger ausgestattet und zeigen bei voller Helligkeit alle Informationen und Push-Nachrichten an. Senken Sie das Handgelenk oder legen Sie die flache Hand auf das Display , passieren mehrere Dinge gleichzeitig: Die Helligkeit wird gedrosselt, der Sekundenzeiger verschwindet, weiße Flächen werden schwarz und Push-Mitteilungen werden nicht mehr angezeigt. Alle weiteren Elemente des Zifferblatts bleiben aber erhalten. Durch das Tippen auf das Display oder das Anheben des Handgelenks wird die Apple Watch dann wieder heller und zeigt alle verfügbaren Informationen und den Sekundenzeiger.

Nun könnte man vermuten, ein immer aktiviertes Display ist zum Beispiel in dunkleren Umgebungen störend. Allerdings verbaut Apple neben dem Display auch einen neuen Helligkeitssensor, welcher das Display stufenlos und immer absolut passend

Die Edelstahl-Version ist in drei Farben erhältlich.

Es gibt weiterhin die sportlichen Nike-Modelle.

Edle Lederarmbänder bietet die Hermès-Variante.

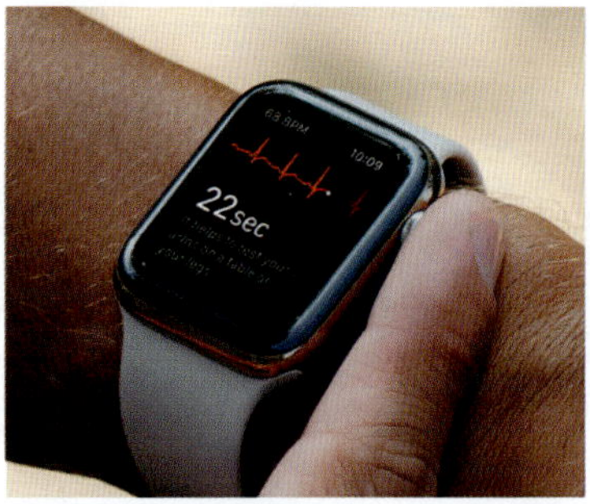

So einfach ist das EKG am Handgelenk. Es ersetzt keinen Arzt, kann aber raten, einen aufzusuchen.

zum Umgebungslicht ausleuchtet. So erkennen Sie das Zifferblatt sowohl im strahlenden Sonnenschein als auch im dunklen Kino. Und dort leuchtet es so dezent, dass es hoffentlich niemanden stört.

Die Akkulaufzeit scheint durch das neue Display nicht sehr stark beeinträchtig zu sein. In unserem Test lag die Akkukapazität am Ende des Tages im Schnitt bei 40 bis 45 Prozent. Sie müssen also auch die Series 5 weiterhin in der Nacht aufladen oder ab und zu mal zwischendurch. Wer bereits eine Apple Watch besitzt, kennt das natürlich schon. Trotzdem wäre es schön, würde die Smartuhr in Zukunft auch mal drei bis vier Tage durchhalten.

Lohnt der Kauf?

Apple baut hervorragende Smartwatch-Modelle, vermutlich die besten für alle, die ein iPhone besitzen. Die Apple Watch ist auch in ihrer fünften Generation ein toller Fitness- und Gesundheitstracker, den viele kleine smarte Funktionen ergänzen. Dank des Always-On-Displays ist die Apple Watch aber auch endlich eine echte Armbanduhr. War sie bisher eine Smartwatch, die auch die Uhrzeit anzeigt, ist sie jetzt eine Armbanduhr, die smarte Funktionen besitzt. Dieser Schritt mag banal klingen, sorgt im Alltag aber für ein verändertes Nutzungsgefühl - und ist zumindest eine kleine Revolution.

So gut die Series 5 ist: Wer bereits eine Series 4 besitzt, muss nicht für das Always-on-Display und den Kompass auf das neue Modell wechseln. Die hohe Auflösung mit entsprechend optimierten Zifferblättern, das fast randlose Design und einen sehr schnellen Prozessor besitzt die vierte Generation auch schon. Der 64-Bit-Prozessor S4 soll, wie der S5, bis zu doppelt so schnell sein wie der Chip der Series 3. Sturzerkennung und EKG bietet die Series 4 ebenfalls. Dem S4- und S5-Chip steht der W3 zur Seite, die aktuelle Version von Apples Koprozessor für drahtlose Verbindungen. Trotz der Mehrleistung in allen Bereichen bleibt die Akkulaufzeit von Series 4 und 5 im Vergleich zur Series 3 vergleichbar. Apple gibt wie bei der Series 3 eine Nutzungsdauer von 18 Stunden an. Ohne größere Sportexzesse hält eine Apple Watch Series 3 und 4 erfahrungsgemäß gut zwei Tage durch.

Besondere Modelle

Wir verzichten in der Tabelle auf die Angabe der anderen Gehäusematerialien. Titan ist ab 849 Euro und Keramik ab 1399 Euro erhältlich. Beide gibt es nur als Cellular-Ausführung.

Preise und Ausstattungen

Die Preise beginnen bei 449 Euro für das 40-mm-Modell im Alugehäuse mit Sport- oder Gewebearmband. Das große Modell kostet mindestens 479 Euro. Der Aufpreis für die Cellularversion mit Mobilfunkchip beträgt 100 Euro. Im Edelstahlgehäuse ist Letzterer immer dabei, wofür mindestens 749 Euro fällig sind. Ist Ihnen das alles zu teuer, überlegen Sie doch mal, ob es nicht auch die Series 3 tut. Die bleibt nämlich als noch einmal preisreduziertes Einstiegsmodell ab 229 Euro im Programm. Damit bietet sie ein hervorragendes Preisleistungsverhältnis.

	Apple Watch Series 3	**Apple Watch Series 4**	**Apple Watch Series 5 und 5 Nike+**	**Apple Watch Series 5 Edelstahl**
Gehäuse	38/42 mm, Aluminium	40/44 mm, Alu/Edelstahl	40/44 mm, Aluminium	40/44 mm, Edelstahl
Farbe	●●	●●●	●●●	●●●
Display	OLED 1000 Nits, Ion-X-Glas, 272 x 340 oder 312 x 390 Pixel	LTPO OLED 1000 Nits, Ion-X-Glas, 324 x 394 oder 368 x 448 Pixel	LTPO OLED 1000 Nits, Ion-X-Glas, Always-On, 324 x 394 oder 368 x 448 Pixel	LTPO OLED 1000 Nits, Saphirglas, Always-On, 324 x 394 oder 368 x 448 Pixel
CPU	S3 mit W2-Coprozessor	S4 mit W3-Coprozessor	S5 mit W3-Coprozessor	S5 mit W3-Coprozessor
Speicher	8 GB (Cellular 16 GB)	16 GB	32 GB	32 GB
Wasserdichtigkeit	50 m	50 m	50 m	50 m
Sensoren	Helligkeit, Höhe, Herzfrequenz (optisch), Gyroskop, Beschleunigung	Helligkeit, Höhe, Herzfrequenz (optisch + elektrisch), Gyroskop, Beschleunigung	Helligkeit, Höhe, Herzfrequenz (optisch + elektrisch), Gyroskop, Beschleunigung, Kompass	Helligkeit, Höhe, Herzfrequenz (optisch + elektrisch), Gyroskop, Beschleunigung, Kompass
Schnittstellen	WLAN 2,4 GHz, Bluetooth 4.2, UMTS+LTE (nur Cellular)	WLAN 2,4 GHz, Bluetooth 5.0, UMTS+LTE (nur Cellular)	WLAN 2,4 GHz, Bluetooth 5.0, UMTS+LTE (nur Cellular)	WLAN 2,4 GHz, Bluetooth 5.0, UMTS+LTE
Besonderheiten	GPS-Modell ohne Netzteil	Krone mit Haptik-Feedback, Sturzerkennung	Krone mit Haptik-Feedback, Sturzerkennung	Krone mit Haptik-Feedback, Sturzerkennung
Preise GPS GPS + Cellular	ab 229/259 Euro ab 329/359 Euro	nicht mehr erhältlich	ab 449/479 Euro ab 549/579 Euro	- ab 749/799 Euro

Das bringt watchOS 6

Kein großes Update ohne neue Zifferblätter, aber das neue watchOS 6 hat zum Glück noch ein paar Neuerungen mehr zu bieten. Bleiben wir trotzdem erst einmal bei den Zifferblättern, schließlich sind sie die erste und wichtigste Funktion einer Uhr. Es gibt mit Kalifornien ein neues Zifferblatt, dass sich wahlweise schlicht und klassisch oder modern und funktional konfigurieren lässt. Es ist nämlich wahlweise vollflächig mit einfachen Ziffern oder rund mit Komplikationen in den Ecken nutzbar. Mit Meridian gibt es eine etwas entschärfte, elegante Version des bekannten Infograph - dem Vorzeige-Zifferblatt der Series 4. Außerdem bringt watchOS 6 eine reduzierte Form des Modular-Zifferblatts mit und verschiedene minimalistische Varianten mit großen Zahlen. Wer es farbig mag, greift zu Verlauf, dass einen einfarbigen Hintergrund mit verschiedenen Helligkeitsgradienten zeigt. Auch hier besteht die Möglichkeit zwischen Vollbild und rund mit Komplikationen zu wählen. Ein echter Hingucker ist das neue Sonnenuhr-Zifferblatt, das in der Mitte - neben der Zeit - Infos zum Sonnenstand aufwendig in Szene setzt. In den Ecken finden Sie wieder den üblichen Platz für Komplikationen. Ergänzend gibt es davon auch neue, zum Beispiel für Umgebungslautstärke, Kompass und Mobilfunk, und einen bis vier Signaltöne pro Stunde oder Taps als unauffälligere Zeitinformation.

Neues für Aktive

Eine der spannendsten Neuerungen sind wahrscheinlich die Aktivitäts-Trends. So sehen Sie nicht mehr nur, wie viel Sie sich zum Beispiel heute schon bewegt haben, Sie können auch auf einen Blick erkennen, wie sich dieser Wert im Vergleich zu Ihren bisherigen Aktivitäten verhält. Also, ob Sie normalerweise schon deutlich mehr Kalorien verbrannt haben oder nicht. Sollte der Trend langfristig nach unten weisen, bietet die Apple Watch nun auch eine neue Coaching-Funktion, die den Nutzern hilft, sich wieder mehr zu bewegen.

Auch die Auswertung der Trainingseinheiten wurde verbessert und bietet nun mehr Informationen.

Unterstütze Modelle

watchOS 6 ist als kostenloses Update für die Apple Watch Series 1 bis 4 erhältlich. Nur für das erste Modell der Uhr ist bei watchOS 4 Schluss.

Das neue Sonnenuhr-Zifferblatt sieht wirklich faszinierend aus

Mit dem App Store auf der Uhr spart man sich den Umweg über das iPhone.

Zum Schutz Ihres Gehörs bietet watchOS 6 eine Lärmmessung an.

Eigener App Store

Apps direkt auf der Apple Watch installieren? Das war bisher nicht möglich. Stattdessen musste dies auf dem gekoppelten iPhone und mit dem dortigen App Store passieren. Mit watchOS 6 schafft es der Marktplatz für Apps nun endlich auch auf die Apple Watch. Sie können mit der neuen Store-App direkt auf der Uhr im App Store suchen und Apps installieren. Damit wird die Uhr wieder ein wichtiges Stück weit unabhängiger.

Schützt jetzt auch die Ohren

Was im ersten Moment ein wenig abwegig klingen mag, ergibt bei genauerer Betrachtung durchaus Sinn. Eine zu starke Beanspruchung der Ohren durch zu laute Geräusche kann auf Dauer zu einem Hörverlust führen. Um davor zu warnen, erfasst die Apple Watch nun auf Wunsch die Lautstärke der Umgebung und warnt ihren Träger, falls ein Wert von 90 Dezibel überschritten wird. Wer möchte, kann sich die Umgebungslautstärke auch direkt auf dem Zifferblatt anzeigen lassen und so erfassen, ob es beim Konzert oder im Fußballstation mal wieder zu laut wird. Dabei werden keine Töne oder Umgebungsgeräusche von der Apple Watch aufgezeichnet oder gar an Apple gesendet. Lediglich der Dezibelpegel

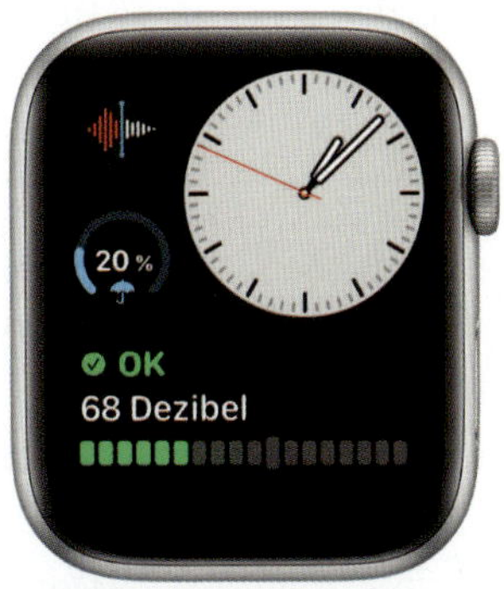

Die neue Geräuschmessung eignet sich prima als Komplikation wie im neuen „Modular kompakt".

wird gemessen. Sie müssen also keine Angst haben, nun eine Wanze am Handgelenk zu tragen, die heimlich alles mitschneidet.

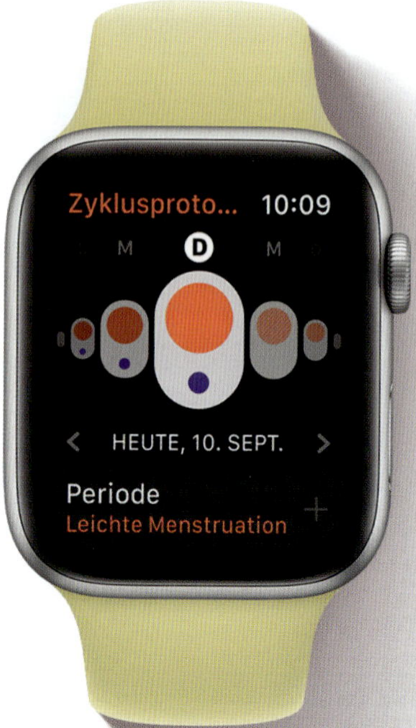

Die neue Zyklus-App erlaubt ein einfaches Protokoll und die Vorhersage des nächsten Eisprungs.

Zyklustracking

Mit watchOS 6 können Nutzerinnen nun auch ihren Menstruationszyklus genau erfassen und so zum Beispiel fruchtbare Zeiträume erkennen, die nächste Periode oder ihren Eisprung vorhersagen und per Push-Mitteilung sogar einige Tage im Voraus durch die Apple Watch ankündigen lassen. Alle Daten werden darüber hinaus zusätzlich in der Health-App auf dem iPhone mit iOS 13 lokal und verschlüsselt gespeichert und können dort detaillierter durch die Nutzerinnen ausgewertet und auf Wunsch zum Beispiel einem Arzt vorgelegt werden.

Taschenrechner, Hörbücher und Sprachmemos

Ebenfalls neu sind drei kleine Apps von Apple, die allerdings (noch) nicht direkt zum Update auf watchOS 6 gehören, sondern sich über dessen App Store laden lassen. Man darf vermuten, dass genau das auch Apples Ziel war, einfach ein bisschen Werbung für den Store zu machen. Anschließend werden sie wie systemeigene Apps behandelt. Mit einer der neuen Apps können Sie nun auf der Apple Watch Hörbücher hören. Mit Bluetooth-Kopfhörern ist das unterwegs eine prima Sache. Dank der neuen Rechner-App haben Sie immer einen praktischen Taschenrechner dabei und wer gerne Sprachmemos aufzeichnet, der kann dies nun endlich auch am Handgelenk mit der Apple Watch tun. So lassen sich spontane Einfälle ganz einfach und schnell festhalten.

Mehr Freiheit für Entwickler

Der bereits angesprochene neue App Store für die Apple Watch ist nicht nur für die Nutzer eine Veränderung, er dürfte auch die Entwicklung neuer Apps für die smarte Uhr vorantreiben. Denn Entwickler können nun Apps ganz gezielt für die Apple Watch entwickeln und müssen diese nicht, quasi als Umweg, mit einer zugehörigen iPhone-App verknüpfen. Diese zwingende Verbindung war sicherlich einer der Gründe dafür, warum einige Firmen ihre Unterstützung der Apple Watch relativ schnell wieder eingestellt hatten. Es bleibt zu hoffen, dass solche Apps nun wieder zurückkehren, seit sie endlich ganz gezielt für watchOS programmiert werden können.

Fast unveränderte Voraussetzungen

Als Mindestvoraussetzung für watchOS 6 gibt Apple die Apple Watch Series 1 an, das heißt alle Modelle der Uhr, die bisher watchOS 5 unterstützt haben, laufen auch mit der neuen Software. So profitiert auch die installierte Basis größtenteils von den neuen Funktionen. Die Ur-Apple-Watch von 2015 war leider bereits beim Update auf watchOS 5 durchs Raster gefallen. Besitzer der Series 1 und 2 müssen eventuell noch ein klein wenig Geduld haben. Für sie war das Update auf watchOS 6 bei Redaktionsschluss noch nicht verfügbar. Laut Apple soll es aber demnächst erscheinen. Wahrscheinlich ist es also schon verfügbar, wenn Sie dieses Buch lesen.

Eine kleine Änderung der Voraussetzungen gibt es aber doch: Zur Installation von watchOS 6 benötigen Sie nicht nur eine kompatible Apple Watch, sondern auch mindestens ein iPhone 6s mit dem aktuellen iOS 13.

Hörbücher bringt spannende Unterhaltung auf die Apple Watch.

Es kann nie schaden einen kleinen Taschenrechner griffbereit zu haben.

Sprachmemos eignet sich sehr gut, um sich schnell etwas zu merken.

Die Oberfläche der Apple Watch

01 Zifferblatt bearbeiten

Starkes Drücken auf das Display erlaubt die Bearbeitung des aktuellen Zifferblatts, hier „Feuer und Wasser“. Dazu gehört die Auswahl von Darstellungsoptionen und Komplikationen.

02 Wischen von oben

Das Wischen vom oberen Rand öffnet die Mitteilungszentrale. Dort werden Nachrichten von Apps und Diensten gesammelt.

03 Neue Mitteilungen

Der rote Punkt signalisiert, dass es ungelesene Mitteilungen gibt.

04 Komplikationen

Je nach Zifferblatt gibt es unterschiedliche Komplikationen, hier der Batteriestand als kleine Komplikation.

05 Krone

Kurzes Drücken wechselt zwischen Apps und Uhr, doppeltes Drücken zur letzten App, langes Drücken öffnet Siri. Drehen der Krone blättert in Listen und zoomt die Anzeige.

06 Wischen vom Seitenrand

Das Wischen vom Rand wechselt zum nächsten Zifferblatt. Sie können mehrere einrichten und so schnell wechseln.

07 Große Komplikationen

Große Komplikationen zeigen mehr Informationen, hier das Wetter in Textform mit Temperatur und Wetterlage

08 Wischen von unten

Das Wischen vom unteren Rand öffnet das Kontrollzentrum mit wichtigen, häufig gebrauchten Einstellungen.

09 Seitentaste

Drücken öffnet das Dock, langes Drücken zeigt den Ausschaltdialog. Langes Drücken von Seitentaste und Krone schaltet die Apple Watch zwangsweise aus.

02
03
56
04
05
01
06
06
09
0° TEILS BEWÖLKT
07
08

2

Konfiguration

Die App Einstellungen ist so etwas wie die Schaltzentrale von watchOS. Mit ihr konfigurieren Sie grundlegende Funktionen und legen Sie fest, wie sich Ihre Apple Watch im Alltag verhält. Wir geben einen schnellen Überblich über die wichtigen Einstellungen und erklären, wie Sie die Apple Watch besser an Ihre Bedürfnisse anpassen.

Erste Schritte zur perfekten Apple Watch

Haben Sie Ihre Apple Watch ausgepackt und mit dem iPhone verbunden, ist sie im Prinzip startbereit. Jetzt sollte der erste Weg in die Einstellungen führen, um das grundsätzliche Verhalten der Uhr Ihren Wünschen anzupassen. Die Basiskonfiguration von Apple ist zwar schon nicht schlecht, aber wie beim Mac oder iPhone nur ein Kompromiss, der möglichst vielen Benutzern gerecht werden soll. Bei einem so vielseitigen Gerät wie der Apple Watch lohnt es sich einfach, die Konfiguration gemäß den eigenen Erfordernisse zu verändern. So bekommen Sie auch gleich einen guten Überblick, was geht und wo Sie welche Einstellung finden. Das gilt analog auch, wenn Sie Ihre Uhr schon länger haben und gerade erst auf das aktuelle watchOS umgestiegen sind. Apple hat praktisch alle Einstellungen von watchOS in der gleichnamigen App zusammengefasst. Sie ist also der zentrale Anlaufpunkt zur Konfiguration Ihrer Uhr.

Ein schneller Überblick

Drücken Sie kurz auf die Krone, um den App-Bildschirm zu öffnen. Mit einem Tipp auf das Zahnrad-Icon öffnen Sie die Einstellungen. Die App zeigt eine Liste, in der die einzelnen Module nach Themenbereichen sortiert sind. In watchOS 6 hat sich hier

Die Apple Watch ist ein kleiner Computer am Handgelenk. Damit er tut, was Sie wollen, sollten Sie einige grundlegende Einstellungen vornehmen.

Die App Einstellungen ist die Schaltzentrale der Uhr. In watchOS 6 hat Apple sie deutlich erweitert.

einiges verändert. Die oberste Ebene der Einstellungen ähnelt etwas mehr den iOS-Einstellungen, die Sie von iPhone kennen. Es gibt nun einerseits deutlich mehr Einträge in der App, außerdem folgt unterhalb der Systemfunktionen auch noch Bereich mit Einstellungen zu Apps.

Während einige Bereiche nur einen simplen Schalter zum An- und Ausschalten einer Funktion bieten, verbergen sich hinter anderen Punkten weitere Menüs und diverse Konfigurationsmöglichkeiten. Insgesamt lassen sich nun deutlich mehr Einstellungen ohne den Umweg über die Watch-App auf dem iPhone direkt auf der Uhr vornehmen als noch in watchOS 5. Es lohnt sich auf jeden Fall, hier einmal durch alle Bereiche zu stöbern. Auf die meisten gehen wir in den nachfolgenden Abschnitten noch ausführlicher ein. Wir starten jetzt erst mal mit einer Übersicht der Bereiche.

ID: Am Anfang der Einstellungen steht jetzt Ihr Name, genauer der Name, der mit der Apple-ID auf dem gekoppelten iPhone verknüpft ist. Der Eintrag hat sonst keine weitere Funktion.

Allgemein: Der Bereich „Allgemein“ ist ein Sammelbecken für alle möglichen Einstellungen und Angaben. Hier finden Sie zum Beispiel Informationen zur Uhr, wie den Namen, die installierte watchOS-Version oder die Modellnummer. Andere betreffen die Suche nach Updates, die Aktivierung des Displays oder die Konfiguration von Weckermodus, Handoff, Hintergrundaktualisierung und Speicherbelegung. Ganz unten finden Sie Befehle zum Zurücksetzen, also zum Löschen aller Einstellungen und Inhalte oder auch nur der App-Anordnung auf dem Home-Bildschirm.

Nicht stören: Hier können Sie die Funktion „Nicht stören“ zum Unterdrücken von Mitteilungen manuell an- und ausschalten. Wird sie automatisch aktiviert, finden Sie unten in diesem Bereich den aktuellen Zeitplan. Sie können „Nicht stören“ auch automatisch während eines Trainings aktivieren.

Flugmodus: Hier schalten Sie den Flugmodus an und aus. Ist er aktiv, schaltet die Apple Watch alle Funkverbindungen aus. Sie haben dann von der Uhr aus keinen Zugriff mehr auf das iPhone oder das Internet. Letzteres bedeutet zum Beispiel auch, dass Siri nicht mehr funktioniert.

Mobiles Netz: Diesen Eintrag sehen Sie nur, wenn Sie eine Apple Watch Wi-Fi und Cellular mit eigenem Mobilfunkchip haben. Sie können kontrollieren, welcher Provider auf der eSIM eingetragen ist und ob die Verbindung gerade aktiv ist.

WLAN: Hier können Sie die WLAN-Funktion deaktivieren oder die automatische Anmeldung an bekannten Netzen oder einem persönlichen Hotspot abschalten sowie die gespeicherten Zugangsdaten für ein drahtloses Netz löschen.

Bluetooth: In diesem Modul können Sie Bluetooth-Geräte wie Kopfhörer oder Lautsprecher anmelden oder umgekehrt die zugehörigen Verbindungsdaten wieder von der Uhr entfernen.

Anzeige & Helligkeit: Hier können Sie die Helligkeit des Displays einstellen und die Größe von Schriften skalieren. Letzteres funktioniert allerdings nur in Apps, die Apples Systemfunktion für skalierbare Schriften nutzen.

Bedienungshilfen: Diesen Bereich hat Apple deutlich erweitert und aus den allgemeinen Einstellungen hervorgeholt. Hier finden Sie ähnlich wie auf dem iPhone allerlei Funktionen zur Erleichterung der Bedienung. Dazu gehören die Sprachausgabe VoiceOver, die Zoomfunktion, die Anzeige in Graustufen oder Reduzierung von Oberflächeneffekten, Einstellungen zur

Siri aufrufen

Seit watchOS 5 kommen Sie ohne „Hey Siri“ aus. In den Siri-Einstellungen können Sie bestimmen, dass die Uhr nicht mehr auf das Kommando hört. Stattdessen lässt sich Siri einfach durch Anheben des Armes oder Drücken der digitalen Krone aktivieren.

Funktion von Touchscreen und Tasten sowie die neue „Windspiel"-Funktion zur automatischen Zeitinformation.

Siri: Auch die Einstellungen zum Sprachassistenten sind jetzt auf der ersten Ebene zu finden. Hier legen Sie fest, wie Sie Siri aktivieren möchten, zum Beispiel durch „Hey Siri" oder das Anheben des Arms. Sie können auch die Siri-Stimme wechseln und das Sprachfeedback deaktivieren.

Töne & Haptik: Hier passen Sie die Lautstärke von Hinweistönen und die Stärke der Vibration Ihren Bedürfnissen an.

Code: Unter „Code" finden Sie verschiedene Sicherheitseinstellungen zum Schutz der Uhr. Sie können zum Beispiel den Zifferncode zum Freischalten der Uhr (de-)aktivieren oder ändern. Die Uhr lässt sich auch automatisch sperren, wenn Sie sie abnehmen.

SOS: Sie können den Notruf durch langes Drücken der Seitentaste und die Sturzerkennung (ab Apple Watch 4) an- und ausschalten. Außerdem finden Sie hier die Angaben des Notfallpasses.

Datenschutz: Hier regeln Sie den Zugriff auf sensible Funktionen und persönliche Daten. Dazu gehört zum Beispiel, welche Apps die Ortsfunktion oder das Mikrofon nutzen dürfen oder Zugriff auf Ihre Kontakte haben.

Aktien: Den Anfang im App-Bereich macht Aktien. Hier wählen Sie Wertpapier und Datenart für die Aktien-Komplikation aus.

Codesperre

Haben Sie die Codesperre von watchOS aktiviert, bleibt sie auch beim Zurücksetzen der Uhr über die allgemeinen Einstellungen aktiv. Zum Deaktivieren öffnen Sie die Code-Einstellungen. Dort können Sie den Code auch ändern oder vom einfachen zu einem längeren Code wechseln.

App Store: Die Uhr kann neue Einkäufe von anderen Geräten oder Updates für installierte Apps automatisch laden.

Geräusche: Hier schalten Sie die automatische Geräuschmessung im Hintergrund an und aus. Außerdem wählen Sie, ab welchem Schwellwert Sie eine Mitteilung erhalten wollen.

Health: Hier können Sie die gespeicherten Gesundheitsdaten einsehen. Sie kontrollieren, welche Apps Zugriff haben und von welchen Geräten die Daten stammen. Sie können Letztere bei Bedarf auch wieder entfernen.

Training: Der Stromsparmodus reduziert die Sensoraktivitäten beim Training und verlängert so die Akkulaufzeit. Außerdem kann die Uhr Trainingsanfang, -pausen und -ende erkennen.

Uhrzeit: Gehören Sie zu den Leuten, die ihre Uhr fünf Minuten vorstellen, um pünktlicher zu sein, können Sie das hier machen. Das betrifft nur die Anzeige auf dem Zifferblatt - Erinnerungen, Wecker und Co. melden sich weiterhin pünktlich. Sie können hier auch die akustische und taptische Zeitansage konfigurieren. Sie erfolgt, wenn Sie zwei Finger auf das Zifferblatt legen.

Wetter: Wählen Sie für die Anzeige in der Wetter-Komplikation den aktuellen Standort oder einen, der auf dem iPhone angelegten Favoriten aus.

Zugriff vom iPhone

Zusätzlich zur Konfiguration auf der Uhr gibt es auch die Möglichkeit, das mit ihr gekoppelte iPhone zu nutzen. Dazu öffnen Sie auf Letzterem die iOS-App Watch. Im Bereich „Meine Uhr“ finden Sie zuerst die Auswahl der Uhr, falls Sie mehrere benutzen. Es folgen Funktionen zur Auswahl und Konfiguration der Zifferblätter. Dazu gehören auch die Komplikationen, also die kleinen Zusatzfunktionen, die von System und Apps bereitgestellt werden. Je nach Zifferblatt variieren Anzahl und Größe der Komplikationen. Es folgen Mitteilungen, die Anordnung der Apps auf der Uhr und das Dock.

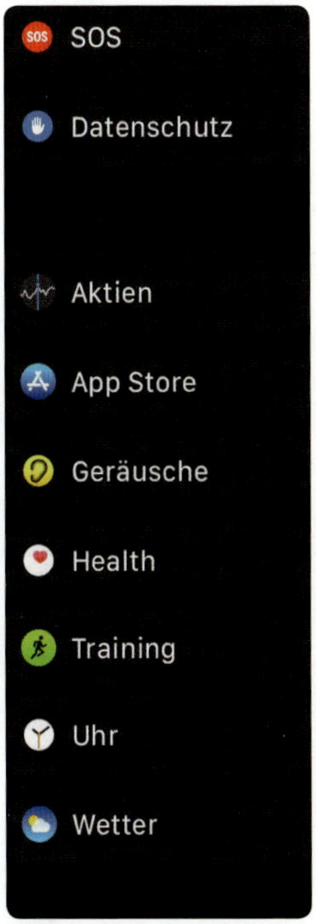

Am Ende der Einstellungen folgt in watchOS 6 noch ein Bereich zu App-abhängigen Vorgaben.

Workshop: Wichtige Basiseinstellungen von watchOS auf der Uhr vornehmen

1 Daten der Apple Watch aufrufen

Öffnen Sie auf der Uhr die Einstellungen und darin „Allgemein“. Sie finden nun als Erstes den Eintrag „Info“, der die wichtigsten Daten der Uhr zeigt, wie Name, gespeicherte Fotos und Songs, freien Platz, Systemversion, Seriennummer, diverse IDs und vieles mehr.

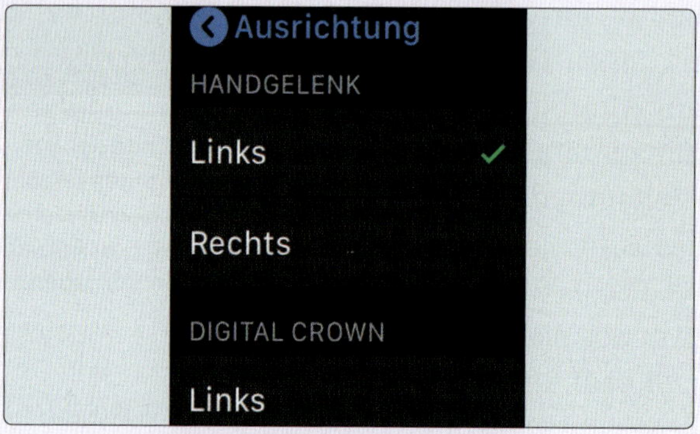

2 Ausrichtung der Uhr am Arm

Unter „Ausrichtung“ stellen Sie ein, an welchem Handgelenk Sie die Uhr tragen, damit die Uhr richtig erkennt, wenn Sie den Arm heben, um daraufzuschauen. Außerdem können Sie die Krone links oder rechts tragen und die Bildschirmausrichtung anpassen.

3 Optionen zum Aktivieren der Uhr

Es folgen Einstellungen zum Display: Hier lässt sich unter anderem die automatische Aktivierung an- und ausschalten und die Zeit zum Deaktivieren von 15 auf 70 Sekunden verlängern. Außerdem kann die Uhr automatisch die zuletzt benutzte App zeigen.

4 Ihre Daten von der Uhr löschen

Ganz unten in den allgemeinen Einstellungen finden Sie den Befehl zum Löschen der Uhr. Dazu tippen Sie auf „Zurücksetzen > Einstellungen & Inhalte löschen" und bestätigen mit dem Code. Mit „Home-Bildschirm" setzen Sie nur die App-Anordnung zurück.

5 Zoom und andere Bedienungshilfen

In „Bedienungshilfen" finden Sie VoiceOver für eine Sprachbeschreibung der Oberfläche, den Zoom, der durch Doppeltippen mit zwei Fingern aktiviert wird, die Reduzierung von Zoom- und Animationseffekten, ohne die die Apple Watch gleich viel schneller wirkt, und vieles mehr.

6 Den Standort mit anderen teilen

In „Datenschutz > Ortungsdienste" steuern Sie die Standortfunktionen. Das wirkt auch auf das gekoppelte iPhone, sodass Sie schnell vom Handgelenk das Teilen des Standorts an- und ausschalten können. Wählen Sie, welche Apps Ortsdaten nutzen dürfen.

Workshop: Konfiguration der Apple Watch vom gekoppelten iPhone aus

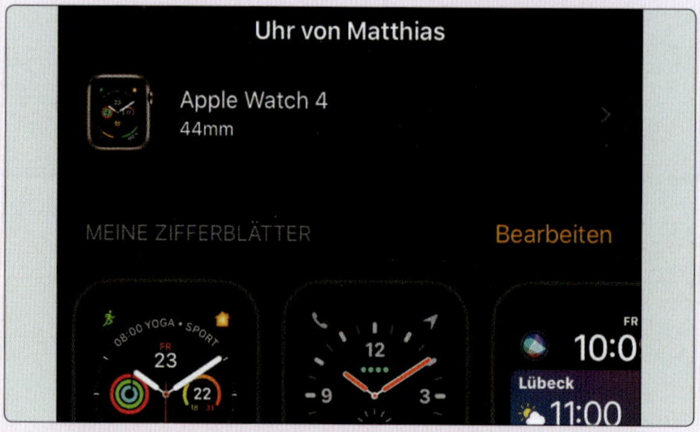

1 Watch-App auf dem iPhone starten

Zur Konfiguration vom iPhone starten Sie darauf die App Watch und wählen in der Navigationsleiste am unteren Bildschirmrand „Meine Uhr“. Sie sehen die gekoppelte Uhr und darunter die Bearbeitung der Zifferblätter.

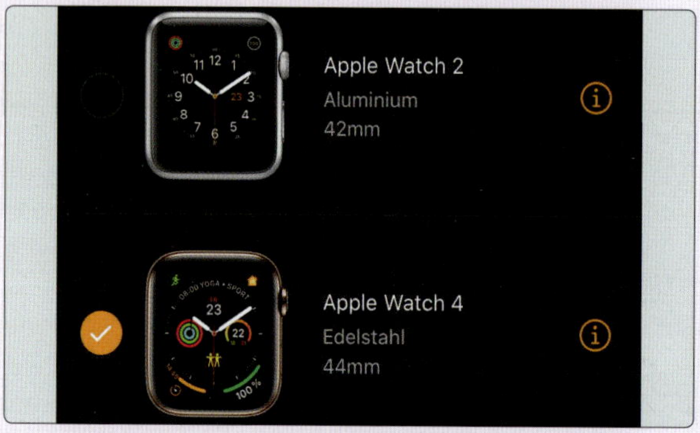

2 Die aktive Uhr auswählen

Tippen Sie oben in „Meine Uhr“ auf Ihre Watch. Haben Sie mehrere, können Sie hier wechseln oder automatisch die jeweils getragene aktivieren lassen. Auch die Kopplung neuer Uhren finden Sie hier.

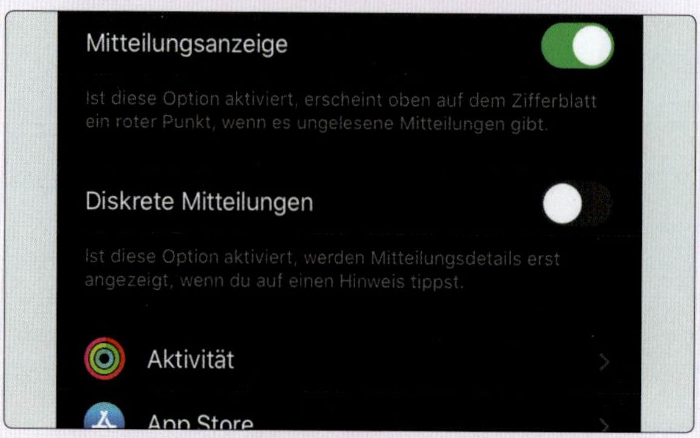

3 Zahl der Mitteilungen reduzieren

Ein wichtiger Bereich, der sich nicht auf der Uhr konfigurieren lässt, sind Mitteilungen. Damit die Nachrichten nicht nerven, sollten Sie sie auf der Uhr erst recht auf die wirklich notwendigen Apps beschränken.

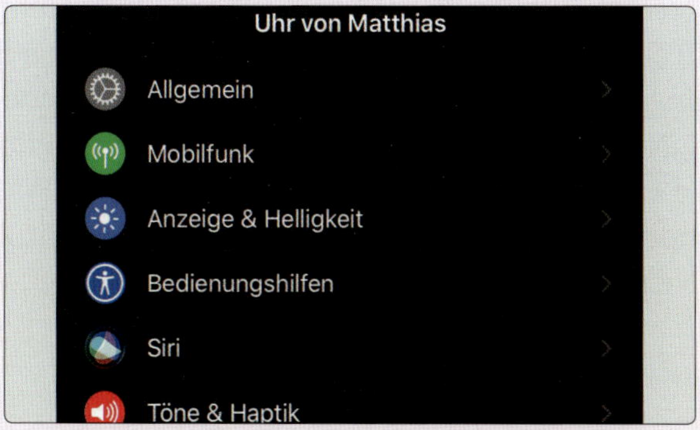

4 Einstellungen der Uhr anpassen

Der dritte Einstellungsblock in „Meine Uhr" hat starke Ähnlichkeit mit den erweiterten Einstellungen von watchOS 6. Viele Einstellungen sind identisch, aber auf dem iPhone etwas übersichtlicher, und zum Teil auch umfangreicher.

5 Allgemeine Einstellungen optimieren

In „Allgemein" finden Sie nicht nur die Infos zur Uhr und die Update-Funktion, sondern auch die automatische Installation aller auf dem iPhone verfügbaren Apps, die Display-Aktivierung, Einstellungen für Sprache und Region, die Eingabe der Apple-ID und vieles mehr.

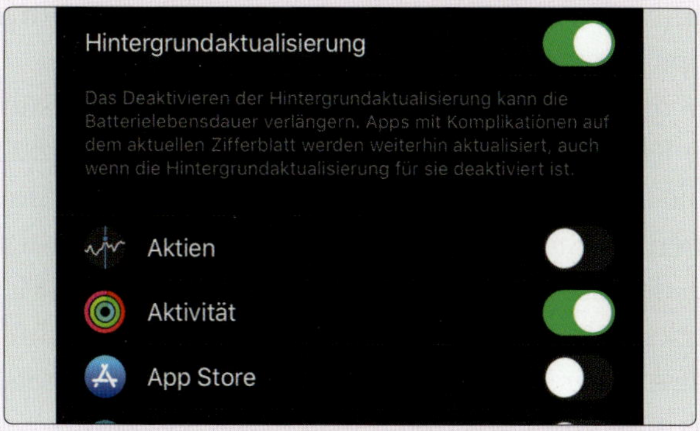

6 Hintergrundprozesse reduzieren

Den Bereich „Allgemein > Hintergrundaktualisierung" gibt es inzwischen auch auf der Watch, doch hier ist er für die Ersteinrichtung etwas übersichtlicher. Schalten Sie die ständige Aktualisierung nicht benötigter Apps aus. Das spart auf der Uhr Strom.

Mehr Komfort

Auf viele Einstellungen haben Sie auch vom iPhone mit der iOS-App Watch Zugriff. Auf dem großen Bildschirm ist die Arbeit einfacher – vor allem, wenn Sie nicht nur eine Kleinigkeit einstellen wollen.

Im nächsten Block finden Sie die meisten der von der Uhr schon bekannten Bereiche wieder. „Flugmodus“ und „Nicht stören“ sind in der Watch-App in „Allgemein“ untergebracht. „Datenschutz“ enthält Einstellungen für die Nutzung von Gesundheitsdaten. Andere Datenschutzeinstellungen werden vom iPhone übernommen. Zum Teil gibt es auf dem iPhone auch ergänzende Einstellungen. So können Sie zum Beispiel bei „Flugmodus“ oder „Nicht stören“ wählen, dass die auf dem iPhone aktive Einstellung automatisch von der Apple Watch übernommen wird. So kommt der gewohnte Zeitplan für „Nicht stören“ auf die Uhr.

Apps konfigurieren

Als nächsten Block finden Sie in der Watch-App Einstellungen zu watchOS-eigenen Apps. Daran anschließend folgen iOS-Apps auf Ihrem iPhone, die eine watchOS-App mitbringen. Sie können diese von hier aus auf der Uhr installieren und wieder entfernen. Ändern Sie eine Einstellung in der Watch-App, überträgt das iPhone die Änderung sofort auf die Apple Watch.

Apps im Zugriff

Wenn Sie schon gerade dabei sind, sollten Sie unbedingt auch das Dock der Apple Watch konfigurieren. Diese nützliche Funktion macht wahlweise die zuletzt benutzten oder von Ihnen ausgewählten Apps jederzeit schnell erreichbar.

Zum Aufruf des Docks drücken Sie einfach die Seitentaste der Uhr neben der Krone. Das Dock zeigt Vorschaubilder der enthaltenen Apps, die automatisch aktualisiert werden, sobald Sie die Übersicht öffnen. Ob Sie dabei mehr von der festen Auswahl von Apps oder von den zuletzt geöffneten Apps profitieren, ist letztlich Geschmackssache beziehungsweise von Ihren Gewohnheiten im Umgang mit der Uhr abhängig. Kleiner Tipp: Probieren Sie einfach beides eine Weile aus und entscheiden Sie dann.

Das Dock besitzt kein Einstellungsmodul auf der Apple Watch, sondern wird praktisch komplett vom iPhone aus konfiguriert.

Workshop: So konfigurieren Sie das watchOS-Dock auf dem iPhone

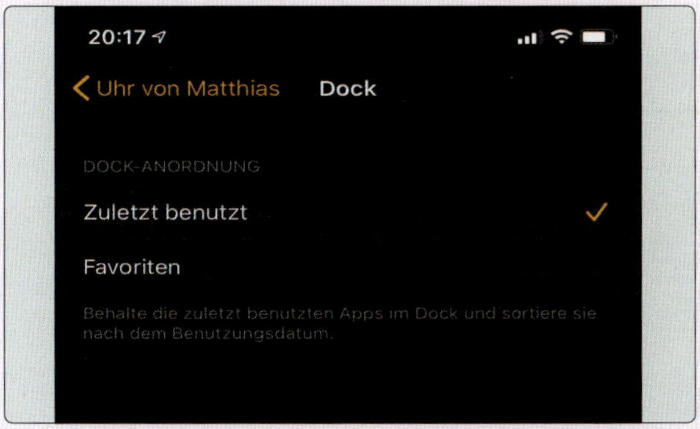

1 Dock-Einstellungen öffnen

Zur Konfiguration öffnen Sie auf dem iPhone die Watch-App. Tippen Sie in der Navigationsleiste auf „Meine Uhr“ und dann auf „Dock“. Standardmäßig zeigt das Dock der Apple Watch die acht zuletzt benutzten Apps.

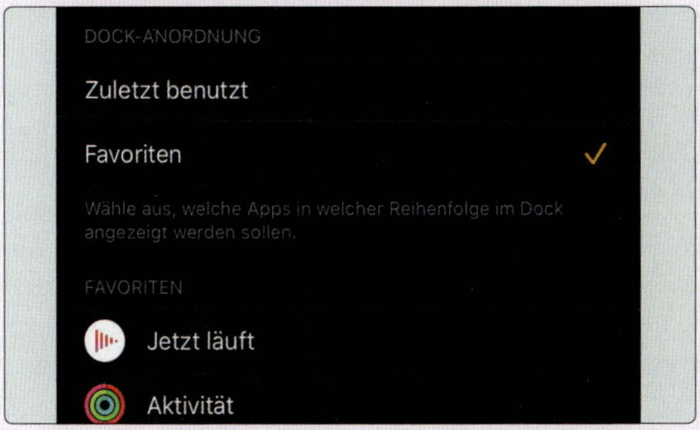

2 Auswahlmethode der Apps ändern

Um feste Apps auszuwählen, wechseln Sie auf Favoriten. Es erscheint eine Liste der auf der Uhr installierten Apps – oben die für das Dock ausgewählten Favoriten, weiter unten folgt der Rest. Suchen Sie die gewünschten Apps aus.

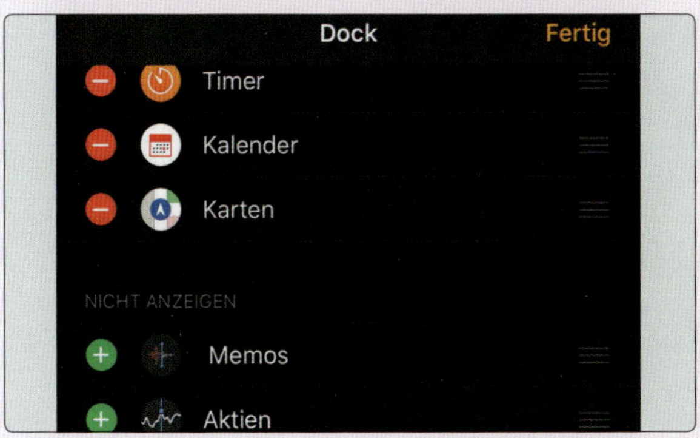

3 Bestimmte Apps für das Dock wählen

Um die Favoritenliste anzupassen, tippen Sie oben rechts auf „Bearbeiten“. Mit den Plus- oder Minustasten können Sie Apps (de-)aktivieren. An den drei Strichen rechts können Sie die Apps verschieben, um die Reihenfolge zu ändern.

Workshop: So konfigurieren und nutzen Sie das watchOS-Dock auf der Uhr

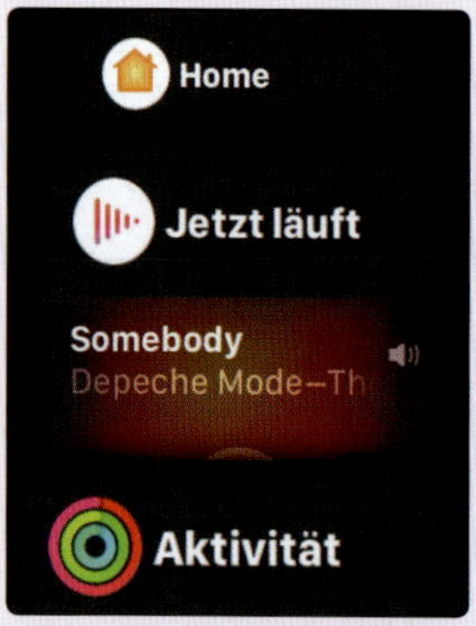

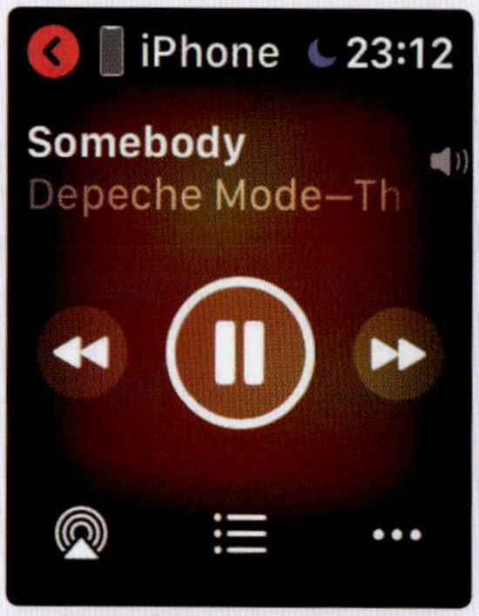

1 Dock aufrufen und App öffnen

Öffnen Sie das Dock auf der Uhr, sehen Sie kleine Vorschaubilder der Apps mit aktuellem Inhalt. Sie können das Dock durch vertikales Streichen oder Drehen der Krone durchblättern. Tippen Sie auf eine App, um sie zu öffnen.

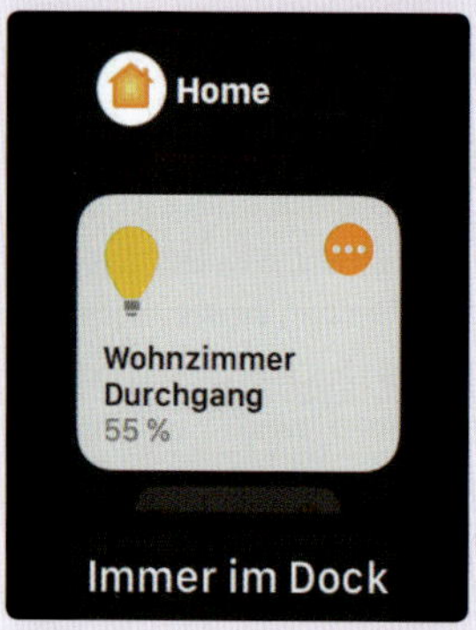

2 Apps hinzufügen und entfernen

Bei aktiven Favoriten zeigt das Dock auf Platz eins weiter die zuletzt benutzte App. Blättern Sie nach ganz oben, erscheint leicht verzögert eine Taste, um sie fest ins Dock aufzunehmen. Schieben Sie eine App im Dock zur Seite, um sie zu entfernen.

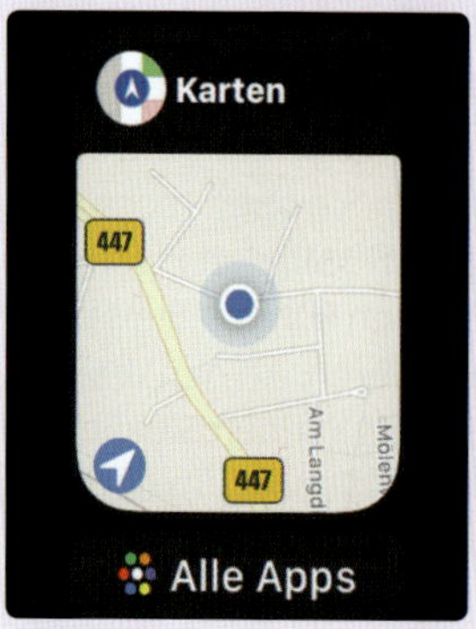

3 Zwei Wege, das Dock zu verlassen

Scrollen Sie die Liste ganz nach unten, erscheint die Taste „Alle Apps“, mit der Sie zum App-Bildschirm von watchOS springen. Drücken Sie noch im Dock erneut die Seitentaste, kehren Sie direkt zur vorher benutzten App zurück.

Die vielen Gesichter der Apple Watch

Zu den markantesten Merkmalen einer Uhr gehört das Zifferblatt. Hier punktet die Apple Watch mit viel Abwechslung, denn Apple liefert einen bunten Strauß von Zifferblättern mit, die sich größtenteils auch noch individuell konfigurieren lassen.

Im Folgenden erklären wir, wie Sie die Funktion und Optik an Ihre persönlichen Bedürfnisse und Ihren Geschmack anpassen. Danach stellen wir alle mitgelieferten Zifferblätter vor.

Zifferblatt wechseln

Nach der Installation der Apple Watch ist bereits eine Auswahl an Zifferblättern aktiv, zwischen denen Sie einfach durch seitliches Wischen über das Display wechseln können. So lässt sich nicht nur die Optik der Uhr schnell verändern, sondern auch die Funktionalität an die Situation anpassen, um zum Beispiel zwischen Arbeit und Freizeit oder Alltag und Sport umzuschalten.

Neben den aktiven Zifferblättern, die unmittelbar zur Verfügung stehen, gibt es noch weitere Vorlagen, die Sie aktivieren können. Sie können auch ein Zifferblatt mehrfach anlegen, zum Beispiel in zwei Farben oder mit unterschiedlichen Zusatzfunktionen. Es lohnt sich, die Auswahl von watchOS durchzusehen.

Eine Stärke der Apple Watch ist die große Auswahl der Zifferblätter und deren Anpassungsmöglichkeiten. Da sollte für jeden Geschmack etwas Passendes dabei sein.

Zifferblätter konfigurieren

Sie können die Zifferblätter direkt auf der Apple Watch bearbeiten. Das gilt sowohl für die Auswahl, welche Zifferblätter aktiv sein sollen, als auch für deren Konfiguration. Auch das Aktivieren eines neuen Zifferblatts aus den Mustern ist problemlos auf der Uhr möglich. Bei der Auswahl der Zifferblätter gibt es Unterschiede zwischen der Apple Watch 4 und 5 mit fast randlosem Display und den älteren Generationen. Zum einen gibt es Zifferblätter, wie Infograph oder Kalifornien, die nur auf den neueren Uhren funktionieren. Aber auch die älteren Zifferblätter sehen etwas anders aus, um das größere Display besser zu füllen. In der Funktion gibt es bei Letzteren jedoch keine Unterschiede.

Komplikationen nutzen

Viele Zifferblätter bieten kleine Zusatzfunktionen, die „Komplikationen" genannt werden. Der Ausdruck stammt übrigens von Zusatzfunktionen mechanischer Uhrwerke, die deren Aufbau deutlich aufwendiger machen können.

Auf der Apple Watch zeigt eine Komplikation Informationen an, wie zum Beispiel eine Miniaturform der Aktivitätsringe, das Datum oder die lokale Temperatur. Tippt man auf die Komplikation, wird in der Regel die zugehörige App geöffnet. Es hängt vom Zifferblatt ab, wo und wie viele Komplikationen angeboten werden. Beim Bearbeiten der Zifferblätter können Sie auch die Belegung der einzelnen Komplikationen anpassen.

Komplikationen

Auch Fremd-Apps können Komplikationen anbieten. Die iPhone-App Watch sammelt Sie im gleichnamigen Bereich in „Meine Uhr". Dort bestimmen Sie, welche auf der Uhr aktiv sein sollen.

Konfiguration vom iPhone

Wenn Ihnen die Bearbeitung der Zifferblätter auf der Uhr zu fummelig ist, können Sie dafür auch die Watch-App auf dem iPhone benutzen. Sie bietet durch das große Display die bessere Übersicht. In vielen Fällen sehen Sie direkt die verfügbaren Optionen, wie zum Beispiel Farben, während Sie diese auf der Uhr erst durchblättern müssen. Sie können auch die Reihenfolge der aktiven Zifferblätter ändern. Für das Anlegen neuer Zifferblätter wechseln Sie in der unteren Leiste der iOS-App von „Meine Uhr" in den Bereich „Zifferblätter".

Workshop: Zifferblätter der Apple Watch auf dem iPhone bearbeiten

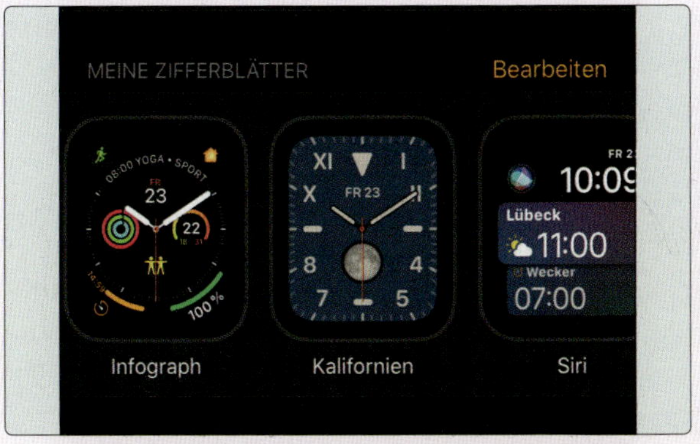

1 Aktive Zifferblätter anzeigen lassen

Die Watch-App auf dem iPhone zeigt im Bereich „Meine Uhr“ die bereits aktiven Zifferblätter unter „Meine Zifferblätter“ an. Tippen Sie auf „Bearbeiten“, um die Reihenfolge zu ändern. Tippen Sie auf ein Zifferblatt, um es anzupassen.

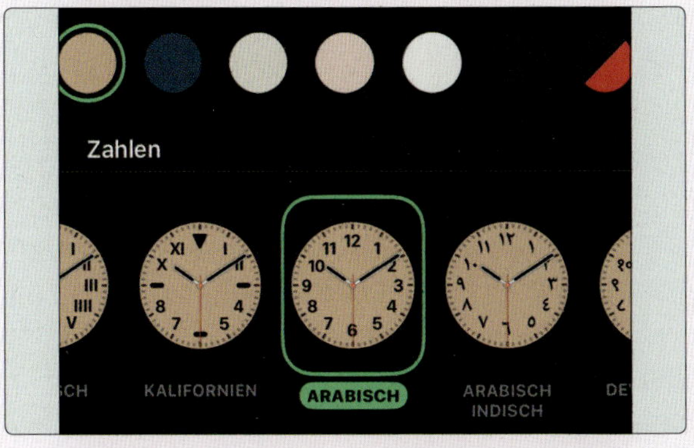

2 Zifferblatt wählen und bearbeiten

Je nach Zifferblatt (im Bild „Kalifornien“) sind diverse Optionen verfügbar. Viele erlauben die Änderung der Farbe oder Zeitskala. Einige bieten eine vollflächige Anzeige mit weniger Komplikationen. Zu anderen gehören Bilder und Animationen.

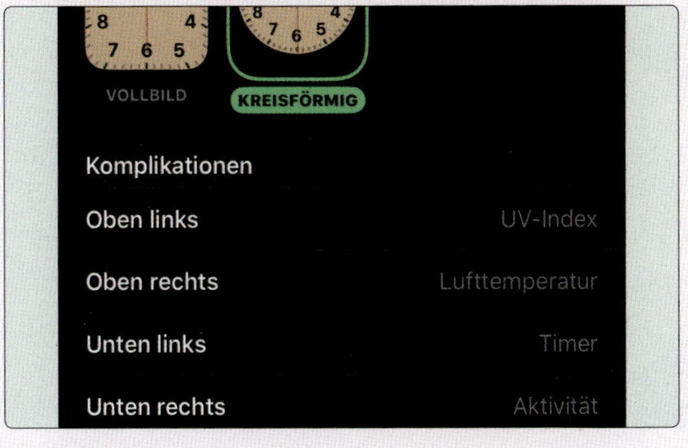

3 Komplikationen auswählen

Blättern Sie weiter nach unten, folgen die möglichen Komplikationen des Zifferblatts. Die App zeigt, wo sie liegen, und erlaubt die Zuordnung von Funktionen. Außerdem können Sie es zum aktuellen Zifferblatt der Uhr machen oder diese Konfiguration löschen.

Workshop: So passen Sie ein Zifferblatt auf der Apple Watch an

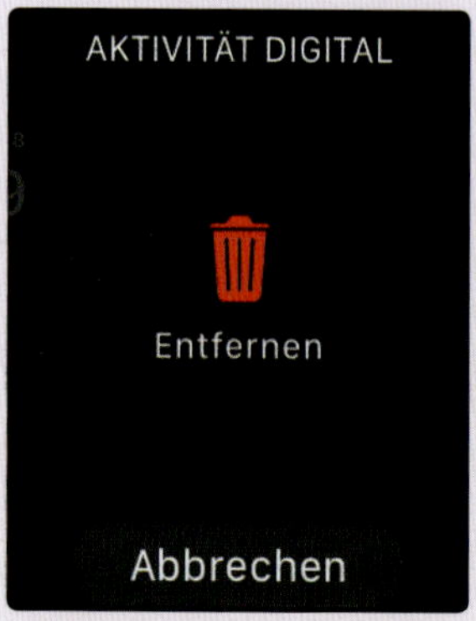

1 Zifferblatt zur Bearbeitung wählen

Um ein Zifferblatt auf der Apple Watch zu bearbeiten, drücken Sie auf das Display. Blättern Sie seitlich, bis Sie das gewünschte Zifferblatt sehen. Tippen Sie nun auf „Anpassen“. Zum Löschen schieben Sie das Zifferblatt nach oben.

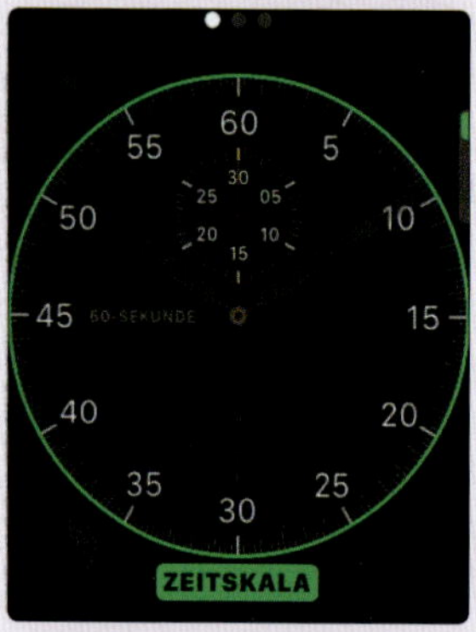

2 Einteilung des Zifferblatts anpassen

Beim Anpassen zeigt die Apple Watch die verfügbaren Einstellungsbereiche auf mehreren Bildschirmen an, die Sie seitlich durchblättern. Im Bild (Zifferblatt „Chronograph“) beginnen Sie mit der Einteilung der Zeitskala der Stoppuhr durch Drehen der Krone.

3 Farbe und Stil ändern

Haben Sie die Zeitskala gewählt, wischen Sie nach links zum nächsten Bereich. In unserem Beispiel ist das die Farbe, die sich wieder durch Drehen der Krone verändern lässt. Je nach Zifferblatt ändert sich die Farbe von Zahlen, Zeigern oder Hintergrund.

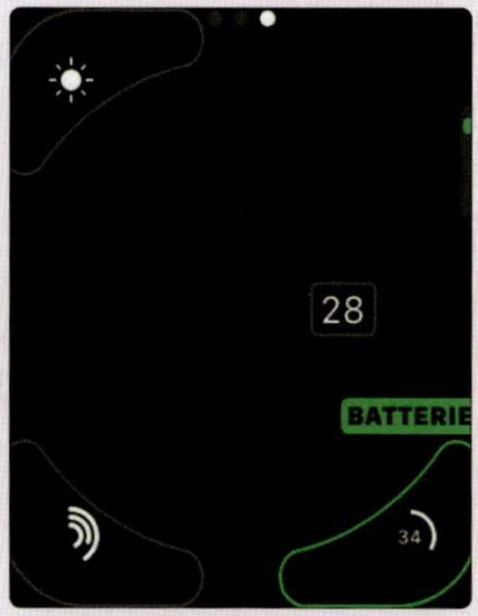

4 Komplikationen konfigurieren

Es folgen die Komplikationen. Tippen Sie auf eine und bestimmen Sie mit der Krone, welche Funktion (oder keine) die Komplikation haben soll. Zur Aktivierung drücken Sie zweimal die Krone. Lassen Sie das Display ausgehen, um alle Änderungen zu verwerfen.

5 Neues Zifferblatt hinzufügen

Blättern Sie in Schritt 1 ganz nach rechts, erscheint eine Plustaste zum Anlegen eines zusätzlichen Zifferblatts aus den Vorlagen. Blättern Sie die Liste durch senkrechtes Wischen oder Drehen der Krone durch, und tippen Sie auf die gewünschte Version.

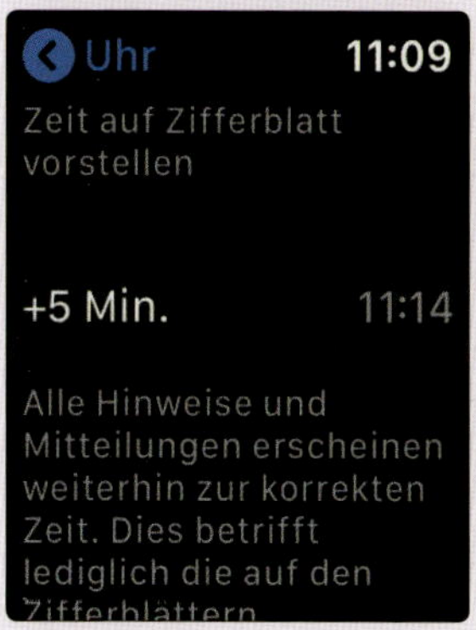

6 Funktionen der Anzeige anpassen

Im Einstellungsbereich „Uhr“ können Sie die angezeigte Zeit bis zu 59 Minuten vorstellen. Erinnerungen und Termine bleiben davon unberührt. Weiter unten können Sie mit „Windspiel“ das Stundensignal aktivieren oder die Quellen für das Siri-Zifferblatt wählen.

Jeden Tag ein neuer Look

Über 30 Zifferblätter oder „Watch-Faces“ gibt es in watchOS 6. Die meisten funktionieren auch auf den Uhren der Series 1 bis 3. Da findet einfach jeder etwas. Es gibt schöne dekorative Zifferblätter wie Bewegung, Fotos oder das neue Feuer und Eis, dazu die Aktivitäts-Zifferblätter mit den bekanten Ringen oder eher klassische Uhrenansichten. Einige ältere Zifferblätter wie Kaleidoskop oder Farbe erhalten auf der Apple Watch 4 und 5 zusätzliche Darstellungsoptionen.

Neu

watchOS 6 bringt nicht nur neue Zifferblätter, sondern auch zusätzliche Komplikationen mit, zum Beispiel den Kompass, Mobilfunkstatus oder aktuellen Lärmpegel.

Eine weitere wichtige Frage bei Auswahl eines Zifferblattes ist die Zahl der Komplikationen. Wenn man schon eine Smartwatch trägt, will man ja auch deren Vorteile nutzen und auf einen Blick über Aktivitätsstatus, Wetter oder anstehende Termine informiert werden. Spitzenreiter sind hierbei die Infograph-Zifferblätter (ab Series 4), aber auch die Digitaluhr „Modular“ für die älteren Modelle bietet viele Informationen. Wer Zeiger bevorzugt, sollte sich das übersichtliche und trotzdem sehr vielseitige „Utility“-Zifferblatt ansehen.

Ob elegant, verspielt oder praktisch – watchOS 6 bringt für so ziemlich jeden Geschmack ein passendes Zifferblatt mit.

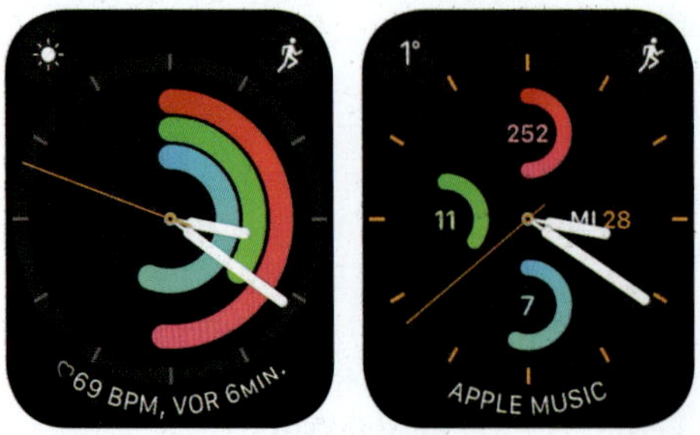

Verfügbare Komplikationen: 2 kleine, 1 große

Aktivität Analog

Ein sehr schönes Zifferblatt für Freunde der Trainings- und Gesundheitsfunktionen ist Aktivität Analog. Es blendet die drei farbigen Ringe für Kalorienverbrauch, Trainingszeit und Stehziel direkt auf dem Zifferblatt ein, sodass Sie diese sofort im Blick haben, ohne dafür die Aktivitätskomplikation nutzen zu müssen. Dabei gibt es zwei Varianten: einmal große konzentrische Ringe und optional drei einzelne kleine Ringe mit Wertangaben.

Aktivität Digital

Das digitale Gegenstück der Aktivität verzichtet auf Zeiger und setzt auf relativ große, gut abzulesende Zahlen. Unter der Uhrzeit sehen Sie auch gleich noch die aktuellen Aktivitätswerte in Zahl und Bild. Als Variation können Sie lediglich die Farbe der Uhrzeit und die Anzeige der Sekunden ändern. Als Komplikationen sind übrigens bei allen Aktivitäts-Zifferblättern zunächst Wetterbedingung, Training und Herzfrequenz voreingestellt.

Verfügbare Komplikationen:
2 kleine, 1 große

Astronomie

Das Astronomie-Zifferblatt zeigt 3D-Modelle von Erde, Mond und Sonnensystem. Über kleine Icons wechseln Sie zwischen den drei Ansichten. Sie sehen die Tag-Nacht-Grenze, Mondphasen und Planetenkonstellationen. Drehen Sie an der Krone, um den Lauf der Zeit zu beschleunigen. Im klassischen Sinne ist das ganze Zifferblatt eine faszinierende, große Komplikation, zwei konfigurierbare Plätze für Zusatzfunktionen gibt es aber auch.

Verfügbare Komplikationen:
2 kleine, 1 große

Atmen

Passend zur App Atmen bringt watchOS ein gleichnamiges Zifferblatt mit. Es bietet drei unterschiedliche hellblaue Grafiken zur Auswahl, die an die Atmen-Funktion der bekannten App erinnern. Alle drei sind animiert und zeigen geometrische Muster, die sich langsam vergrößern und wieder schrumpfen. Da entwickelt schon der Blick auf das Zifferblatt ein beruhigende Wirkung. Tippen Sie auf das Display, öffnet watchOS die App Atmen. Mit der können Sie dann eine Messung starten.

Verfügbare Komplikationen:
2 kleine, 1 große

Verfügbare Komplikationen:
1 kleine, 1 große + Datum

Bewegung

Das Zifferblatt Bewegung bietet drei Variationen: Eine davon zeigt sich langsam bewegende echte Quallen, die in Zeitlupe aufgenommen wurden. Die anderen beiden zeigen die Flügel bewegende Schmetterlinge oder sich öffnende Blüten. Dabei gibt es in allen Versionen mehrere Motive, die bei jedem Aktivieren der Uhr automatisch gewechselt werden. Vor allem die ruhigen Bewegungen der Quallen sind absolut faszinierend.

Verfügbare Komplikationen:
3 kleine + Stoppuhr und Datum

Chronograph

Für Freunde klassischer Chronographen hat Apple dieses liebevoll mit sehr vielen Details gestaltete Zifferblatt im Angebot. Es bietet verschiedene Skalen für Zeitmessungen und sogar eine Stoppuhr mit Rücklaufzeiger für Rundenzeiten. Verschiedene Farben stehen ebenfalls zur Verfügung. Der Chronograph bietet sogar fünf Komplikationen, wobei es sich allerdings nur um kleine handelt und je eine fest mit Stoppuhr oder Datum belegt ist.

Verfügbare Komplikationen:
2 kleine, 1 große + Mobilfunkstatus

Entdecker

Das Entdecker-Zifferblatt ist auf die Apple Watch Cellular zugeschnitten und erscheint auch nur auf den Modellen mit LTE-Chip. Es zeigt automatisch die Empfangsstärke im Zifferblatt, sobald die Mobilfunkverbindung aktiviert wird. Außerdem sind die kleinen Komplikationen mit Telefon und Karten belegt, den wichtigsten Unterwegs-Apps. Das lässt sich natürlich ändern. Für Abwechslung sorgen vier Zifferblattstile und drei Farbvarianten der Zeiger.

Farbe

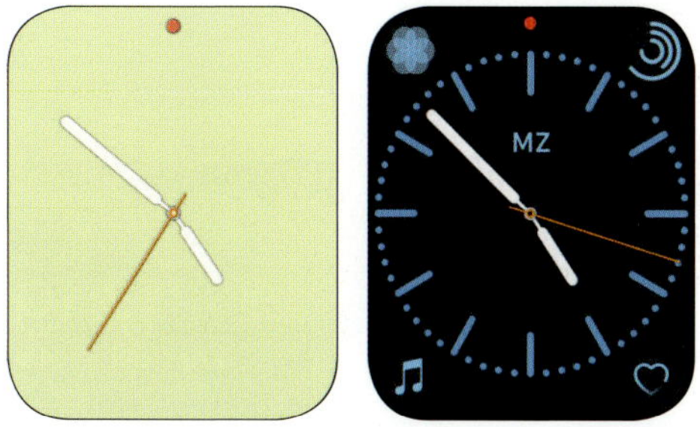

Verfügbare Komplikationen:
4 kleine (nicht bei Vollbild)

Hier erhalten Sie ein einfaches analoges Zifferblatt ohne Zahlen. Dafür können Sie dessen Farbe ändern, wofür über 60 Farbtöne zur Auswahl stehen. Als kleine Besonderheit können Sie Ihr Monogramm auf dem Zifferblatt anzeigen lassen. Das Zifferblatt bietet vier freie Komplikationen in den Ecken des Displays. Auf Apple Watch 4 und 5 kommt noch eine vollflächig gefärbte Variante ohne Komplikationen hinzu.

Feuer und Wasser

Verfügbare Komplikationen:
2 kleine, 1 große (nicht bei Vollbild)

Zu den schönsten Effekt-Zifferblättern gehört ganz sicher Feuer und Wasser. Es zeigt Flammen und Wasser in Bewegung, wobei es sich nicht um Animationen, sondern echte Highspeed-Filmaufnahmen handelt. Sind die Effekte auf einen Kreis begrenzt, können Sie die Ecken für Komplikationen nutzen. Für den maximalen optischen Genuss steht auf den beiden neueren Uhren eine Vollbild-Variante ohne Komplikationen zur Verfügung.

Flüssiges Metall

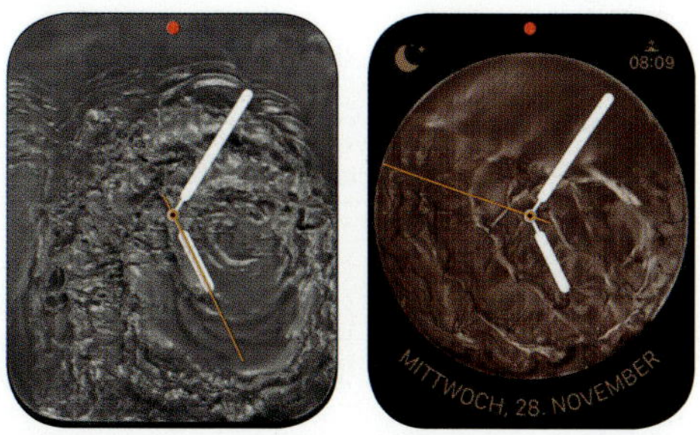

Verfügbare Komplikationen:
2 kleine, 1 große (nicht bei Vollbild)

Das Zifferblatt zeigt, was der Name vermuten lässt, nämlich flüssiges Metall. Wenn Sie das Zifferblatt aufrufen, startet eine Wellenausbreitung auf der Oberfläche des flüssigen Metalls. Es gibt die Farbvarianten Silber, Gold und Schwarz passend zu den Gehäusefarben der Apple Watch. Außerdem stehen wieder eine Vollbildversion für die Apple Watch Series 4 und 5 sowie eine mit kreisförmiger Metalloberfläche und Komplikationen zur Verfügung.

Verfügbare Komplikationen: 1 kleine, 1 große

Fotos

Für ein sehr persönliches Zifferblatt wählen Sie Fotos. Sie können ein mit der Uhr synchronisiertes Album, einen Rückblick oder eine manuelle Auswahl von Fotos als Hintergrund nutzen. Sind mehrere Fotos ausgewählt, wechselt bei jeder Aktivierung das Motiv. Ansonsten sind die Optionen eher etwas mager: Sie können die Uhrzeit oben oder unten anzeigen und je eine Komplikationen über und unter der Zeit platzieren.

Neue Komplikationen mit mehr Details: 7 kleine, 1 große

Infograph

Dieses Zifferblatt reizt die Größe und Auflösung der randlosen Displays für bis zu acht Komplikationen aus. Das sind nicht nur ungewöhnlich viele, sondern sie sind auch noch wesentlich detailreicher gestaltet als die der alten Zifferblätter. Wer eine Apple Watch 4 oder 5 besitzt und möglichst viele Infos auf einen Blick sehen will, ist hier genau richtig. Sie können die Akzentfarbe verändern oder einen weißen Hintergrund wählen.

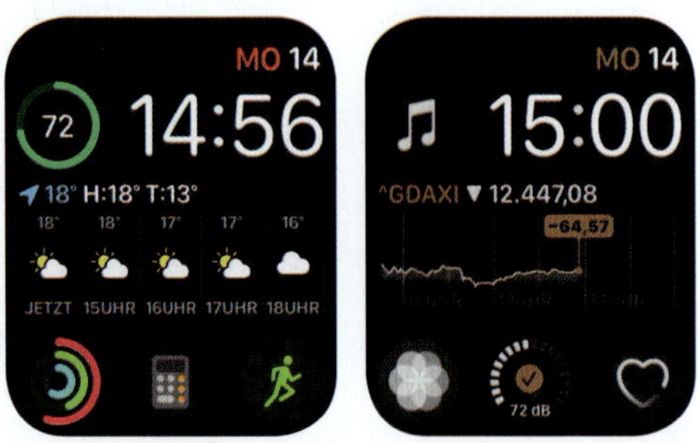

Neue Komplikationen mit mehr Details: 4 kleine, 1 große + Datum

Infograph Modular

Dieser moderne Nachfolger des beliebten Modular-Zifferblatts nutzt ebenfalls die mit watchOS 5 eingeführten detailreichen Komplikationen. Davon bringt Infograph Modular immerhin fünf unter, wovon eine eine besonders große Fläche in der Mitte des Bildschirms einnimmt. Eine weitere Komplikation ist für das Datum reserviert. Auch dieses Zifferblatt ist exklusiv für die Apple Watch 4 und 5 reserviert. Die Anzeige kann bunt oder mit einer Akzentfarbe erfolgen.

Kaleidoskop

Dieses Zifferblatt nimmt ein eigenes Foto oder eines von 16 mitgelieferten Motiven, um daraus durch simulierte Spiegelungen die typischen symmetrischen Kaleidoskopmuster zu erzeugen. Dabei stehen drei Spiegelvarianten zur Verfügung. Die Spiegelungen verändern sich mit der Zeit, sodass sich das Zifferblatt ständig ändert. Durch Drehen der Krone lässt sich das beschleunigen. Es gibt einen Vollbildmodus für die randlosen Uhren.

Verfügbare Komplikationen:
2 kleine, 1 große (nicht bei Vollbild)

Kalifornien

Dieses neue Zifferblatt für die Apple Watch 4 und 5 bietet entweder eine klassische vollflächige Darstellung mit nur zwei Komplikationen oder ein rundes Layout mit vier Komplikationen in den Ecken und einer großen oben in der Mitte. Außerdem können Sie die Art der Ziffern anpassen. Für den Hintergrund stehen sechs Farben zur Auswahl, bei schwarzem Hintergrund können Sie aus zahlreichen Akzentfarben wählen.

Verfügbare Komplikationen:
4 kleine, 1 große (2 kleine bei Vollbild)

Meridian

Hierbei handelt es sich ebenfalls um ein mit watchOS 6 vorgestelltes Zifferblatt. Meridian wirkt mit seinen vier zentralen Komplikationen wie eine etwas reduzierte und deutlich elegantere Form von Infograph. Es gibt keine Zahlen, der bildschirmfüllende Hintergrund ist schlicht schwarz oder weiß. Außerdem können Sie die Komplikationen bunt oder in einer wählbaren Akzentfarbe darstellen. Ist Ihnen Infograph zu aufdringlich oder verspielt, finden Sie hier eine gute Alternative.

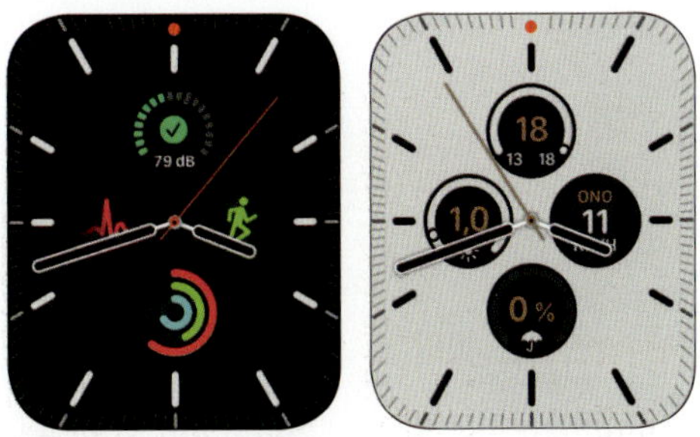

Verfügbare Komplikationen:
4 kleine

Verfügbare Komplikationen:
2 kleine, 1 große

Micky Maus

Als nächstes kommt etwas für Comic-Liebhaber. Es zeigt Micky Maus, basierend auf der ersten Micky-Maus-Uhr von 1933. Micky zeigt die Uhrzeit mit den Armen an und wippt im Sekundentakt mit einem Fuß. Als Farboption lässt sich die Figur stilecht in Schwarzweiß zeigen. Ist dieses Zifferblatt aktiv, verwendet watchOS bei der Zeitansage (aktivieren in den Uhr-Einstellungen) Mickys Stimme. Als zweite Variante steht Minnie Maus bereit.

Verfügbare Komplikationen:
4 kleine, 1 große

Modular

Das Zifferblatt Modular ist der Informationsweltmeister für ältere Uhr-Modelle. Es bietet vier kleine Komplikationen und eine extra große dreizeilige in der Mitte. Die ist ideal für einen Wetterbericht oder eine Terminvorschau. Zur Anpassung stehen 64 Farben und ein praktischer bunter Modus bereit. Letzterer zeigt die Aktivitätskomplikation dreifarbig und die anderen in der Farbe der zugehörigen Apps oder deren Icons.

Verfügbare Komplikationen:
2 kleine, 1 große

Modular kompakt

Die kompakte Version des beliebten Modular-Zifferblatts bietet wahlweise eine kleine weiße oder schwarze Uhr für die Zeitanzeige, digital oder mit Zeigern. Dazu kommen links davon zwei normale Komplikationen und im unteren Teil eine große, grafikfähige Komplikation über die ganze Breite. Hier lassen sich zum Beispiel ein Termin mit ausführlicher Vorschau anzeigen oder die großen Grafiken von Herzfrequenz, Geräuschmessung, Aktien oder ähnliche.

Nebel

Das Zifferblatt Nebel zeigt, wie sich Wolken aus Farbpulver in der Luft vermischen. Für Abwechslung sorgen drei Farbvarianten, die Sie festlegen oder zufällig auswählen lassen. Auch hier haben Sie auf der Apple Watch 4 und 5 wieder die Wahl zwischen einem Vollbildmodus und einem kreisrunden Bild mit drei Komplikationen herum zu wählen. Die zweite Variante funktioniert natürlich auch auf den älteren Uhren.

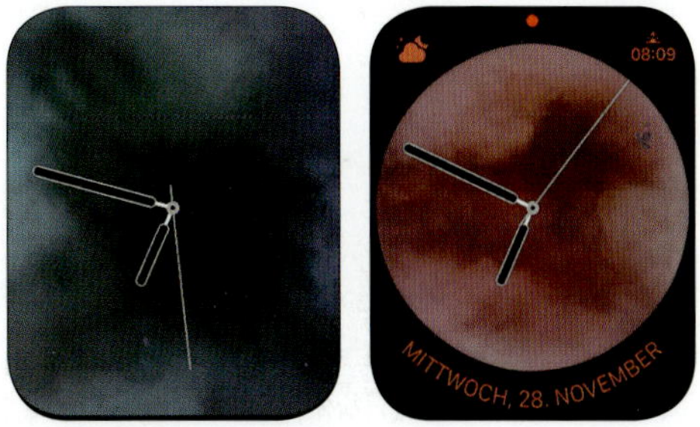

Verfügbare Komplikationen:
2 kleine, 1 große (nicht bei Vollbild)

Pride

Passend zum Pride-Armband zeigt das Zifferblatt die Regenbogenfarben und ist damit ein Statement an sich. Natürlich lässt es sich auch ohne das Armband nutzen. Beim Aktivieren oder Tippen flattern die bunten Bänder einmal kurz im virtuellen Wind. Zur ursprünglichen Version mit zwei Komplikationen gibt es nun die 2019er-Ausführung: wahlweise rund mit vier Komplikationen oder vollflächig, beide mit zufällig wechselnden Farben.

Verfügbare Komplikationen:
1 kleine, 1 große oder
4 kleine (nicht bei Vollbild)

Schlicht

Auf den ersten Blick handelt es sich hier um eine Variante von Farbe mit weißem Zifferblatt. In Schlicht lässt sich allerdings die Skala variieren, sodass bei Bedarf nur noch die Zeiger übrig bleiben. Die vielfältigen Farbeinstellungen wirken nur auf Sekundenzeiger und Datum. Schlicht zeigt vier Komplikationen in den Ecken, dazu kommt optional das Datum Zifferblatt. Schlicht macht seinem Namen alle Ehre und bietet eleganten Minimalismus.

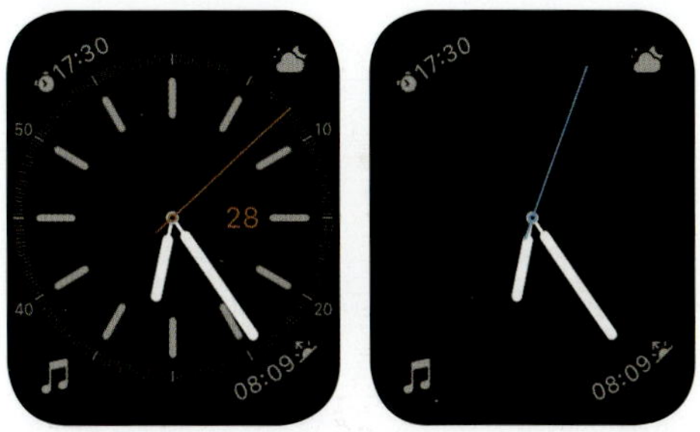

Verfügbare Komplikationen:
1 kleine + Datum

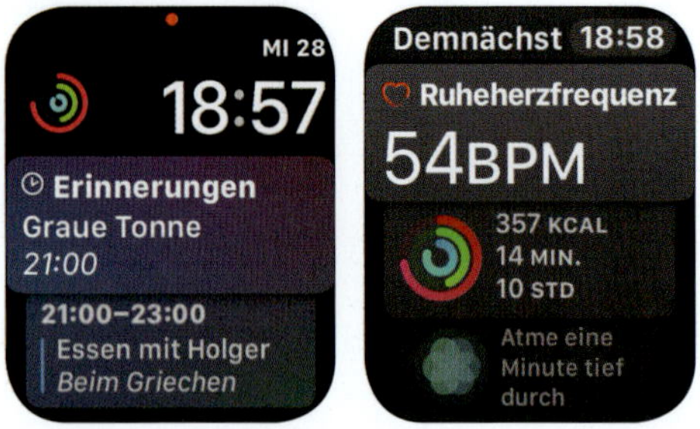

Verfügbare Komplikationen:
2 kleine

Siri

Dieses Zifferblatt will Ihr persönlicher Assistent sein. Es zeigt das aktuelle Wetter, anstehende Termine oder am gleichen Datum geschossene Fotos. Außerdem lernt es Ihre Gewohnheiten kennen und versucht daraus abzuleiten, welche Infos oder Apps Sie als Nächstes brauchen, wie zum Beispiel die Verkehrslage oder das Wetter. Mit der Krone können Sie durch die Hinweise blättern, die sich auch schlicht grau hinterlegen lassen.

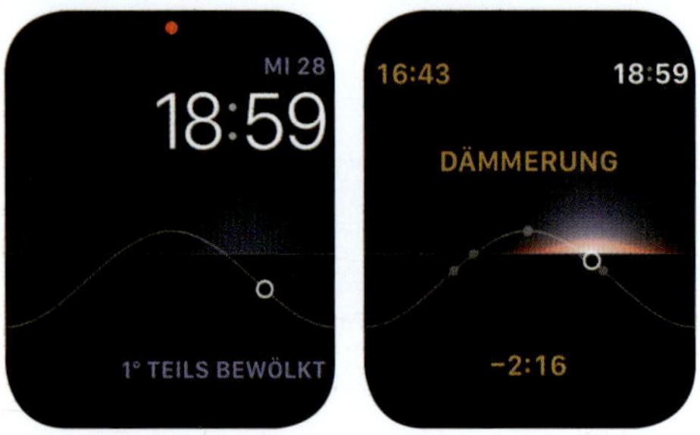

Verfügbare Komplikationen:
1 kleine, 1 große

Sonnenbahn

Das Zifferblatt Sonnenbahn zeigt den aktuellen Sonnenstand an. Die Form der Bahn ändert sich dabei jahreszeitabhängig. Drehen Sie an der Krone, um die Bahn abzufahren und dabei Sonnenauf- und -untergang, Dämmerungszeiten und den Höchst- und Tiefststand des Tages anzuzeigen. Die gezeigten Lichtverhältnisse ändern sich dabei entsprechend. Das Zifferblatt zeigt die Uhrzeit und zwei frei belegbare Komplikationen an.

Verfügbare Komplikationen:
4 kleine

Sonnenuhr

Auf den ersten Blick etwas verwirrend, aber ein wahrer Hingucker ist das neue Zifferblatt Sonnenuhr. Das dominierende Element darauf ist eine 24-Stundenanzeige für den Sonnenstand. Darin finden Sie fast beiläufig eine kleine Uhr mit der Zeitanzeige, wie bei Modular kompakt in analoger oder digitaler Form. Außerdem bieten die vier Ecken Platz für Komplikationen, wodurch Sonnenuhr nicht nur schön ist, sondern auch im Alltag nützliche Informationen liefert.

Toy Story

Verfügbare Komplikationen:
1 kleine, 1 große

Der Name ist Programm: Das Zifferblatt zeigt Figuren aus den bekannten „Toy Story“-Filmen, die in wechselnden Animationen auf dem Display ihr Unwesen treiben. Sie können wahlweise alle enthaltenen Charaktere aktivieren oder die Auswahl auf Buzz, Woody oder Jessie beschränken. Bei jeder Aktivierung der Uhr oder durch Antippen des Displays startet eine neue Animation. Toy Story kann zwei Komplikation zeigen.

Utility

Verfügbare Komplikationen:
2 kleine, 1 große + Datum

Das Zifferblatt präsentiert eine Analoguhr mit gut lesbaren Zahlen. Ist Ihnen das nicht elegant genug, können Sie den Zifferkranz in vier Schritten vereinfachen. Außerdem gibt es vier Komplikationen, von denen allerdings eine nur das Datum zeigen kann. Dafür sind die Icons der Komplikationen wie beim Modular-Zifferblatt farbig, was vor allem für die Aktivität super ist. Datum und Sekundenzeiger lassen sich in der Farbe anpassen.

Verlauf

Verfügbare Komplikationen:
4 kleine, 1 große (nicht bei Vollbild)

Das Zifferblatt zeigt unterschiedliche Verläufe, die den Zeigern folgen. Über die Konfiguration des Zifferblatts können Sie nicht nur die Hintergrundfarbe wählen, sondern wie bei vielen der neuen Zifferblätter auch zwischen einer vollflächigen Darstellung und einem runden Bild mit vier Komplikationen in der Ecken des Bildschirms wählen. Dadurch ändert sich der Charakter des Zifferblatts komplett: von schlicht und stylisch zu eher praktisch und informationsreich.

Verfügbare Komplikationen:
1 kleine

X-Large

Ein etwas ungewöhnliches, puristisches Zifferblatt ist X-Large. Es zeigt zunächst nur vier riesige Ziffern für die Uhrzeit, deren Farbe Sie verändern können. Aktivieren Sie die einzige Komplikation, wandert die Uhrzeit nach oben, während die Komplikation mit großer Schrift oder einem großen Icon etwa zwei Drittel des Displays einnimmt. Dabei werden ebenfalls bunte Icons unterstützt. Etwas ausgefallen, aber irgendwie auch ein Hingucker.

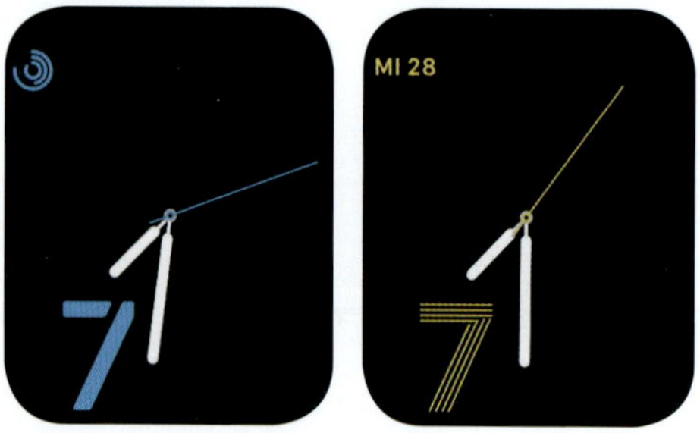

Verfügbare Komplikationen:
1 kleine

Zahlen

Ein weiteres modernes Zifferblatt ist Zahlen. Es zeigt die nackten Zeiger einer Analoguhr und verzichtet komplett auf einen Ziffernkranz. Als Orientierungshilfe zeigt sie die vollen Stunden als große Zahl. Dafür gibt es sieben Schriftstile wie zum Beispiel gepunktet, gestreift oder die markanten Sprayschablonen. Die Farbe der Zahl, des Sekundenzeigers und der einzigen Komplikation ist aus den üblichen 64 Farbtönen auswählbar.

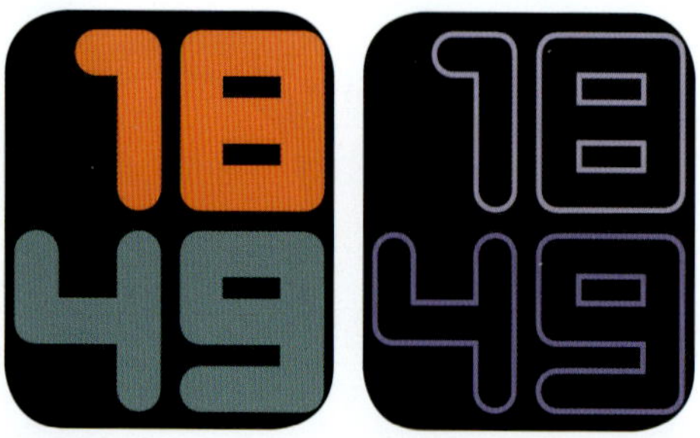

Verfügbare Komplikationen:
keine

Zahlen Duo

Das Zifferblatt Zahlen Duo zeigt einfach nur die Stunden und Minuten in riesigen fetten Zahlen - basta! Dafür verwendet Apple eine extra für dieses Zifferblatt gestaltete Schrift. Sie können zwischen normalen Ziffern und Umrissen wählen oder einer Mischung aus beidem. Außerdem stehen Ihnen verschiedene Farbkombinationen sowie die üblichen Standardfarben zur Auswahl. Auf Komplikationen müssen Sie bei diesem Zifferblatt verzichten.

Zahlen Mono

Da es Verschwendung wäre, die tolle Schrift von Zahlen Duo nur einmal zu verwenden, kommt sie auch bei Zahlen Mono zum Einsatz. Dieses Zifferblatt zeigt einfache Zeiger auf einer großen, den Bildschirm füllenden Zahl, die ebenfalls die Stunde angibt. Sie können für die große Zahl die Farbe oder eine Outline-Form wählen. Außerdem können Sie zwischen arabischen, römischen und anderen Ziffern wechseln.

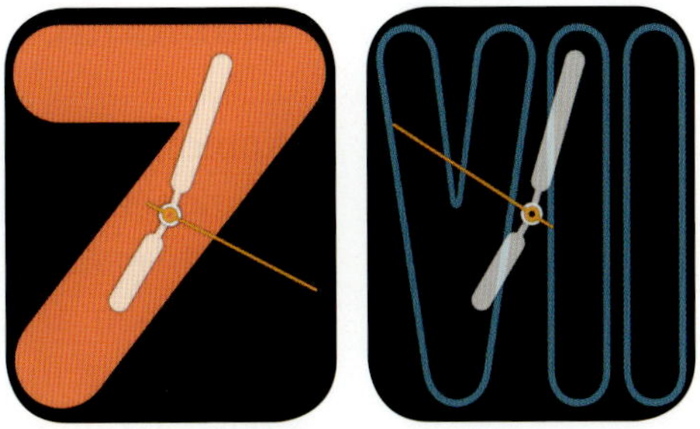

keine

Zeitraffer

Zum Abschluss gibt es noch einen Leckerbissen: Vielleicht nicht so wahnsinnig praktisch, aber auf jeden Fall sehenswert. Zeitraffer zeigt einen bekannten Ort wie New York oder Shanghai als Film, der über 24 Stunden in Einzelbildern aufgenommen wurde. Insgesamt stehen sechs Orte als Varianten zur Verfügung. Die Szene verändert sich allmählich, sodass die im Film gezeigte Zeit der aktuellen Uhrzeit auf der Apple Watch entspricht.

Verfügbare Komplikationen: 1 kleine, 1 große

Die beiden Sondermodelle der Apple Watch bringen exklusive Zifferblätter mit. Die Apple Watch Nike+ bietet ein auf den Laufsport ausgerichtetes Zifferblatt mit Anbindung an den Nike Run Club an. Die edlen Hermès-Modelle setzen dagegen auf schlichte Eleganz. Da sich diese Zifferblätter nicht auf den normalen Uhren aktivieren lassen, haben wir Sie in unserer Übersicht nicht berücksichtigt.

Bluetooth, WLAN und Co.

Kommunikationsfähigkeit wird bei Apple von jeher großgeschrieben. Das gilt natürlich auch für die Apple Watch. Die Uhr bietet verschiedene Wege, um mit der Außenwelt Kontakt aufzunehmen. Da ein Kabel offensichtlich etwas unpraktisch wäre, setzt sie auf drahtlose Verbindungen über Bluetooth und WLAN - bei den Cellular-Modellen kommt dann noch LTE hinzu.

Die Funktionen lassen sich einfach benutzen. Falls es dann doch mal irgendwo hakt, erklären wir die Konfiguration und Nutzung in den folgenden Workshops. Dazu erklären wir auch, was die Apple Watch darüber hinaus aus eigener Kraft ohne iPhone hinbekommt. Das ist nämlich deutlich mehr, als viele glauben.

Funk im Nahbereich

Wir beginnen mit dem einfachsten Fall: Bluetooth. Das dient der einfachen Verbindung zu Peripheriegeräten in der Nähe. Im Fall der Apple Watch ist das zuallererst der Datenaustausch mit dem iPhone, um den Sie sich aber nicht kümmern müssen, da die Verbindung bei der Einrichtung der Uhr automatisch konfiguriert wird. Als Anwender verwenden Sie Bluetooth bewusst beim Einsatz von Lautsprechern und Kopfhörern. Die Anmeldung neuer Geräte erfolgt über die App Einstellungen (siehe Workshop).

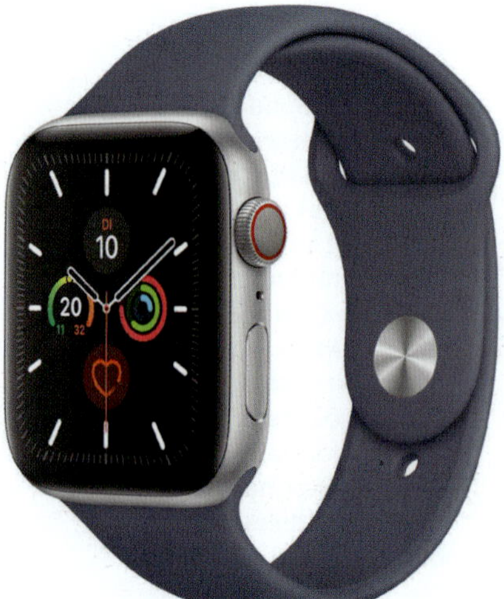

Große Freiheit: Die Apple Watch Cellular (Series 3 oder neuer) kann auch ohne Phone oder bekanntes WLAN ins Internet und bleibt somit praktisch überall voll einsatzfähig.

Workshop: So verwenden Sie den Flugmodus auf der Apple Watch

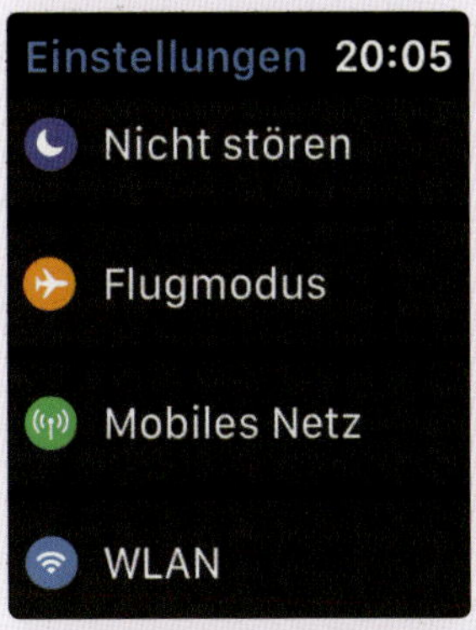

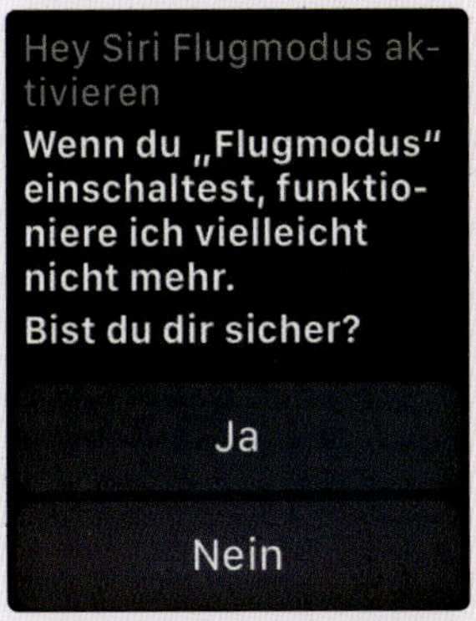

1 Flugmodus auf der Uhr anschalten

Den Flugmodus schalten Sie im gleichnamigen Bereich der Einstellungen an. Ist der Schalter grün, ist die Funktion aktiv. Alternativ können Sie auch Siri auffordern, den Flugmodus zu aktivieren. Das führt allerdings dazu, dass Siri hinterher nicht mehr funktioniert.

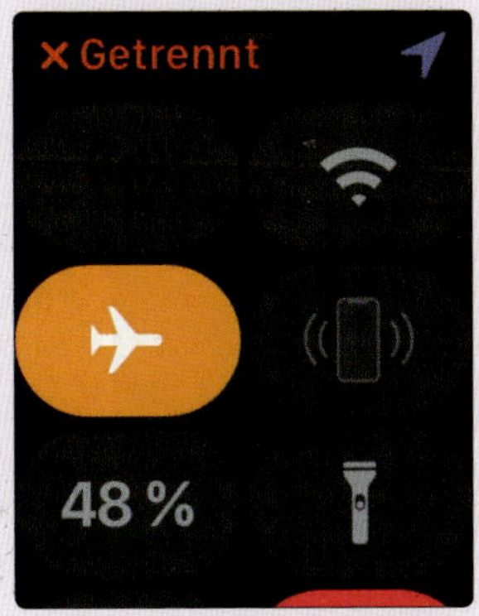

2 Aktivierung des Flugmodus prüfen

Bei aktivem Flugmodus sehen Sie oben auf dem Zifferblatt ein kleines oranges Flugzeugsymbol. Im Kontrollzentrum finden Sie ebenfalls einen Schalter zum an- und ausschalten des Flugmodus. Orange bedeutet hier, dass er aktiv ist.

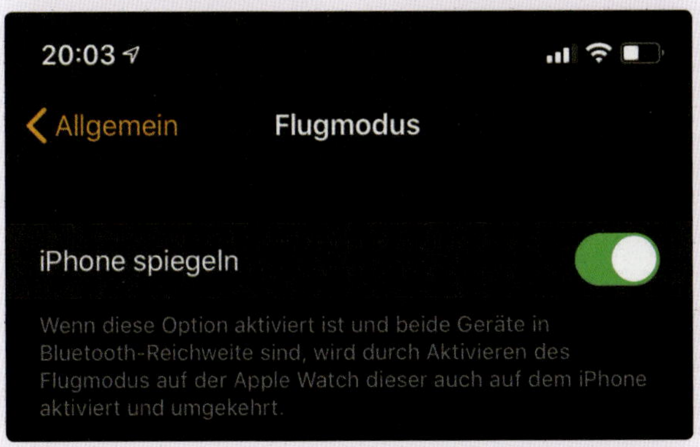

3 Einstellung mit iPhone spiegeln

In der Watch-App auf dem iPhone können Sie in „Meine Uhr > Allgemein > Flugmodus" einstellen, dass Apple Watch und iPhone das Aktivieren des Flugmodus spiegeln. Schalten Sie den Modus auf einem Gerät, wirkt das automatisch auch auf das andere.

Internet und mehr

Außerdem ist jede Apple Watch WLAN-fähig und kann darüber auf das Internet zugreifen, um Daten abzufragen oder zu verschicken. Die Uhr nutzt ein lokales WLAN auch zur Unterstützung von Bluetooth für die Verbindung zum iPhone.

Zugangsdaten für WLANs werden mit dem gekoppelten iPhone synchronisiert. Ein neues WLAN müssen Sie also nicht direkt auf der Uhr eintragen, können das aber seit watchOS 5

Workshop: Bluetooth-Gerät verbinden und Wiedergabe starten

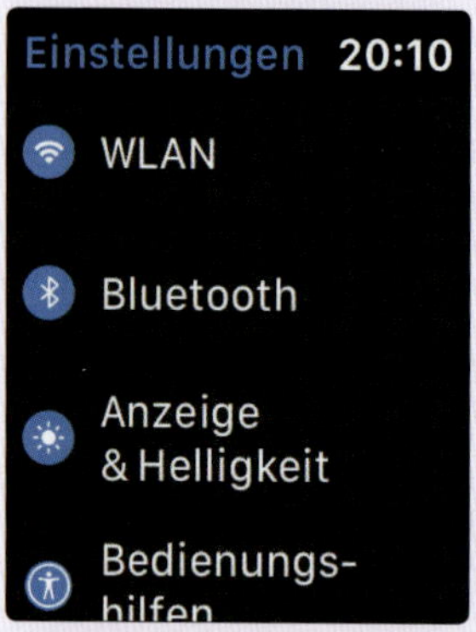

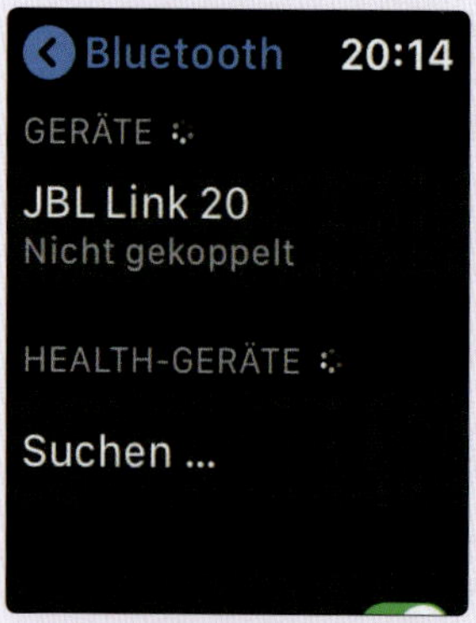

1 Bluetooth-Gerät mit der Uhr koppeln

Öffnen Sie in den Einstellungen „Bluetooth“. Jetzt sucht die Apple Watch nach Geräten in Reichweite. Schalten Sie das Bluetooth-Gerät in den Pairing-Modus zur Verbindungsaufnahme. Tippen Sie auf der Uhr auf das Gerät, um es zu verbinden.

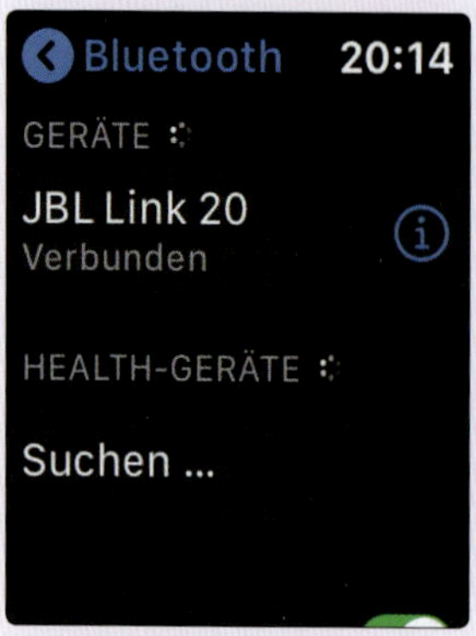

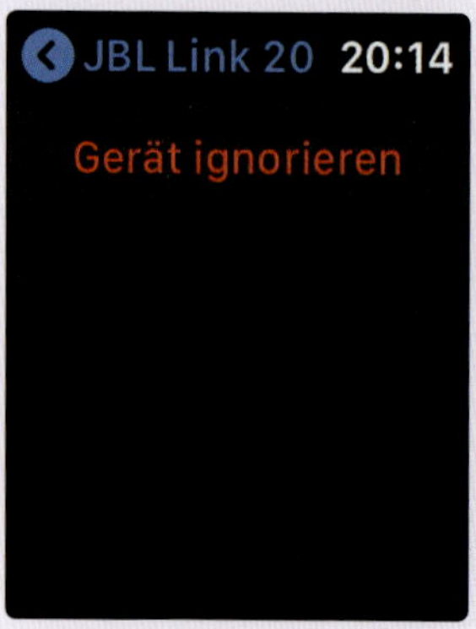

2 Verbindung prüfen und wieder löschen

Der Status unter dem Namen, in unserem Beispiel ein JBL-Lautsprecher, ändert sich von „Nicht gekoppelt“ auf „Verbunden“. Damit ist das Gerät bereit zur Benutzung. Um die Verbindungsdaten zu löschen, tippen Sie auf das „i“, dann auf „Gerät ignorieren“.

auch machen. In den meisten Fällen melden Sie sich aber wohl per iPhone am WLAN an. Sobald sich die Uhr mit iCloud verbinden kann, synchronisiert sie die Zugangsdaten. Die Apple Watch unterstützt WLAN nach 802.11 b/g/n, aber keine 5-GHz-Netze.

Unterwegs verbindet sich die Apple Watch per Bluetooth mit dem iPhone, um dessen Internetverbindung zu nutzen. Das bevorzugt auch die Cellular-Version, um Strom zu sparen. Bei Bedarf kann sie aber auch unabhängig vom iPhone online gehen und telefonieren, sodass Letzteres zum Beispiel beim Sport zu

3 Musik von der Uhr abspielen

Wenn Sie nun die Musik-App öffnen und die Wiedergabe starten, spielt die Uhr sie auf dem aktiven Lautsprecher oder Kopfhörer ab. Als Apple-Music-Abonnent können Sie auch ohne iPhone über WLAN oder LTE Musik aus der Mediathek laden und abspielen.

4 Ausgabegerät wechseln

Haben Sie mehrere Ausgabegeräte mit der Uhr verbunden, tippen Sie auf das AirPlay-Symbol unten links. Die Uhr bietet nun die verfügbaren Geräte an. Wählen Sie das gewünschte. Mit „Gerät verbinden" können Sie die Bluetooth-Einstellungen öffnen.

Flugmodus

Der Flugmodus kappt alle Funkverbindungen, auch die zum iPhone. Spiegeln Sie ihn zwischen Uhr und iPhone, wird das zweite Gerät mit abgeschaltet. Deaktiveren Sie den Flugmodus wieder, müssen Sie daran denken, das zweiten Geräte selbst wieder anzuschalten.

Hause bleiben kann. Die Providerdaten werden über Watch-App (in „Mobilfunk“) vom iPhone auf die eSIM der Apple Watch Cellular übertragen.

Ohne iPhone unterwegs

Was die normale Apple Watch ohne iPhone kann, hä vom Modell ab. Die Ur-Watch hat noch kein GPS, ist b Gehen und Laufen auf einen Schrittzähler zur Entfernu messung angewiesen. Der lässt sich mit dem iPhone- „eichen“, ist aber trotzdem weniger genau.

Ohne WLAN sind Sie auf lokale Daten beschränkt. können aber Musik und Fotos nutzen, die Sie vor vom iPhone übertragen haben. In einem bekannten WLAN Hause oder im Büro, kann die Uhr auch ohne iPhone Siri zen, Nachrichten verschicken, Musik streamen und andere Ir net-Dienste nutzen. Befinden sich Apple Watch und iPhone au Bluetooth-Reichweite, aber im gleichen lokalen WLAN, könn Sie sogar Telefongespräche vom iPhone über die Uhr führen

Mehr Sicherheit und Komfort

Mit wenigen Handgriffen können Sie die Sic heit und den Komfort der Apple Watch we verbessern. Die Apple Watch besitzt wie iPhone eine Codesperre, die Ihre Daten schü und die Aktivierung einer verlorenen o gestohlenen Uhr verhindert. Der Einrichtu assistent fragt bereits beim Koppeln mit d iPhone, ob Sie die Codesperre aktivieren w len. Viele Neueinsteiger sind in dem Mom etwas überfordert und verzichten zunäc darauf - eventuell auch aus Sorge, sich ve hentlich auszusperren. Im folgenden Worksh zeigen wir daher, wie Sie den nützlichen Sch auch nachträglich noch aktivieren können.

Keine Sorge, da sich die Apple Watch au automatisch mit der Freigabe des gekoppel iPhone per Touch ID oder Face ID entsperren lässt, müssen Sie den Code gar nicht so oft auf der Uhr eingeben, wie Sie vielleicht befürchten. Es besteht also gar kein Grund, auf die Sicherheit des Codes zu verzichten. Er ist kein Komfort-Killer.

Lesbarkeit verbessern

Wo wir gerade beim Komfort sind: Der Displaygröße einer Uhr sind natürlich gewissen Grenzen gesetzt, daher verwendet Apple teilweise relativ kleine Schriften - notgedrungen. Um die Lesbarkeit zu verbessern, müssen Sie nicht gleich zum großen Zoom der Bedienungshilfen greifen (in „Einstellungen > Bedienungshilfen"), sondern können auch einfach die Schrift anpassen. Dafür bietet watchOS in „Anzeige & Helligkeit" zwei Möglichkeiten, die Sie vielleicht auch schon vom iPhone kennen. Vor allem auf den älteren Uhren ist das sehr nützlich, da sie ja noch kleinere Displays haben.

Einerseits lässt sich der Text in sechs Stufen skalieren, was eine recht flexible Anpassung an Ihre Bedürfnisse erlaubt. Dabei gibt es sowohl kleinere Schrift-

Das Verwenden größerer Schrift (rechtes Bild) macht Texte besser lesbar, wirkt aber nur bei Apps, die skalierbaren Text unterstützen.

„Fetter Text" wechselt den Systemfont aus (rechtes Bild), wodurch die Änderung fast überall wirkt, sogar auf den Zifferblättern.

größen, um zum Beispiel längere Vorschautexte in Nachrichten oder E-Mail-Listen zu sehen. Umgekehrt lässt sich die Schrift aber auch vergrößern, um die Lesbarkeit zu verbessern.

Die zweite Option ist „Fetter Text". Hierbei verwendet watchOS einen fetten Systemfont, der vielleicht nicht so elegant aussieht wie das normale Schriftbild, aber dafür ebenfalls besser zu lesen ist. Die Abbildungen auf der vorherigen Seite zeigen die beiden Funktionen zur Schriftanpassung in der App Nachrichten und auf dem Siri-Zifferblatt im Vorher-nachher-Vergleich.

Workshop: Code nachträglich aktivieren oder ändern

1 Code-Einstellungen öffnen

Um die Codesperre nachträglich zu aktivieren, tippen Sie in der App Einstellungen auf „Code". Dann wählen Sie „Code aktivieren". Hier können Sie auch einen bereits vorhandenen Code ändern. Zur Sicherheit müssen Sie dafür trotzdem den alten Code kennen.

2 Neuen Code eingeben

Beim Anlegen eines neuen Codes müssen Sie diesen vorsichtshalber zweimal eingeben. Wollen Sie anstelle des 4-stelligen Codes wie hier im Bild einen längeren nutzen, schalten Sie in den Code-Einstellungen die Option „Einfacher Code" aus.

Töne und Haptik

Haben Sie, wie am Anfang des Kapitels beschireben, die für Sie wichtigen Mitteilungen ausgewählt, sollten Sie in den Einstellungen für „Töne & Haptik“ auch die Signaltöne und Vibrationen anpassen. Da man diese am Handgelenk viel intensiver wahrnimmt als beim Handy, ist es ausgesprochen ratsam, dass Sie sie aufs Notwendige reduzieren. Ansonsten wird Ihnen das ewige Summen schnell unangenehm werden.

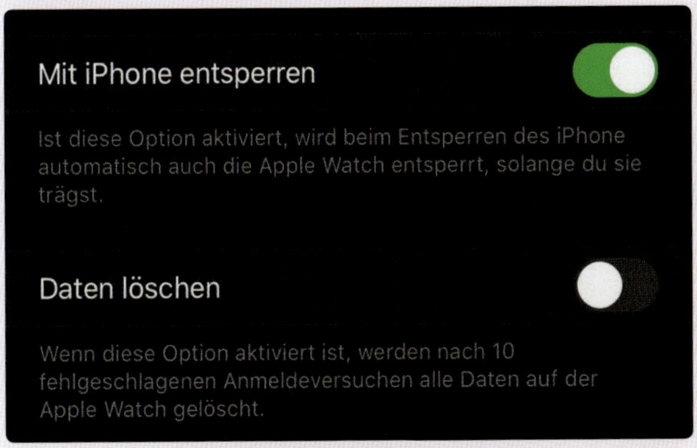

3 Watch mit dem iPhone entsperren

Um den Code seltener eintippen zu müssen, können Sie die Uhr freigeben, wenn Sie das iPhone entsperren. Das müssen Sie in der iOS-App Watch aktivieren. Auf der Uhr setzen Sie die Handgelenk-Erkennung. Die sperrt die Uhr, wenn Sie sie abnehmen.

4 Geschütztes Zifferblatt entsperren

Dass die Codesperre auf der Apple Watch aktiviert wurde, erkennen Sie an dem kleinen blauen Schloss am oberen Bildschirmrand. Es lässt sich dann nur noch das Zifferblatt aufrufen. Tippen Sie auf das Display, fordert watchOS Sie zur Eingabe des Codes auf.

Workshop: So optimieren Sie die Oberfläche der Apple Watch

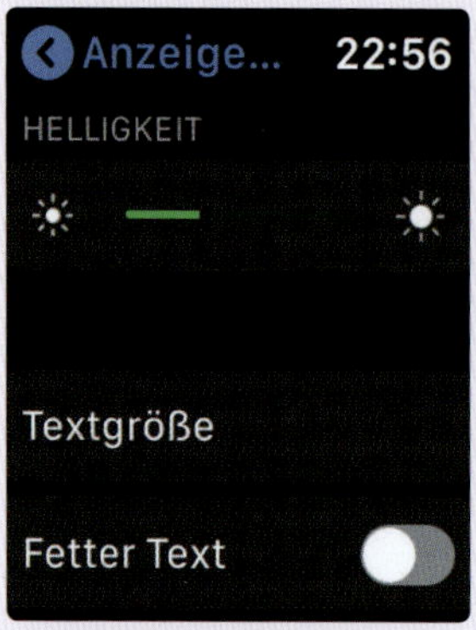

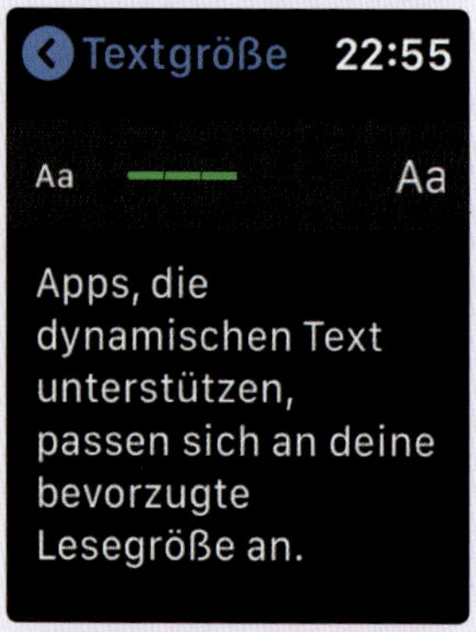

1 Schriften flexibel skalieren

In „Helligkeit & Textgröße" können Sie neben der Displayhelligkeit auch die „Textgröße" in mehreren Schritten anpassen. Es gibt zwei kleinere und drei größere Stufen. Leider unterstützen nicht alle Apps diese Textskalierung.

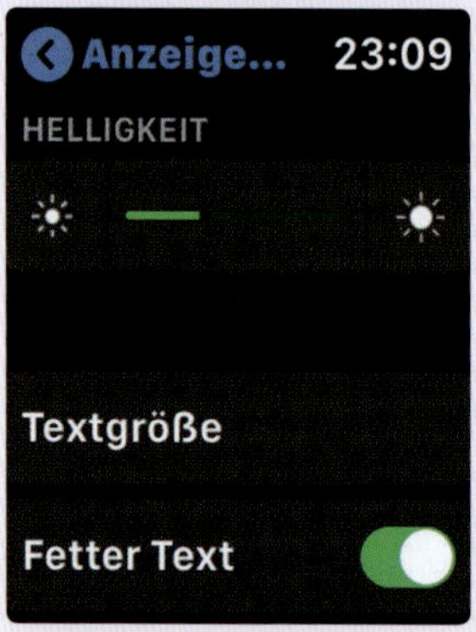

2 Fetten Systemfont aktivieren

Als zweite Funktion für bessere Lesbarkeit von Text bietet watchOS „Fetter Text". Das ist nicht so elegant, aber effektiv. Aktivieren Sie sie, wechselt die Uhr den Systemfont. Sollte es Probleme geben, starten Sie die Uhr durch langes Drücken der Seitentaste neu.

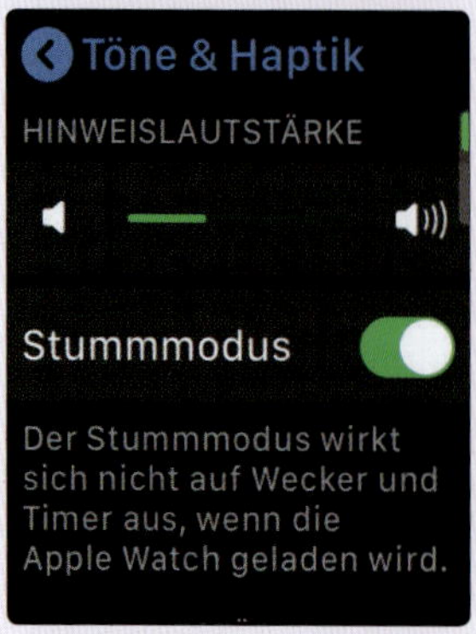

3 Lautstärke von Hinweisen drosseln

Damit die Hinweise von watchOS im Alltag weder nerven noch übersehen werden, können Sie in den Einstellungen unter „Töne & Haptik" die Vibrations- und Lautstärke ändern. Der Stummmodus sorgt für komplette Ruhe.

Konfiguration

2

3

Apps im Überblick

Zum Lieferumfang der Apple Watch gehören jede Menge Apps, die die wichtigsten Bereiche bereits abdecken und eine sehr gute Grundlage für den täglichen Einsatz sind. Wir stellen Ihnen diese praktische Basisausstattung von watchOS 6 nun App für App vor. Außerdem zeigen wir Ihnen, wie Sie weitere installieren. Denn Apple liefert zwar zahlreiche Apps mit, doch mit Software von Fremdanbietern können Sie dieses Angebot noch indivduell ergänzen.

watchOS 6: Kleine Apps für jeden Zweck

Direkt nach der Installation ist der Watch-Bildschirm bereits gut gefüllt. Über 30 Apps sind nur ein Fingertippen entfernt.

Mehr als zwei Dutzend Apps bevölkern bereits ab Werk die Apple Watch. Damit ist sie bestens auf den Alltag vorbereitet. Wir stellen alle mitgelieferten Apps von watchOS 6 vor.

Viele der Apps ähneln in Name und Icon ihren Gegenstücken vom iPhone - nicht ohne Grund. Natürlich bemüht sich Apple, für die Benutzer der Uhr eine vertraute Umgebung zu schaffen. Trotzdem müssen die watchOS-Versionen sich den geänderten Bedingungen auf einer Uhr anpassen.

Vom iPhone bekannte Namen

Zu den Apps gehören die Klassiker im Kommunikationsbereich wie Nachrichten, Mail oder Telefon, dazu Fotos und Musik für die Unterhaltung. Schaut man genauer hin, sind die Watch-Versionen meist deutlich vereinfacht. Komplexe, verschachtelte Oberflächen eignen sich eben nicht für kleine Bildschirme. Das ist auch der Grund, warum sich die Funktionen der iOS-App Uhr zum Beispiel gleich auf vier Apps verteilen. Statt innerhalb von Uhr den Timer aufzurufen, öffnet man auf der Apple Watch eine separate Timer-App.

Trotz aller Unterschiede lehnen sich die Apps inhaltlich so weit an die großen Verwandten an, dass man auch auf der Uhr gleich mit ihnen zurechtkommt. Das Tippen und Wischen ist auf dem kleinen Bildschirm allerdings etwas fehlerträchtiger. So wird man mit der Uhr fast automatisch zum Siri-Fan, das übrigens bestens funktioniert.

Apps für Ihr Wohlbefinden

Besonderes Gewicht legt Apple bei der Uhr von jeher auf den Fitnessbereich. Mit den zusätzlichen Sensoren der Apple Watch öffnen Aktivität, Atmen und Workout neue Einsatzbereiche. Bevor wir zur Vorstellung der Apps kommen, zeigen wir in einem Workshop noch die Installation von weiteren Apps auf der Uhr.

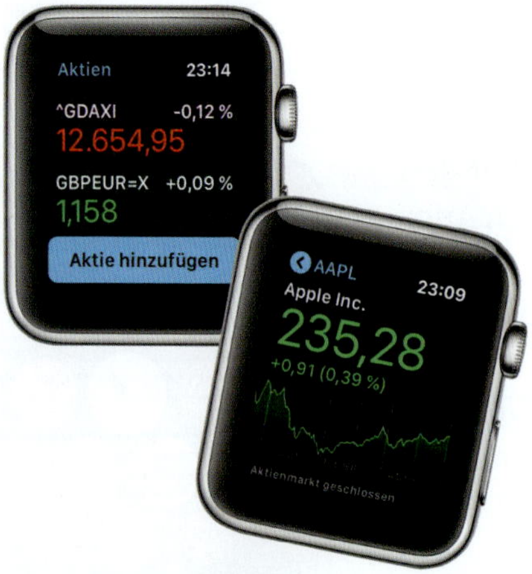

Aktien

Die App zeigt die in der iPhone-App Aktien ausgewählten Papiere, Sie können aber auch auf der Uhr welche hinzufügen. Für mehr Details tippen Sie in der Übersicht auf den Namen eines Eintrags. Besitzen Sie keine Aktien, können Sie die App auch nutzen, um sich im Urlaub Währungen anzeigen zu lassen. Ihre Lieblingsaktie können Sie als Komplikation immer im Blick behalten.

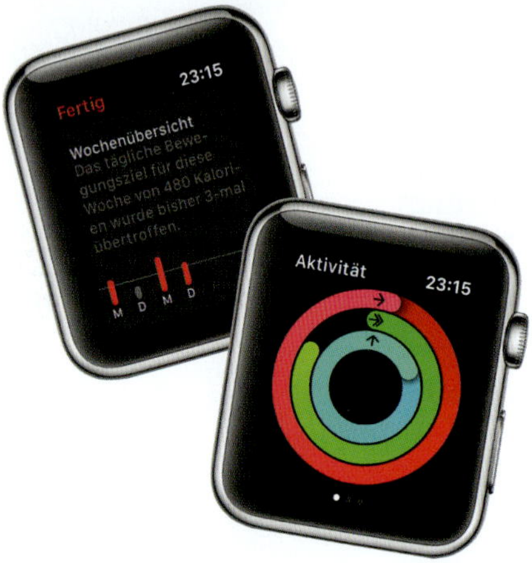

Aktivität

Erfüllen Sie Vorgaben für Bewegung und Kalorienverbrauch im Alltag. Die App fordert Sie zum Beispiel regelmäßig zum Aufstehen auf, lobt erreichte Ziele. Der aktuelle Status wird in Form von Ringen angezeigt, auf Wunsch auch als Komplikation oder spezielles Zifferblatt. Sie können die Ergebnisse auch mit Freunden teilen. Außerdem bietet die App eine Wochenübersicht.

App Store

Zu den wichtigsten Neuzugängen von watchOS 6 gehört sicherlich der App Store, über den Sie direkt von der Uhr aus neue Apps suchen und installieren können. Das geht zwar auch über das iPhone und iOS-Apps, doch die App der Uhr unterstreicht noch einmal ganz klar, dass sich die Apple Watch vom verlängerten Arm des iPhone zu einem eigenständigen Gerät mit eigenen Apps entwickelt hat.

Atmen

Die App Atmen versucht, etwas mehr Ruhe und Entspannung in den Alltag zu bringen, indem sie den Träger der Apple Watch in einstellbaren Abständen auffordert, Atemübungen zu machen. Dabei geht es darum, tief ein- und auszuatmen. Die App misst den Puls, um die Wirkung auf den Benutzer zu beurteilen. Die vorgegebene Atemfrequenz lässt sich einstellen.

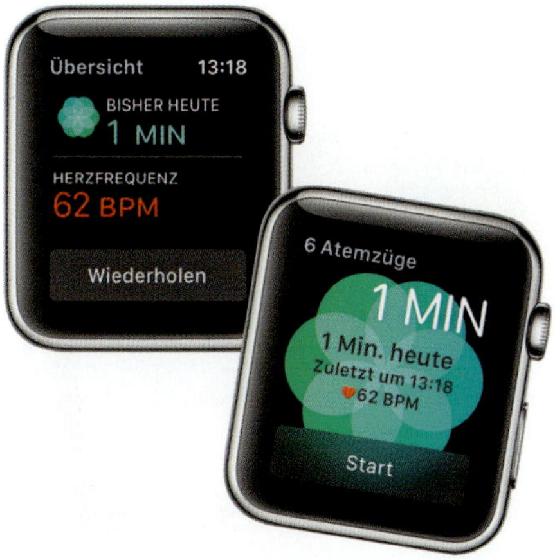

EKG

Ab der Series 4 besitzt die Apple Watch Sensoren zur Aufnahme eines EKG. Die gleichnamige App übernimmt die Steuerung. Für die Messung müssen Sie die Uhr eng am Handgelenk tragen und einen Finger auf die Krone legen. Die EKG-App sucht Unregelmäßigkeiten im Herzrhythmus und weist auf Anzeichen für Vorhofflimmern hin. Die Daten sammelt Health auf dem iPhone.

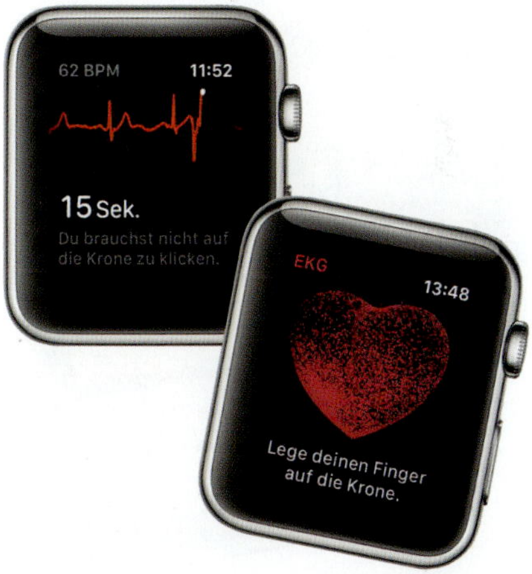

Einstellungen

Für die Basiskonfiguration der Apple Watch können Sie die Watch-App auf dem iPhone nutzen oder die App-Einstellungen auf der Uhr, vor allem wenn es nur um eine Kleinigkeit geht. Dazu gehören zum Beispiel die Verwaltung von Bluetooth-Geräten, die Code-Sperre und der Flugmodus, aber auch Einstellungen für Textgröße, Helligkeit, oder Signaltöne. Wenn Sie wollen geht aber noch viel mehr.

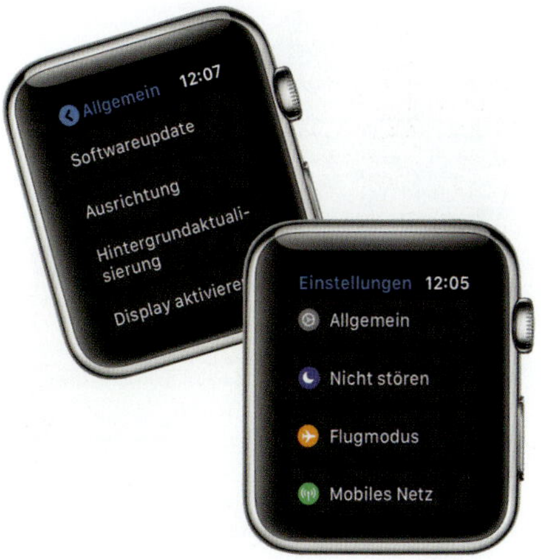

Erinnerungen

Die App Erinnerungen spiegelt die Einstellungen der korrespondierenden iPhone-App wider. Sie finden hier also alle Erinnerungslisten und Einträge, die Sie auf dem iPhone angelegt haben. Die Uhr am Handgelenk sorgt dafür, dass Sie keine Erinnerung mehr verpassen. Markieren Sie einen Eintrag als erledigt, gleicht die App das natürlich ebenfalls mit dem iPhone ab.

Fotos

Die App Fotos dient nicht, wie man glauben könnte, dem Blättern in der Fotosammlung des iPhone. Sie wählen in der Watch-App ein Album aus, um es mit der Uhr zu synchronisieren. Die Bilder können Sie auf der Uhr sehen und herumzeigen. Und Sie können daraus ein eigenes Zifferblatt erzeugen. Sie können auch mehrere Fotos nutzen und automatisch wechseln lassen.

Geräusche

Zu viel Lärm schadet. Um dem vorzubeugen, bringt watchOS 6 die neue App Geräusche mit. Sie misst den Lärmpegel in der Umgebung und warnt, wenn der zu hoch wird. Dazu liefert sie einige Informationen, welche Belastungen, mit Pegel und Zeitdauer, zu Schäden am Gehör führen können. Sehr praktisch ist auch die ständige Lärmmessung und -anzeige als Komplikation in einem Zifferblatt.

Herzfrequenz

Die App Herzfrequenz bestimmt mit den im Boden der Apple Watch eingebauten Sensoren den Pulsschlag. Die Messung startet, sobald Sie die App öffnen. Dabei zeigt Sie das letzte Ergebnis und wie lange die Messung her ist. Hinzu kommt eine Grafik der Tagesergebnisse. Ist die App aktiv, misst sie weiter. Eine Komplikation zur regelmäßigen Kontrolle ist ebenfalls verfügbar.

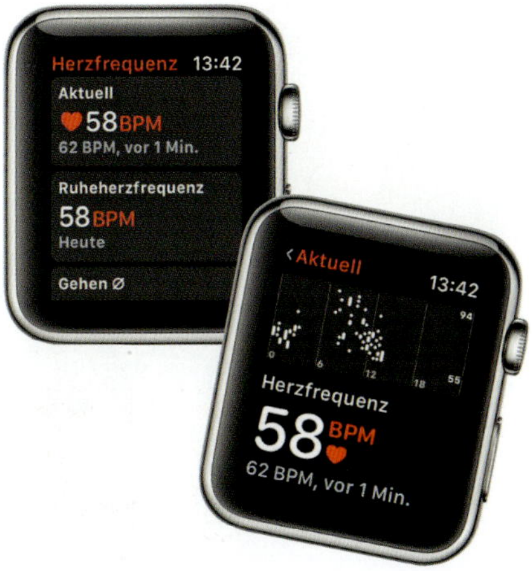

Hörbücher

Ein Neuzugang in watchOS 6 ist Hörbücher. Damit gleicht Apple die Systeme weiter an, denn auf Mac und iPhone ist Bücher auch für Audiowerke zuständig. Auf normale Bücher verzichtet Apple auf der Uhr verständlicherweise, aber die Watch-App nutzt das gleiche Icon wie Bücher und übernimmt das Laden, Verwalten und Abspielen von Hörbüchern auf der Uhr.

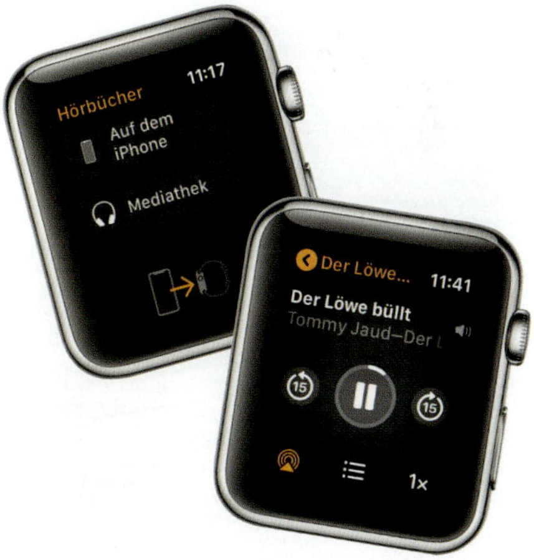

Home

Mit der App Home können Sie von der Apple Watch aus Geräte und Szenen Ihrer HomeKit-Installation abfragen und steuern. Dabei ist die Uhr eine ausgesprochen praktische Fernbedienung, da man sie immer griffbereit am Handgelenk hat. Home zeigt Szenen und Geräte als lange Liste, die sich durch Wischen oder Drehen an der Krone durchblättern lässt. Ein Tippen reicht, um ein Gerät an- und auszuschalten.

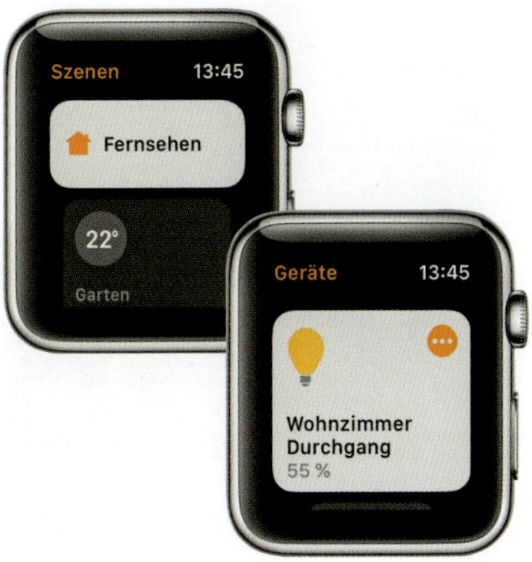

Jetzt läuft

Diese App steuert die Wiedergabe von Musik und anderen Audioausgaben auf der Uhr. Gleichzeitig können Sie mit ihr aber auch den Player für Musik und Filme auf dem gekoppelten iPhone oder anderen Geräten Ihrer Privatfreigabe steuern. Startet zum Beispiel auf dem iPhone ein Video, öffnet watchOS standardmäßig die App Jetzt läuft und zeigt den Titel und die Steuerung an.

Kalender

Ein Kalender darf natürlich auch auf der Apple Watch nicht fehlen. Die App gleicht sich mit Ihren Konten ab. Tippen Sie in der Monatsansicht auf einen Tag, sehen Sie dessen Einträge, oben die ganztägigen Termine, darunter den Tagesverlauf. Tippen Sie auf einen Termin, zeigt Kalender weitere Details dazu, wie Zeitdauer, vereinbarte Wiederholungen oder den Kalender.

Kamera

Die App ist eine Fernbedienung für die Kamera des gekoppelten iPhone. Öffnen Sie die App auf der Uhr, wird automatisch die Kamera-App auf dem iPhone aktiviert. Dabei wird das Vorschaubild auf das Display der Uhr übertragen und der Zoom über die Krone unterstützt. Sie können ein Foto machen oder eine Serie von zehn Bildern in drei Sekunden. Die App unterstützt auch die Videofunktionen.

Karten

Die Karten-App ist einfach klasse. Man kann sich seinen Standort auf der Karte zeigen lassen und Kontakte, Restaurants, Tankstellen und anderen Angeboten in der Umgebung suchen. Karten kann Routen erstellen und die Navigation starten, gern auch per Siri. Die App führt Sie mit Abbiegehinweisen auf dem Display oder Vibrationssignalen für Links- und Rechtsabbiegen.

Kompass

Ein weiterer Neuzugang ist die Kompass-App, die allerdings nur auf der Apple Watch Series 5 erscheint, da nur die über die notwendige Hardware verfügt. Die App zeigt nicht nur anschaulich über eine virtuelle Kompassnadel die Himmelsrichtung an, sondern gibt auch die aktuelle Neigung der Uhr, die Höhe über Null sowie Längen- und Breitengrad an.

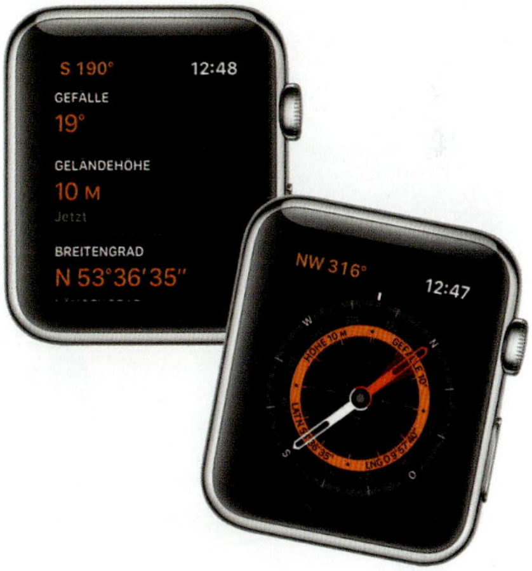

Kontakte

Ihre Kontakte stehen auf der Apple Watch als Systemdienst zur Verfügung. Eine App mit eigener Oberfläche gibt es streng genommen nicht. Stattdessen können Sie in der iOS-App Watch wählen, ob Sie eigene Kontakte anlegen wollen oder die vom iPhone spiegeln, was normalerweise sinnvoller ist. Apps wie Telefon, Nachrichten und Karten greifen dann bei Bedarf auf die verfügbaren Kontakte zu.

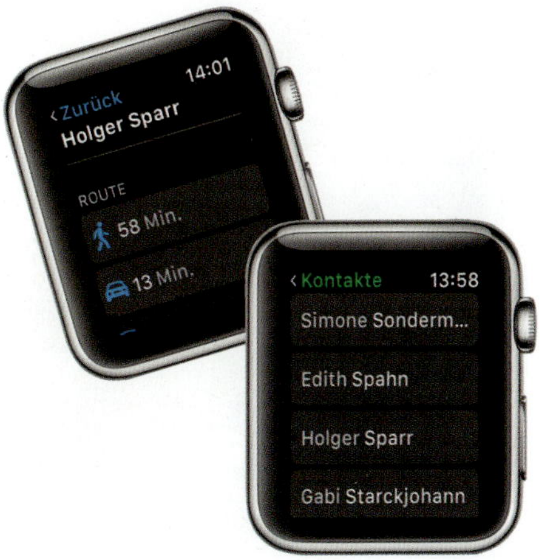

Mail

Mail ist zwar durch die Displaygröße etwas eingeschränkt, aber weniger, als man erwartet. Es unterstützt mehrere Eingangsboxen. Kurze E-Mails lassen sich relativ gut lesen und beantworten. Dafür benutzt man ohne Tastatur am besten vorgefertigte Nachrichten oder die Spracheingabe. Klappt prima! Mit „Kritzeln" können Sie auch mit dem Finger auf den Bildschirm schreiben.

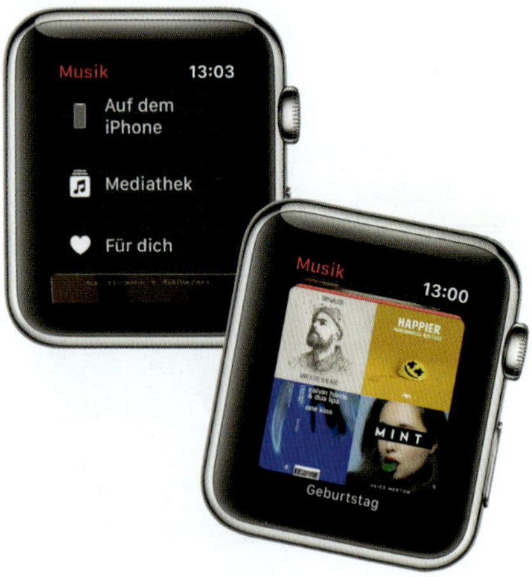

Musik

Die App dient einerseits als Fernbedienung für das iPhone, wobei sie auf dessen Sammlung zugreift und Musik auf dem iPhone abspielt. Verbinden Sie einen Bluetooth-Kopfhörer oder -Lautsprecher, kann sie auch auf der Uhr Musik wiedergeben, als Stream von Apple Music oder lokal gespeichert. Sie können auch direkt von der Uhr auf Ihre Apple-Music-Playlists zugreifen.

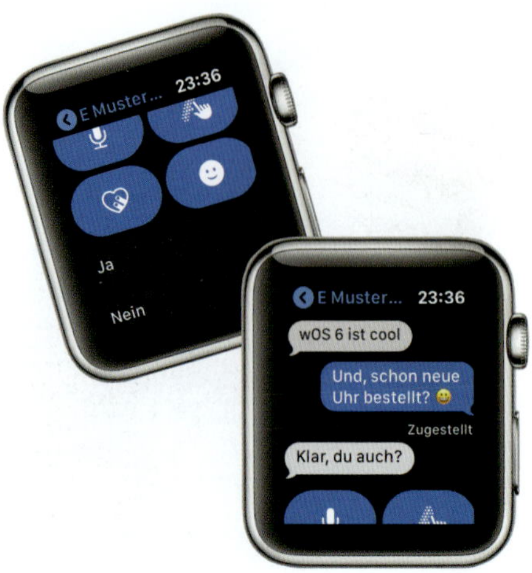

Nachrichten

Die Nachrichten-App funktioniert ähnlich wie Mail. Da die Mitteilungen hier von Haus aus kürzer sind, klappt das auch noch viel besser. Die Chatdarstellung ist sehr gelungen, auch für Bilder. Zum Antworten stehen vorgefertigte Nachrichten, Spracheingabe, freie Scribbles, Emojis und Animoji-Sticker zur Verfügung. Sprache kann als Audio oder Text versendet werden.

Nike+ Run Club

Die App des Nike+ Run Club lässt sich nicht nur auf der Apple Watch Nike+ verwenden. Sie hilft in Verbindung mit der zugehörigen iPhone-App und einer Registrierung bei Nike, das Lauftraining zu planen und zu protokollieren. Aufforderungen der App, Bestenlisten und das Teilen mit anderen stärken die Motivation und damit auch den langfristigen Trainingserfolg.

Personen suchen

Die App ersetzt die alte Freunde-App und übernimmt Einträge von Wo ist? vom iPhone. Wenn Sie die App auf der Apple Watch starten, zeigt Sie Ihnen Freunde und Familienmitglieder und aktualisiert die Entfernung. Wählen Sie eine Person aus, sehen Sie einen Kartenausschnitt und, wenn möglich, die Adresse. Sie können auch gleich die Route dorthin berechnen lassen.

Podcasts

Mit watchOS 5 hat Apple seiner Smartwatch endlich eine eigene Podcasts-App spendiert. Sie können automatisch neue Folgen aus „Sie hören" vom iPhone oder manuell ausgewählte Podcasts laden und anschließend auch ohne iPhone auf der Uhr abspielen (benötigt Bluetooth-Kopfhörer). Nach dem Hören werden die Folgen automatisch wieder von der Uhr gelöscht.

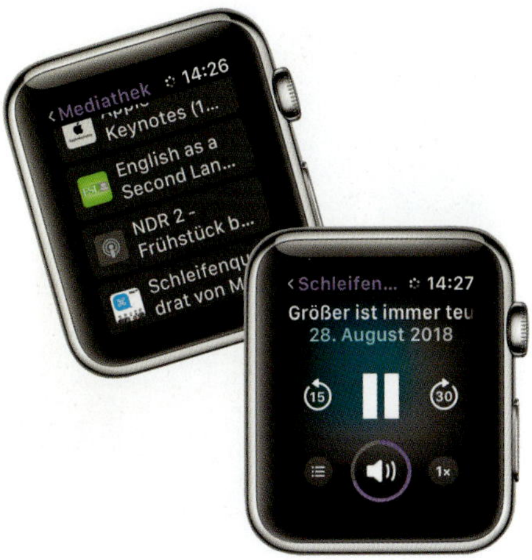

Radio

Mit der watchOS-App Radio haben Sie Zugriff auf Beats One oder die Sender Ihres Apple-Music-Kontos. Sie können die Music streamen, bei einer Uhr mit LTE auch unterwegs. Die App unterstützt auch Siri: Lassen Sie die Uhr per Spracheingabe nach einem Titel suchen und ihn abspielen, springt Radio ein, um den Stream via Apple Music wiederzugeben.

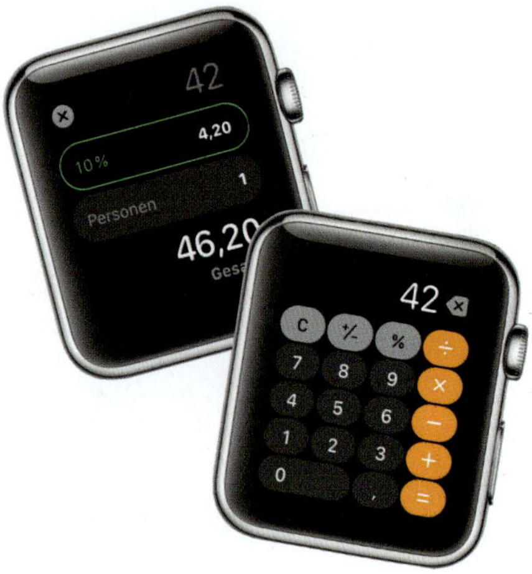

Rechner

Einen kleinen Taschenrechner griffbereit zu haben, kann ja nie schaden. Mit dem Update auf watchOS 6 müssen Sie dafür nun auch auf der Apple Watch nicht mehr unbedingt auf Fremd-Apps ausweichen. Die neue App beherrscht die Grundrechenarten und besitzt sogar eine Prozentautomatik, die sich optional auch auf Trinkgeldberechnung umstellen lässt.

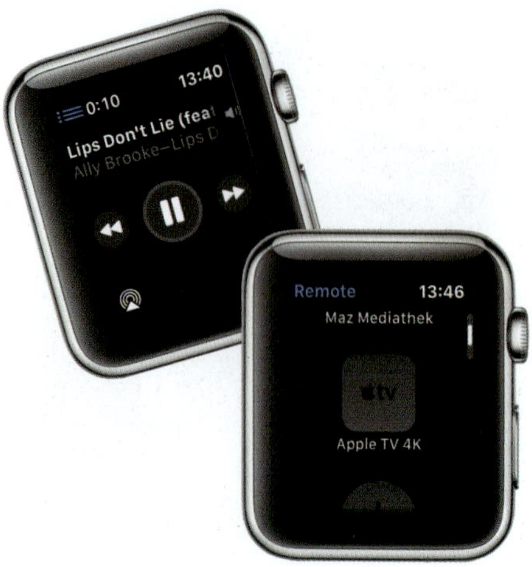

Remote

Die Remote-App dient zur Fernsteuerung eines Rechners oder eines Apple TV. Als Voraussetzung müssen alle beteiligten Geräte Mitglieder der gleichen Privatfreigabe sein. Wählen Sie ein Gerät, anschließend können Sie in der App die Wiedergabe steuern. Die Ausgabe erfolgt auf dem Gerät, nicht auf der Apple Watch. Per Force Touch können Sie sogar AirPlay aktivieren.

Sprachmemos

Die App Sprachmemos macht die Apple Watch zum Diktiergerät am Handgelenk. Die Bedienung ist einfach: Sie können Nachrichten direkt mit der Uhr aufzeichnen, abspielen und löschen. Die Benennung erfolgt per Spracheingabe oder kritzeln. Die App synchronisiert die Aufnahmen mit iPhone und Mac. Drücken Sie auf das Display, für die Anzeige von deren Sprachmemos.

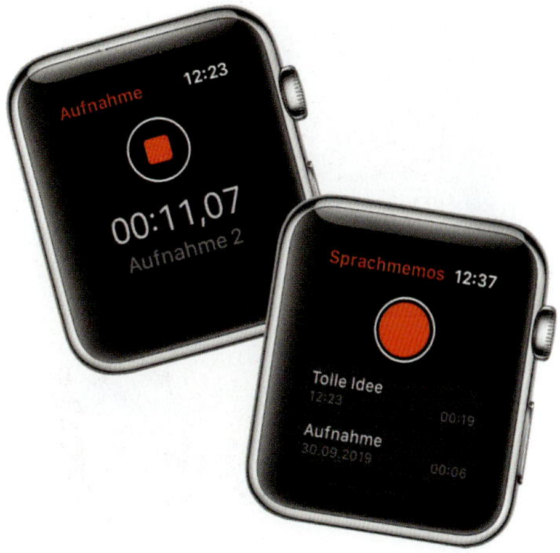

Stoppuhr

Die Stoppuhr von watchOS ist wirklich sehenswert. Man hat die freie Auswahl zwischen sehr schönen analogen und digitalen Darstellungen. Gewechselt wird zwischen den Betriebsarten wie üblich per Force Touch. Ansonsten unterstützt die Stoppuhr Rundenzeiten und einfache grafische Aufbereitungen, um Schwankungen der Rundenzeiten besser erkennen zu können.

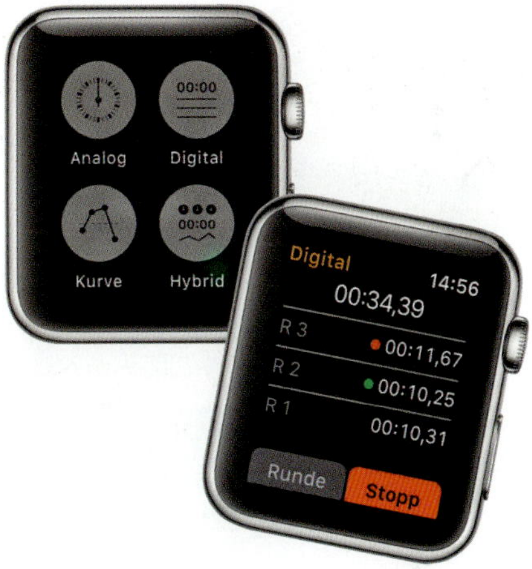

Telefon

Die App Telefon kommt als Freisprecheinrichtung für das iPhone zum Einsatz oder kann - auf einer Uhr mit LTE - auch eigenständig telefonieren. Mit Siri können Sie einfach und schnell einen Anruf starten. Es stehen aber auch Favoriten, Anrufliste, Kontakte und Voicemail zur Verfügung oder ein Zifferblock. Gespräche lassen sich zwischen Uhr und iPhone übergeben.

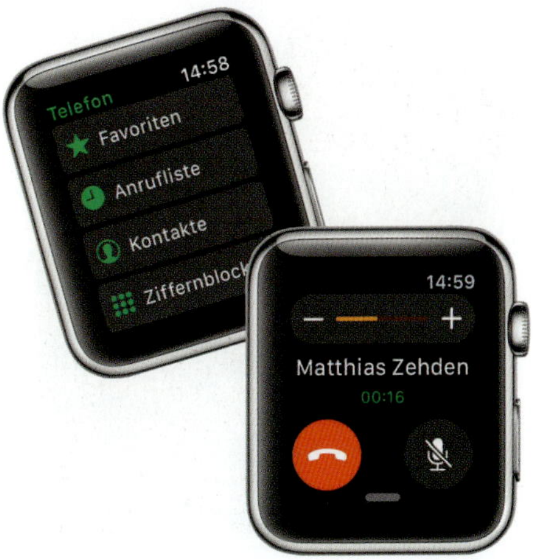

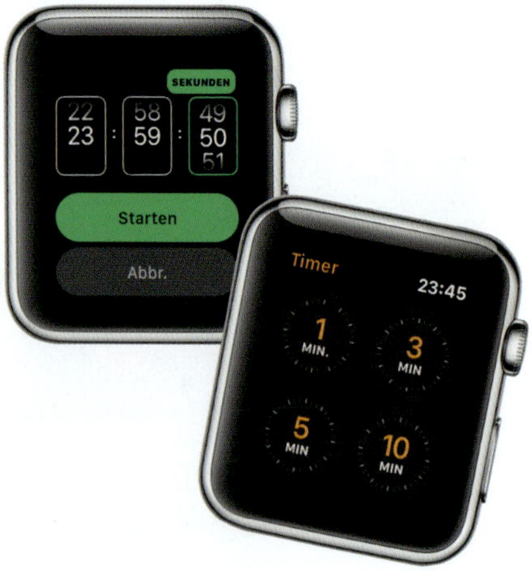

Timer

Der zweite Teil der zerlegten Uhren-App ist der Timer. Beim Öffnen bietet er einige feste Zeiten zwischen einer Minute und zwei Stunden für den Countdown an. Blättern Sie ganz nach unten, können Sie eine beliebige Zeit unter 24 Stunden sekundengenau wählen. Am schnellsten stellen Sie die Eieruhr jedoch per Siri. Ist der Timer abgelaufen, bietet er eine Wiederholung an.

Training

Zum Start eines Trainings wählen Sie die Sportart aus und können sofort beginnen. Oder Sie legen fest, dass Sie eine bestimmte Strecke, Kalorienzahl oder Zeit erreichen wollen. Während des Trainings misst die Uhr häufiger den Puls und berechnet Wegdaten wie Strecke, Zeit und Geschwindigkeit. Die Daten werden in Aktivität und Health auf dem iPhone gesammelt.

Uhr

Die App Uhr läuft, wenn eigentlich keine App läuft. Sie bringt das Zifferblatt auf den Bildschirm. Sie zeigt die Zeit und Sonderfunktionen wie Datum, Aktivitätsstatus oder Wetter durch Komplikationen. Apple liefert eine große Auswahl an Zifferblättern mit, von elegant und schlicht bis zu informativ oder verspielt. Da sollte doch für jeden Geschmack etwas dabei sein.

Walkie-Talkie

Ein Neuzugang von watchOS 5 ist die App Walkie-Talkie. Wie der Name schon andeutet, bietet sie eine einfach Gegensprechfunktion zwischen zwei Uhren. Dabei wird zwischen ihnen eine direkte Verbindung über das Internet aufgebaut, über die sich einfach per Fingertipp Sprachnachrichten hin und her schicken lassen. Sie müssen die Kontakte dafür nur einmal einrichten.

Wallet

Die digitale Brieftasche hält Tickets und Gutscheine griffbereit. Um ein Ticket zu öffnen, tippt man es einfach an. Da es etwas unpraktisch wäre, jemandem den Arm so hinzudrehen, dass er das Ticket auf der Uhr lesen kann, befindet sich darauf immer ein Pixelcode, der sich ohne Verrenkungen scannen lässt. Außerdem dient die App zum schnellen Bezahlen per Apple Pay.

Wecker

Ein Wecker darf natürlich auch in dieser Sammlung nicht fehlen. Man kann verschiedene Weckzeiten im Voraus anlegen, auf Wunsch gleich mit möglichen Wiederholungen und Signalton. Diese schaltet man dann bei Bedarf schnell ein. Der Wecker der Uhr arbeitet unabhängig vom iPhone. Die in der Uhr-App des iPhone angelegten Wecker sind nicht zu sehen.

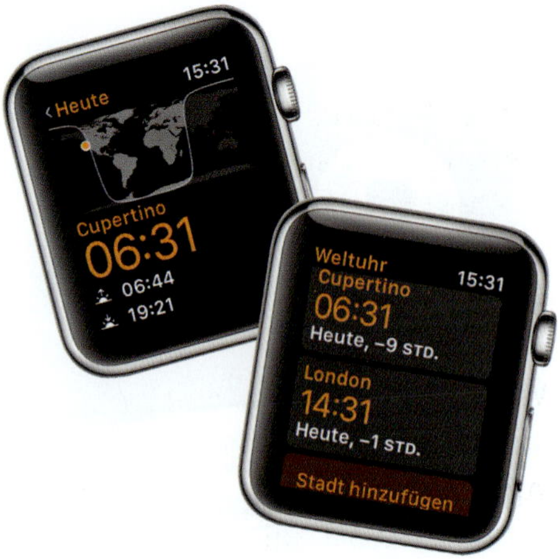

Weltuhr

Mit der Weltuhr können Sie Orte in verschiedenen Zeitzonen anlegen und schnell zwischen diesen wechseln. Dabei zeigt die Weltuhr auch gleich an, wann Sonnenauf- und -untergang ist. Die Orte werden als Liste oder einzeln mit mehr Details angezeigt und mit der Weltuhr des iPhone abgeglichen. Wer Kontakte in Übersee hat, wird das schnell zu schätzen lernen.

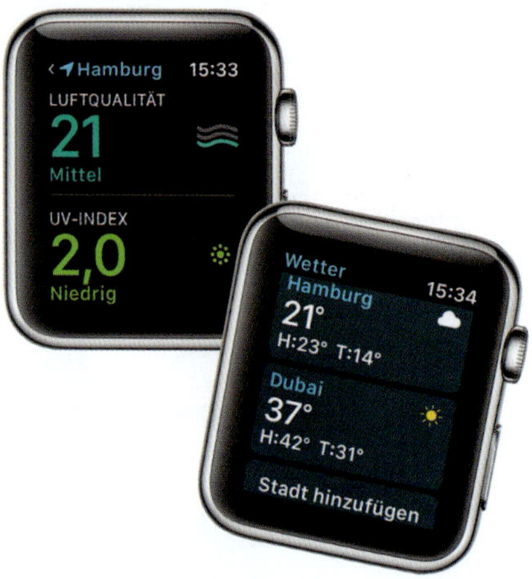

Wetter

Die App zeigt das Wetter an ausgewählten Orten. Die gleicht es mit dem iPhone ab, Sie können aber auch auf der Uhr Orte hinzufügen. Per Force Touch können Sie zwischen Höchst- und Tiefsttemperaturen, Wetterlage oder Regenwahrscheinlichkeit wählen. Es gibt eine Zehntagesvorschau sowie Luftqualität und UV-Index. Praktisch ist das lokale Wetter als Komplikation.

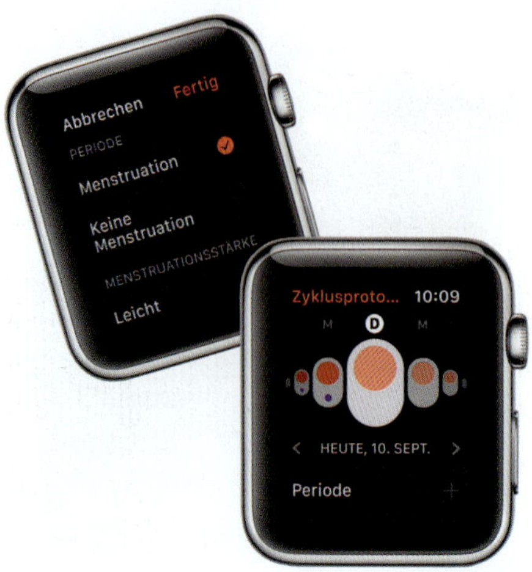

Zyklusprotokoll

Mit der App können Sie Angaben zum Menstruationszyklus aufnehmen, wie Stärke der Blutung oder begleitende Symptome. Aus dem Protokoll, das mit der Health-App auf dem iPhone synchronisiert wird, entnehmen Sie Länge und Schwankungen des Zyklus, können die nächste Periode und fruchtbare Zeiträume vorhersagen lassen. Sie können die Daten bei Bedarf auch einem Arzt zur Verfügung stellen.

Neue Apps auf der Apple Watch installieren

Apple liefert zwar zahlreiche Apps mit watchOS aus, doch Fremdanbieter und auch Apple selbst ergänzen dieses Angebot. Neue Apps lassen sich ganz einfach laden und installieren, wie wir Ihnen gleich zeigen. Bis watchOS 5 hatten alle zusätzlichen Apps für die Apple Watch ein Pendant auf dem iPhone und ließen sich auch nur von dort aus installieren. Das galt nicht nur für die - deutlich in der Überzahl befindlichen – Watch-Apps, die mit ihren Gegenstücken auf dem iPhone kommunizieren und teils nur deren Informationen anzeigen. Selbst die Apps, die praktisch ausschließlich auf der Uhr selbst liefen, mussten zunächst auf dem iPhone installiert und dann erst mit der iOS-App Watch an die Apple Watch übertragen werden.

Mit watchOS 6 hat die Apple Watch nun einen eigenen App Store erhalten. Der erlaubt direkt das Suchen und Installieren von Apps von der Uhr aus. Der Umweg über das iPhone entfällt und damit auch die Pflicht für die Entwickler, eine zugehörige iOS-App bereitzustellen. Trotzdem funktioniert der Weg über die Watch-App des iPhone weiterhin. Wer schon länger ein iPhone besitzt, wird vermutlich staunen, wie viele seiner Apps bereits eine App für die Apple Watch mitbringen. Je nach Einstellung können Sie diese Apps von Hand installieren oder sie automatisch vom iPhone hinzufügen lassen.

App-Darstellung

Ein fester Druck auf die „App-Wolke“ erlaubt den Wechsel zwischen der Darstellung im Raster oder als Liste. Hat man eher wenige Apps, die man immer wieder startet, ist die Rasterdarstellung besser. Haben Sie sehr viele Apps, ist die Listendarstellung besser. Sie ordnet die Apps alphabetisch, und man kann mit der Krone durch die Liste scrollen. Gut daran ist auch, dass man zum Icon gleich den Namen sieht.

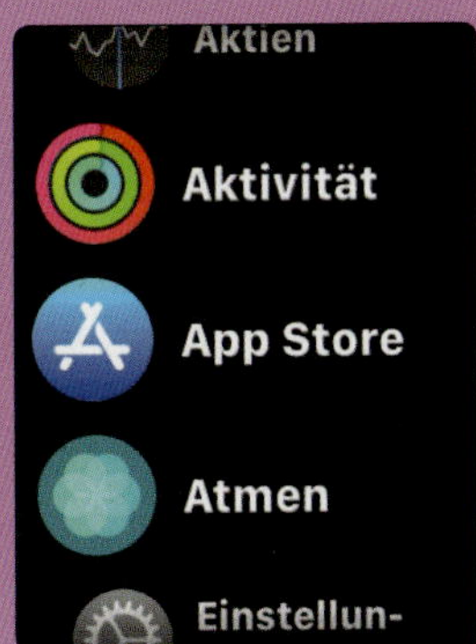

Eigener Store für Apple-Watch-Apps

Die Watch-App des iPhone bringt einen eigenen Zugang zum App Store mit. Theoretisch ist es egal, ob man Apps auf dem iPhone ganz normal über den App Store oder den Store-Bereich in der App Watch installiert. Inzwischen leitet die Watch-App Sie ohnehin in den normalen App Store weiter, allerdings mit einer Suchanfrage für die Apple Watch als Filter. Hier finden Sie auch redaktionell betreute Listen mit Apps, die auf der Apple Watch besonders beeindruckend sein sollen. Dieser Zugang wird aber nicht so intensiv betreut und in Kategorien unterteilt, wie Sie es vielleicht von den iOS-Apps gewohnt sind.

Öffnen Sie den App Store mit der gleichnamigen App auf der Uhr, entspricht das Angebot dem auf dem iPhone. Sie sehen allerdings von vornherein nur Watch-taugliche Apps. Bei aktuellen Apps und Apples kuratierten Listen funktioniert das Blättern und Laden sehr gut. Das Suchen mit der Spracheingabe oder Kritzelfunktion ist allerdings weniger Komfortabel als die Texteingabe auf dem iPhone.

Nicht alles installieren

Von der automatischen Installation aller auf dem iPhone befindlichen Apps raten wir ausdrücklich ab, auch wenn Apples Installationsasisstent das anbietet. Zu viele Apps machen die Oberfläche der Uhr nur unübersichtlich.

Wie bereits gesagt, gibt es eine Vielzahl an Apps für die Apple Watch. Darunter sind viele wirklich originelle und wertvolle Apps, aber es finden sich eben auch Apps, die eher uninspiriert scheinen und kaum neue oder sinnvolle Funktionen bieten können. Dafür muss man keinen Platz opfern, denn es gibt wirklich genügend tolle Programme für die Apple Watch. Eine große Auswahl solche Apps finden Sie in diesem Buch im Kapitel „Top-Apps“.

Ordnung halten

Apps für die Apple Watch gibt es in reicher Anzahl, und viele Anwender neigen dazu, sie alle auszuprobieren. Doch gerade auf der Apple Watch ist wenig Platz, und je mehr Apps man installiert, umso schwieriger ist es, den Überblick zu behalten. Man tut also gut daran, Apps zu testen und bei Nichtgefallen auch wieder zu entsorgen.

Workshop: So nutzen Sie den neuen App Store auf der Apple Watch

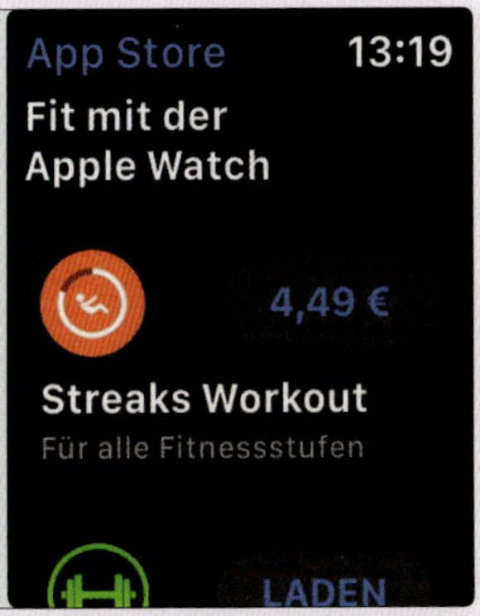

1 App Store öffnen und blättern

Der App Store auf der Apple Watch muss mit weniger Platz auskommen, bietet aber wie der gewohnte App Store auf dem iPhone eine Suchfunktion, aktuelle Empfehlungen und einige redaktionell betreute Themenlisten.

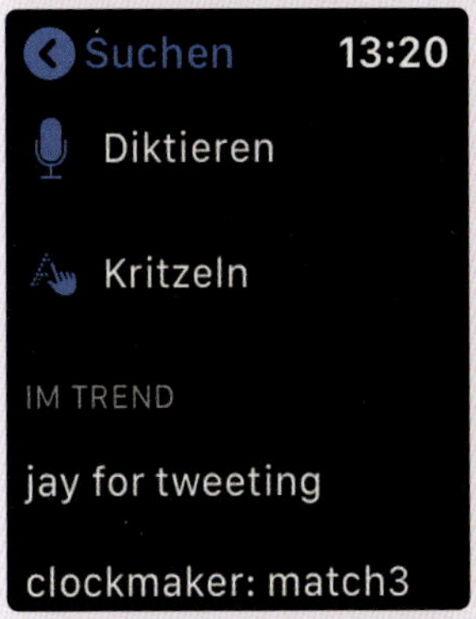

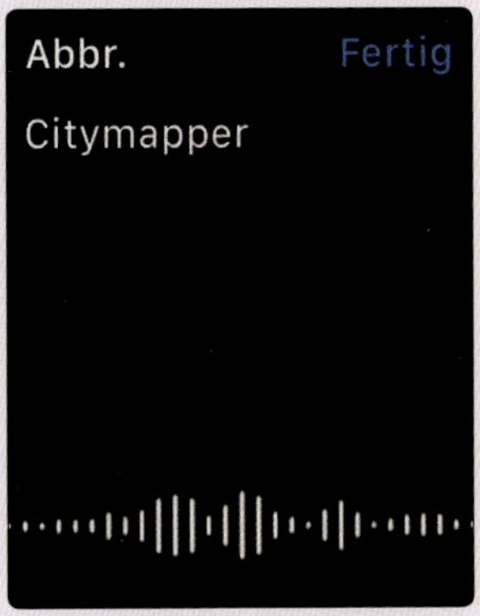

2 Suche nach Apps für die Watch

Gleich ganz oben auf der Startseite des Stores finden Sie die Suchfunktion. Tippen Sie auf das Feld, können Sie zwischen Spracheingabe, Kritzeln und einigen häufig gesuchten Begriffen wählen. Tippen Sie auf eine gefundene App für weitere Informationen.

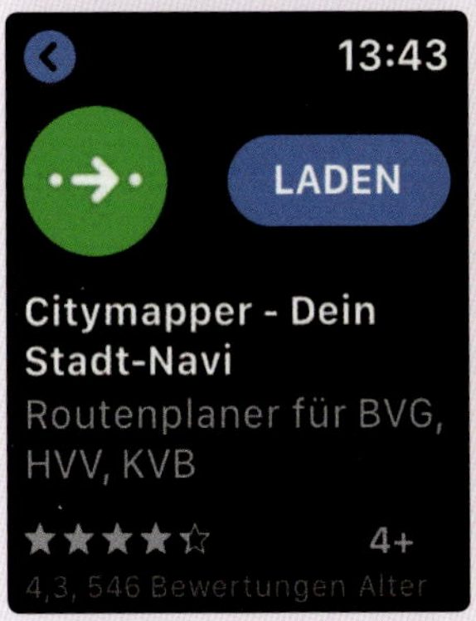

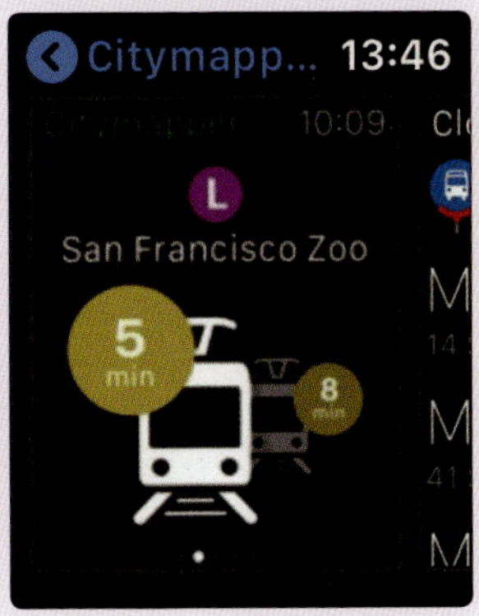

3 Infoseite aufrufen und App laden

Die Details zu einer App zeigen wie vom iPhone gewohnt Icon, Preis, Beschreibung und einige Screenshots. Auch auf die Versionsangaben und Bewertungen müssen Sie nicht verzichten. TIppen Sie auf den Preis oder „Laden“, um die App zu installieren.

Workshop: Mehr Apps vom iPhone aus installieren, löschen und sortieren

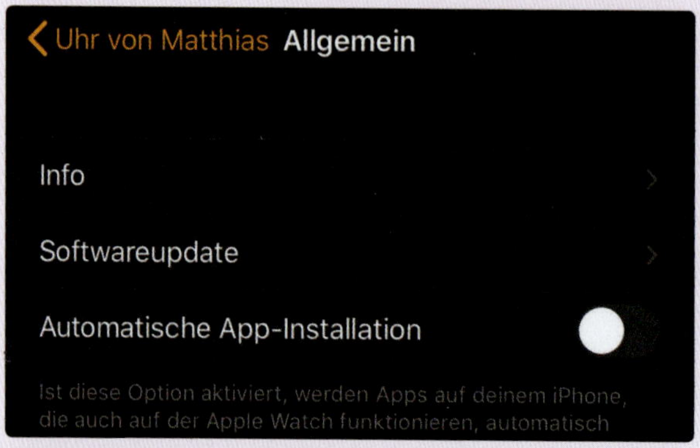

1 Automatische Installation prüfen

In der Watch-App des iPhone lässt sich in „Meine Uhr > Allgemein“ einstellen, ob alle Apps, die unter iOS installiert und auch für watchOS verfügbar sind, automatisch auf die gekoppelte Apple Watch übertragen werden sollen. Schalten Sie das lieber aus.

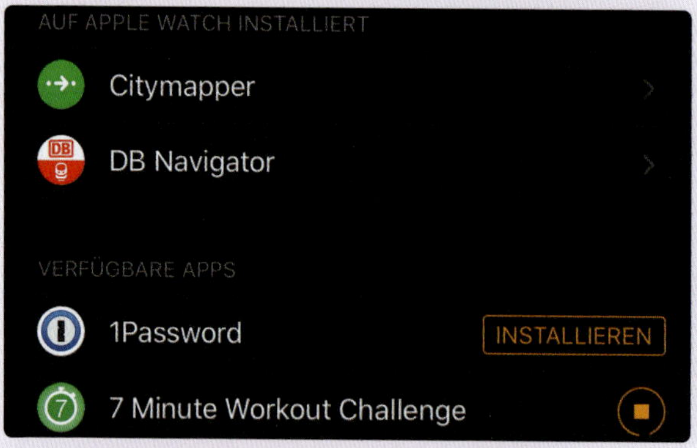

2 Apps auf der Uhr installieren

Bei automatischer Installation können Sie in der App-Liste in „Meine Uhr“ dabei zusehen, wie die Apps übertragen werden. Zur manuellen Installation tippen Sie neben dem Namen einer App auf „Installieren“. Installierte Apps rutschen in der Liste nach oben.

3 Apps wieder von der Uhr entfernen

Im Bereich der installierten Apps in „Meine Uhr“ zeigt das iPhone auch solche, die Sie direkt auf der Uhr geladen haben. Um eine App zu entfernen, tippen Sie darauf. Schalten Sie dann die Anzeige auf der Uhr aus, damit sie von dieser entfernt wird.

4 Anordnung der Apps ändern

Unter „Meine Uhr > App-Layout“ darf man die Apps der Uhr vom iPhone aus neu anordnen. Das Prinzip gleicht dem des iPhone: Sie drücken und halten ein Icon und schieben es dann an die gewünschte Stelle.

5 Apps auf der Uhr neu anordnen

Auch auf der Apple Watch lassen sich Apps durch langes Drücken neu anordnen und auch löschen. Allerdings können können auf der Uhr größere Mengen an Apps in der Rasterdarstellung schnell unübersichtlich werden.

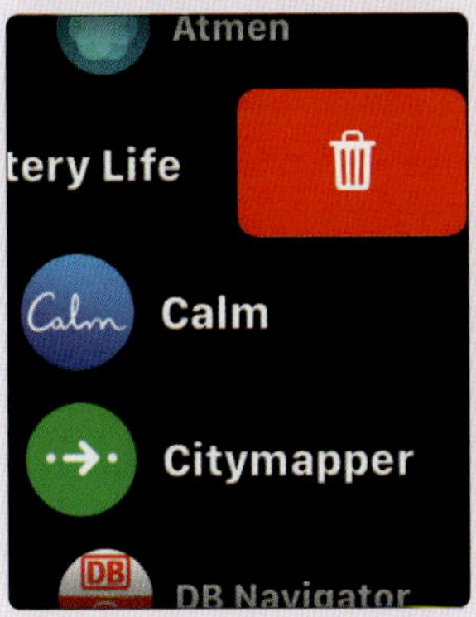

6 App in der Listenansicht löschen

Nutzen Sie die Listendarstellung, reicht ein Wischer nach links, um die Löschmöglichkeit einzublenden. Gelöscht wird die App nur von der Uhr, nicht aber vom iPhone (falls vorhanden). Sie lässt sich jederzeit wieder auf die Uhr übertragen.

4

Basiswissen

Das Wort „Basiswissen" klingt so, als wäre es eine Selbstverständlichkeit, über die im Folgenden erwähnten Apps wie die Uhr, den Kalender, Wetter, Fotos und viele mehr Bescheid zu wissen. Doch in diesen Apps gibt es derart viel zu entdecken, dass es wahrlich keine Schande ist, darin immer neue Möglichkeiten zu entdecken. Wenn man die Standard-Apps clever nutzt, holt man schon sehr viel aus der Apple Watch heraus.

Die Apple Watch als Uhr

Die Apple-Watch kommt mit einer kompletten App-Ausstattung, hat aber auch als Armbanduhr einiges zu bieten.

Vermutlich kauft sich kaum jemand die Apple Watch nur als Uhr, doch auch für diesen Zweck ist sie mit diversen Apps bestens ausgestattet. Und die Uhrzeit kann sie natürlich auch...

Die Apps der Apple Watch sind als Anpassung an den kleinen Bildschirm und die eingeschränkten Bedienmöglichkeiten in der Regel relativ stark spezialisiert. Sie sind einfach und übersichtlich, ohne tief verzweigte Menüs. Diesem Konzept bleibt Apple auch bei den Uhrenfunktionen treu. Statt wie beim iPhone alles in eine App zu packen und per Navigationsleiste in die einzelnen Bereiche zu wechseln, verteilen sich die Uhrenfunktionen der Apple Watch gleich auf fünf einzelne Apps. Zur normalen Uhren-App, die das Zifferblatt zeigt, gesellen sich noch vier weitere: Stoppuhr, Timer, Wecker und Weltuhr. Je nachdem, welche Funktion Sie gerade benötigen, starten Sie einfach die zugehörige App. Eine effektive Lösung, schließlich weiß man ja vorher, ob gerade ein Timer oder die Stoppuhr gebraucht wird.

Uhr

Wir beginnen mit der App Uhr, die Apple als Einzige fest auf dem App-Bildschirm platziert. Sie liegt immer genau in der Mitte. Die App zeigt die Zeit oder genauer das von Ihnen ausgewählte Zifferblatt. Dafür übernimmt sie die Zeit vom iPhone. Im Einstellungsbereich Uhrzeit können Sie lediglich einen Offset für die Zeitanzeige eingeben, nach dem die Apple Watch dann scheinbar vorgeht. Das betrifft aber nur die Anzeige auf dem Zifferblatt. Wecker oder Erinnerungen melden sich dennoch pünktlich.

Komplikationen

Eine nützliche Spezialität der Apple Watch sind die Komplikationen, die zusätzliche Informationen einblenden. Je nach Zifferblatt sind es unterschiedlich viele. Zudem steht den Komplikationen unterschiedlich viel Platz zur Verfügung. Die Wetter-Komplikation zeigt im einfachsten Fall zum Beispiel nur die Temperatur, während in der größeren Form, die auf vielen Zifferblättern am unteren Rand erscheint, zusätzlich noch Platz für die Wetterlage ist. Bei der ganz großen Form in der Mitte des Modular-Zifferblatts ergänzt die Uhr dann auch noch Ort und Grenztemperaturen. Für die Infograph-Zifferblätter ab der Apple Watch Series 4 gibt es ebenfalls spezielle Wetter-Komplikationen.

Workshop: Die Apple Watch als Stoppuhr verwenden

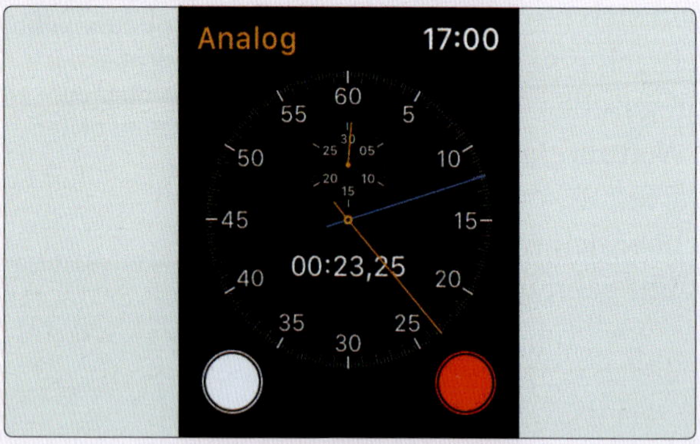

1 Analoge Stoppuhr verwenden

Der analoge Modus besitzt einen großen orangen Sekundenzeiger und einen blauen Schleppzeiger für die letzte Runde. Die Taste rechts löst Start/Stopp aus, die linke dient zum Markieren einer Runde beziehungsweise zum Löschen, wenn die Uhr steht.

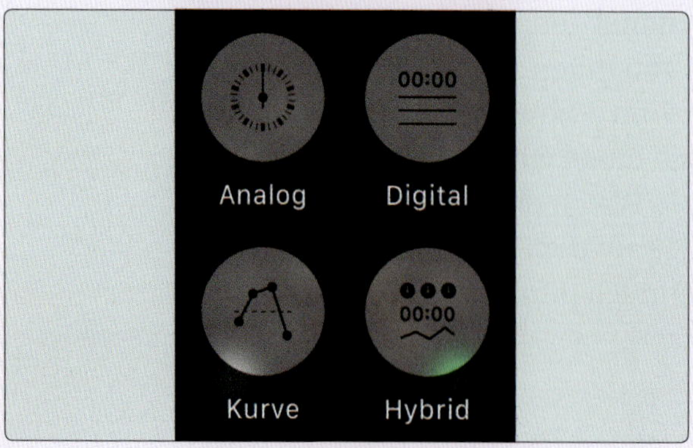

2 Anzeigemodus wechseln

Drücken Sie auf das Display, um den Anzeigemodus der Uhr zu wählen. Das können Sie auch während einer laufenden Messung machen. Zur Verfügung stehen Analog, Digital, Kurve und Hybrid. Letzteres ist eine Kombination aus den drei anderen.

In der iOS-App Watch sehen Sie unter „Komplikationen", welche Fremd-Apps Sonderfunktionen mitbringen. Damit die Auswahlliste bei der Konfiguration der Zifferblätter nicht zu lang wird, können die Apps, die Sie nicht brauchen, einfach ausgeblendet werden. In der Watch-App finden Sie noch weitere Einstellungen zur Uhrzeit. In „Uhr" können Sie die digitalen Anzeigen auf 12 oder 24 Stunden stellen oder Sie können Nachrichten vom iPhone erlauben und oben in der Mitte des Zifferblatts einen Hinweis auf neue Meldungen einblenden lassen.

3 Digitale Ansicht für mehr Übersicht

Die digitale Stoppuhr zeigt oben die Gesamtzeit und darunter die einzelnen Runden, wenn Sie Zwischenzeiten gesetzt haben. Passen nicht mehr alle Runden aufs Display, können Sie durch senkrechtes Wischen oder Drehen der Krone blättern.

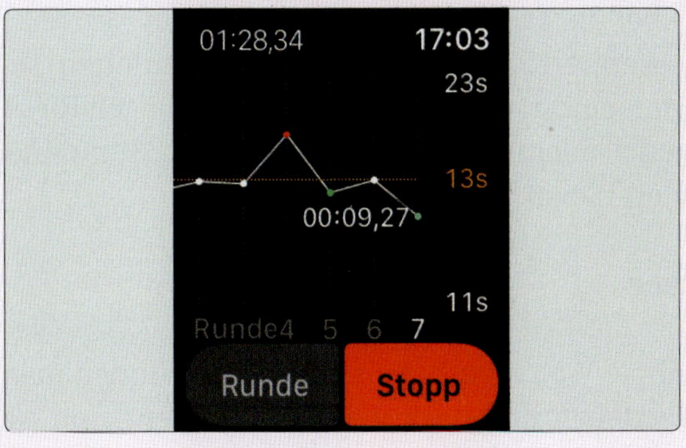

4 Rundenzeiten als Grafik zeigen

Die Ansicht „Kurve" zeigt die gemessenen Rundenzeiten als Graph, wobei der beste und schlechteste Wert farbig markiert sind. Sie können jederzeit die Ansicht wechseln, ohne die aktuellen Werte zu verlieren, oder die Messung mit Start weiter fortsetzen.

Stoppuhr

Die App Stoppuhr benötigt keine besonderen Einstellungen, kann aber deutlich mehr, als man auf den ersten Blick vermutet. Sie bietet zunächst eine sehr schön gestaltete analoge Anzeige mit großem Sekundenzeiger und einer zusätzlichen digitalen Anzeige der Gesamtzeit auf Hundertstelsekunden genau. Neben dem üblichen Start, Stopp und Löschen kann sie auch Rundenzeiten messen. Tippen Sie auf das Display, sehen Sie drei kleine Uhren für Minuten, Sekunden und (halbe) Zehntel. Der frei gewordene Platz darunter wird für die Rundenzeiten genutzt. Per Force Touch können Sie den Anzeigemodus wechseln, zum Beispiel zu einer rein digitalen Anzeige. Die ist zwar nicht so schön wie die analoge, aber dafür einfacher abzulesen. Hinzu kommen noch die Anzeige der Rundenzeiten als Grafik und eine Hybridform (siehe Workshop).

Timer

Die Timer-App bietet vordefinierte Zeiten zwischen einer Minute und zwei Stunden als Countdown-Zeit an. Schnell eine Zeit antippen und schon läuft der Timer los. Sie können aber natürlich auch manuell eine beliebige Zeit bis zu 24 Stunden sekundengenau einstellen. Haben Sie freie Zeitangaben benutzt, zeigt die App diese als Verlauf an. Benutzen Sie bestimmte freie Zeiten immer wieder, könnne Sie sie einfach im Verlauf auswählen.

Nach Ablauf der Zeit erfolgt ein Signal im Lautsprecher und über die Taptic Engine. Ist die Uhr am Netzteil angeschlossen, ertönt das Signal des abgelaufenen Timers übrigens selbst, wenn Sie in den Einstellungen für „Töne & Haptic“ oder im Kontrollzentrum den „Stummmodus“ aktiviert haben.

Timer mit Siri

Auch wenn man kein Fan der Spracheingabe ist, so ist der Timer ein ideales Beispiel für den Komfortgewinn durch Siri: Arm heben, Siri die Zeit für den Timer sagen und schon läuft er, ohne dass Sie die App starten und eine Zeit auswählen müssen.

Wecker

Die Apple Watch besitzt einen Wecker, für den man Zeiten festlegen und nach Bedarf aktivieren kann - automatische Wiederholung und Schlummertaste inklusive (siehe Workshop).

Workshop: Countdown für Timer einstellen und starten

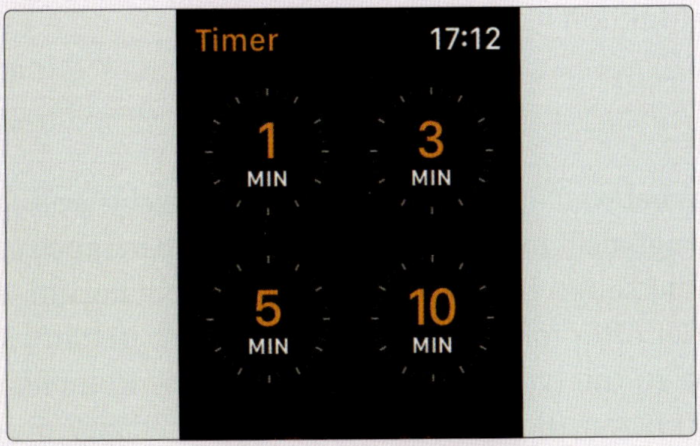

1 Zeit für Timer auswählen

Die App Timer bietet eine größere Auswahl an vordefinierten Zeiten an. Einfach antippen und schon läuft der Countdown. Die Auswahl reicht von einer Minute bis zu zwei Stunden. Für andere Zeiten blättern Sie nach ganz unten und wählen „Beliebig“.

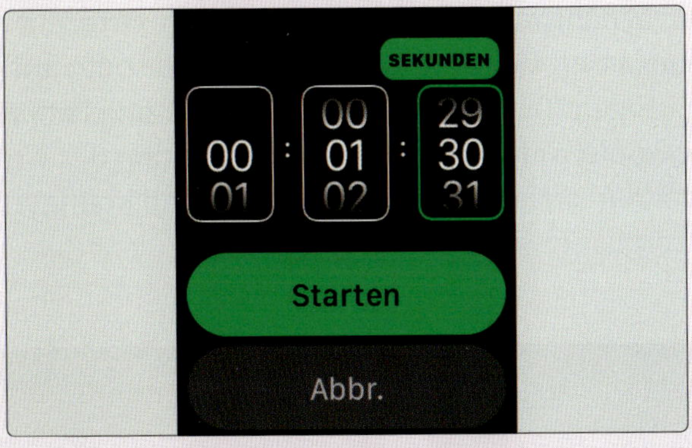

2 Manuelle Laufzeit für Timer einstellen

Es erscheint die freie Zeitangabe. Tippen Sie auf die Felder für Stunden, Minuten und Sekunden, und stellen Sie jeweils durch Wischen oder Drehen der Krone den Wert ein, maximal 23 Stunden, 59 Minuten und 59 Sekunden. Mit „Starten“ geht es los.

3 Den Timer auf dem Display verfolgen

Läuft der Timer, zeigt er die Restzeit. Mit den Tasten können Sie ihn anhalten („Pause“) und fortsetzen („Weiter“). „Löschen“ bricht den Timer ab. Schaltet sich das Display ab, bleibt die App aktiv. Sie können einfach den Arm heben, um die Restzeit zu sehen.

Die Weckzeiten der Apple Watch werden nicht, wie man vielleicht erwarten würde, mit dem iPhone-Wecker synchronisiert. Stattdessen kann das iPhone Sie über Push-Mitteilungen auf der Uhr informieren, wenn sich ihr Wecker meldet. Sie können den Alarm dann gleich auf der Apple Watch beenden oder die Schlummerfunktion nutzen.

Weltuhr

Zum Schluss hat watchOS auch noch eine praktische Weltuhr zu bieten. Sie zeigt nicht nur die lokalen Zeiten, sondern auch einige Extras wie die Zeiten für Sonnenauf- und untergang am jeweiligen Ort. Wer öfter mit Personen in einer Stadt in einer anderen Zeitzone zu tun hat, wird aber wohl eher die Komplikation der Weltuhr nutzen, die dessen Zeit ständig aktuell im Zifferblatt anzeigt. Tippen Sie darauf, öffnet sich übrigens die Weltuhr-App. Die Weltuhr synchronisiert die ausgewählten Orte mit dem iPhone. Neue lassen sich wahlweise auf der Uhr oder auf dem iPhone hinzufügen. Dort können Sie auch das Kürzel anpassen, mit dem die Apple Watch Orte in der Komplikation der Weltuhr auf dem Zifferblatt anzeigt. Auch die Nutzung und Konfiguration der Weltuhr erklären wir in einem Workshop.

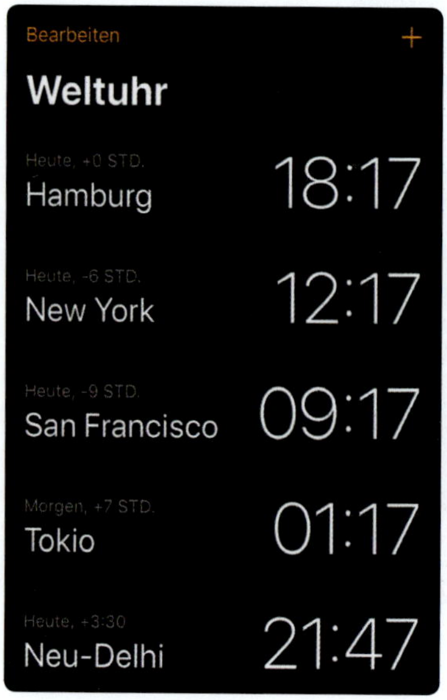

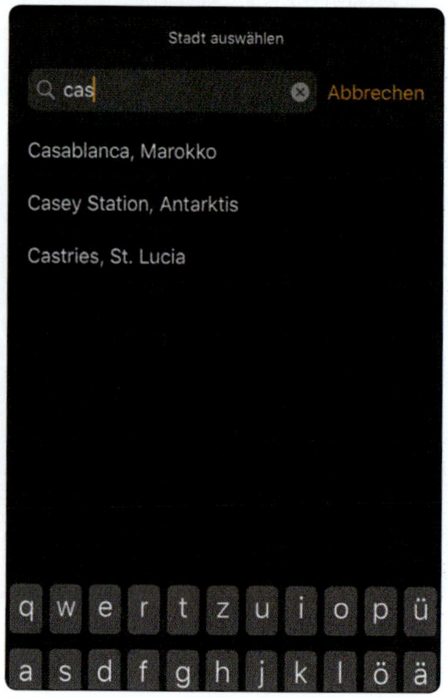

Sie können der Weltuhr auch auf dem iPhone eine neue Stadt hinzufügen. Dazu öffnen Sie die App Uhr, wechseln zum Beireich Weltuhr und tippen oben auf das Pluszeichen. Es erscheint eine Auswahlliste mit Suchfunktion.

Workshop: Orte der Weltuhr auf der Apple Watch bearbeiten

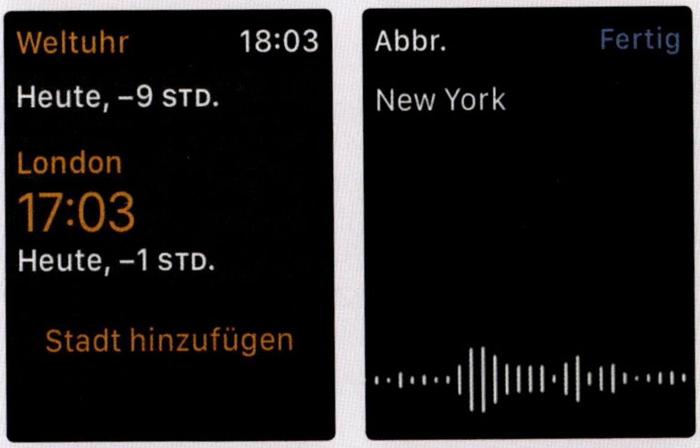

1 Weitere Stadt hinzufügen

Die Orte der Weltuhr werden mit dem iPhone synchronisiert. Seit watchOS 5 können Sie aber auch auf der Uhr eine Stadt hinzufügen. Tippen Sie auf den Befehl unter der Liste der Orte. Dann können Sie den Namen einsprechen oder mit dem Finger kritzeln.

2 Liste der Orte verwalten

Wurde der Name richtig erkannt, bestätigen Sie die Eingabe. Der neue Ort erscheint nun in der Liste der Städte der Weltuhr-App, Streichen Sie in der Liste nach links über einen Ort, um ihn wieder zu entfernen.

3 Aufruf der Weltuhr per Komplikation

Eine einfache Möglichkeit für den schnellen Zugriff auf die Weltuhr bietet die zugehörigen Komplikation (im Bild unten im Utility-Zifferblatt). Tippen Sie darauf, wird der Ort in Weltuhr geöffnet. Sie sehen die Tag-Nacht-Grenze und weitere Informationen.

Workshop: Wecker auf der Uhr stellen und Alarm vom iPhone anzeigen lassen

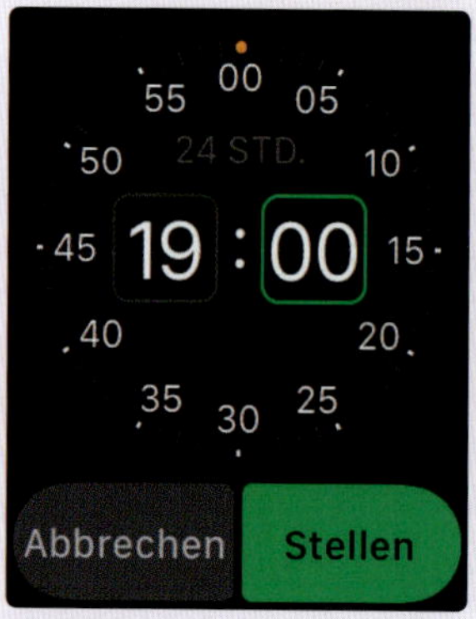

1 Neue Zeit für einen Wecker eingeben

Beim ersten Öffnen zeigt die App Wecker nur die Taste „Neuer Wecker“. Tippen Sie darauf. Dann stellen Sie für Stunden und Minuten jeweils die Zeit mit der Krone ein. Mit „Stellen“ erzeugen Sie nun den neuen Wecker.

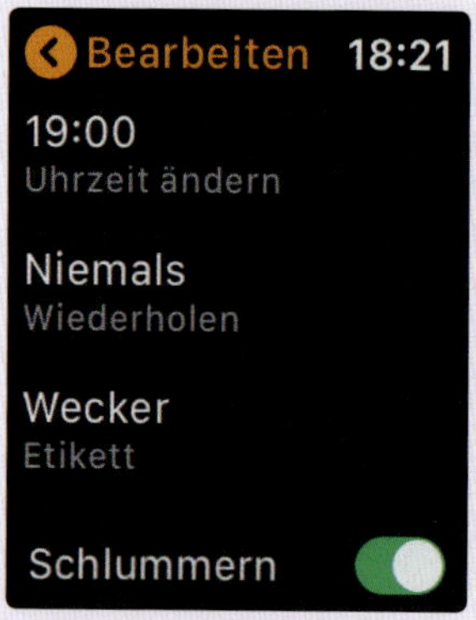

2 Wecker-Eintrag bearbeiten

Die Liste der Wecker-App enthält nun einen Eintrag. Tippen Sie darauf, um ihn zu bearbeiten. Hier können Sie die Schlummerfunktion aktivieren. Blättern Sie nach ganz unten, um den Wecker zu löschen.

3 Wiederholungen und Namen wählen

Tippen Sie beim Bearbeiten auf „Wiederholen“, um den Wecker zum Beispiel an Wochentagen oder nur an bestimmten Tagen zu aktivieren. Unter „Wecker“ können Sie einen Namen für den Wecker einsprechen.

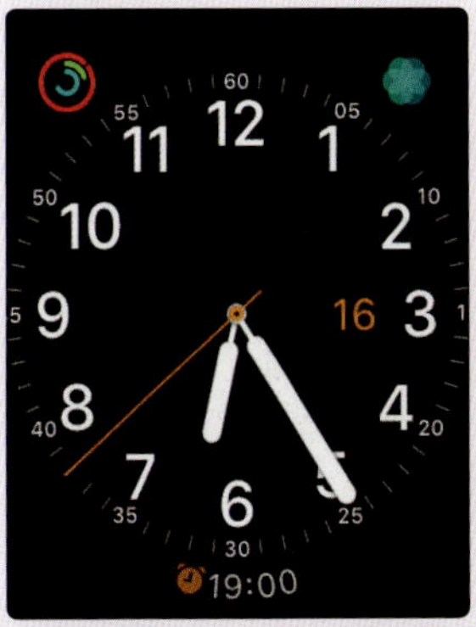

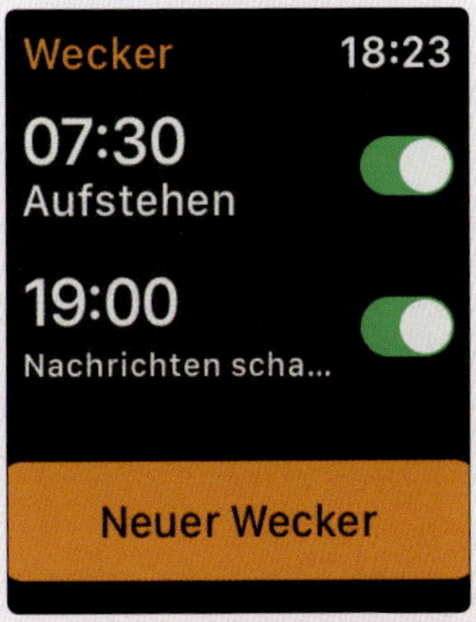

4 Wecker als Komplikation nutzen

Sehr praktisch ist die Wecker-Komplikation, im Bild unten im Utility-Zifferblatt, die die nächste aktive Weckzeit anzeigt – leider nicht den Wochentag. Tippen Sie darauf, öffnet watchOS die Liste der Wecker-App.

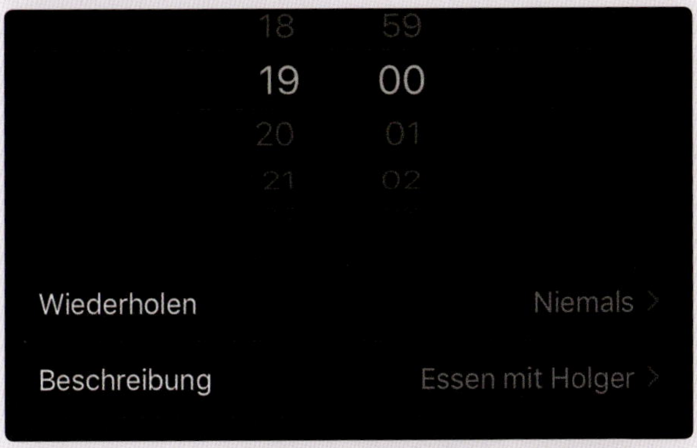

5 Wecker auf dem iPhone stellen

Die auf der Apple Watch und dem iPhone angelegten Wecker werden nicht gegenseitig synchronisiert. Sie können aber in der App Uhr auf dem iPhone einen Wecker stellen und ihn auf der Apple Watch klingeln lassen.

6 Hinweis auf der Uhr aktivieren

Öffnen Sie auf dem iPhone die App Watch und darin „Meine Uhr > Uhr". Hier muss „Push-Hinweise vom iPhone" eingeschaltet sein. Dadurch erzeugen Timer und Wecker vom iPhone auch auf der Apple Watch einen Alarm.

Kommunikation - einfach in Kontakt bleiben

Mit Mail, Nachrichten und Telefon bringt watchOS alles mit, was Sie brauchen, um mit anderen in Verbindung zu bleiben. Denn die Apple Watch beherrscht natürlich auch die wichtigsten Kommunikationswege. Sie hat sowohl Apps für die gute alte E-Mail als auch für den schnellen Chat über Apples iMessage-Dienst dabei. Auch als Freisprecheinrichtung am iPhone macht die Apple Watch eine gute Figur. Die watchOS-Apps heißen genau wie Ihre Gegenstücke auf dem iPhone: Mail, Nachrichten und Telefon. Wir erklären, was Sie damit auf der Uhr machen können.

Mail

Da es für so ziemlich jede Art von Gerät und jedes Betriebssystem einen E-Mail-Client gibt, gehört dieser Kommunikationsweg einfach zum Pflichtprogramm. Die Mail-App auf der Apple Watch kann nicht nur mehrere Postfächer verwalten und anzeigen, sondern auch E-Mails löschen oder neue E-Mails erzeugen und verschicken. Die Einschränkungen der tastaturlosen Texteingabe auf dem kleinen Bildschirm umgeht sie durch die Erkennung von Sprache und das Kritzeln mit dem Finger auf dem Display.

Wer möchte, kann die wichtigsten Kommunikations-Apps auch als Komplikationen auf dem Zifferblatt einblenden.

Die Konfiguration der App erfolgt in der Watch-App auf dem iPhone in „Meine Uhr > Mail". Wir empfehlen, hier mindestens am Anfang wichtige Einstellungen für Hinweise, das Zusammenfassen in Konversationen oder die Löschbestätigung vom iPhone zu spiegeln, damit sich die Uhr so verhält, wie Sie es vom iPhone gewohnt sind. Außerdem können Sie hier wählen, welche Postfächer die Uhr berücksichtigen soll. Sie können die Standardantworten (siehe Workshop) bearbeiten und eine eigene Mailsignatur für die Apple Watch eintragen. Seit watchOS 5 unterstützt Mail auf der Apple Watch auch mehrere Eingangsboxen.

Nachrichten

Apples Chat-Dienst iMessage ist schneller und bunter als Mail. Die zugehörige App Nachrichten wird ebenfalls im gleichnamigen Bereich in der iOS-App Watch konfiguriert. Auch hier spiegeln Sie erst einmal die Einstellungen vom iPhone. Sie können später immer noch in „Eigene" eine individuelle Konfiguration der Apple Watch vornehmen.

Auch für Nachrichten gibt es editierbare Standardantworten. Diese sind dem Medium angepasst, daher in der Regel kürzer als bei Mail, und es gibt auch deutlich mehr. Interessant ist die Funktion „Diktat". Hier können Sie wählen, ob eingesprochene Inhalte (siehe Workshop) als Text oder als angehängte Audiodatei verschickt werden sollen.

Telefon

Mit der Telefon-App arbeitet die Apple Watch als Freisprecheinrichtung Ihres iPhone. Sie können Gespräche annehmen, ohne das iPhone aus der Tasche holen zu müssen. In einem gemeinsamen lokalen WLAN müssen sich Uhr und Telefon dafür nicht einmal in Bluetooth-Reichweite befinden. Sie können auch von der Apple Watch aus Gespräche starten. Das geht natürlich auch per Sprachassistent Siri.

Außerdem können Sie laufende Gespräche in beide Richtungen zwischen Apple Watch und iPhone übergeben. Dabei holt sich immer das nicht aktive Gerät das

Tonwahl

Wenn Sie beim Telefonieren mit der Apple Watch den Ziffernblock einblenden, können Sie tonwahlbasierte Menüs bedienen, wie sie zum Beispiel viele Hotlines nutzen.

Gespräch vom anderen, damit Sie anschließend darauf das Gespräch fortsetzen können. Wie, zeigt unser Workshop.

Apple Watch mit LTE

Wir sind bisher noch nicht auf die verschiedenen Watch-Modelle eingegangen, da im Prinzip alle die genannten Funktionen unterstützen. Die normalen Modelle ohne Mobilfunkchip nutzen die Verbindung zum iPhone, um darüber ins Internet zu gehen

Workshop: So bearbeiten Sie E-Mails auf der Apple Watch

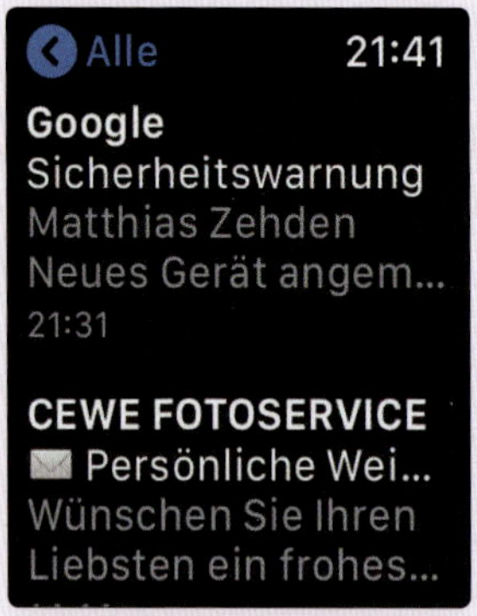

1 Postfächer und Nachrichten

Die Mail-App zeigt eine Liste Ihrer Nachrichten. Tippen Sie oben auf „Alle“, um das aktive Postfach zu wechseln. Die möglichen Postfächer legen Sie auf dem iPhone fest. Streichen Sie über eine E-Mail, um sie als (nicht) gelesen zu markieren oder zu löschen.

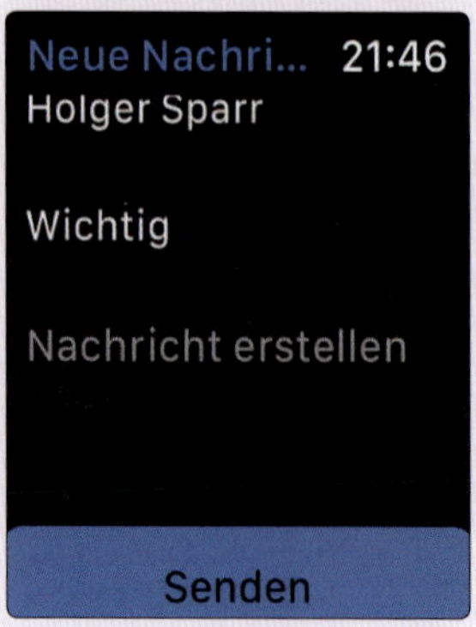

2 Neue E-Mail anlegen

Drücken Sie fest auf das Display, und tippen Sie auf „Neue Nachricht“, um eine E-Mail zu verfassen. Die App zeigt eine Vorlage, die Sie ausfüllen. Für den Empfänger nutzen Sie Adressbuch oder Spracheingabe. Haben Sie alles ausgefüllt, tippen Sie auf Senden.

oder zu telefonieren. In einen bekannten WLAN, zum Beispiel zu Hause oder im Büro, sind sie sogar ohne iPhone online, um Nachrichten und E-Mails abzufragen und zu verschicken oder über Facetime zu kommunizieren.

Die Apple Watch 3, 4 und 5 Cellular macht das alles auch und kann zusätzlich über Ihren LTE-Chip eigenständig ins Mobilfunknetz, um auch unterwegs alle Verbindungen sicherzustellen - einschließlich Telefon - wenn Sie kein iPhone dabeihaben können oder wollen.

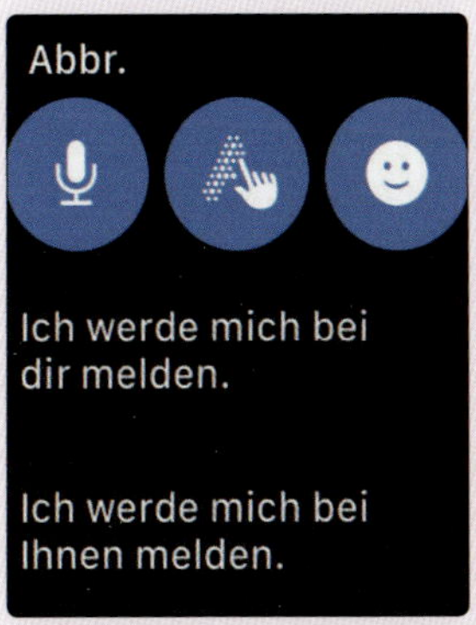

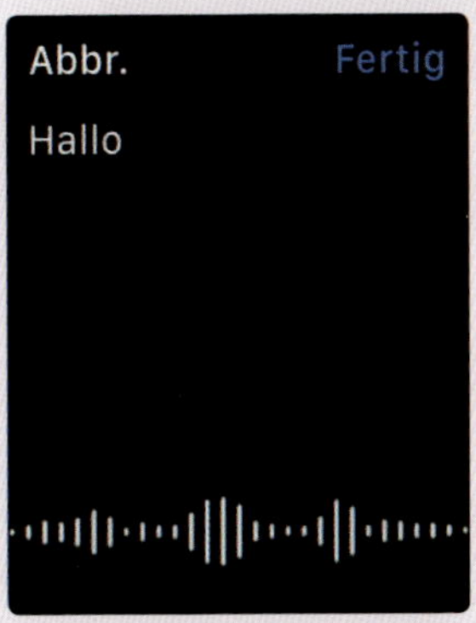

3 Spracheingabe und Standardantworten

Für Betreff und Inhalt der E-Mail stehen diverse Eingabemöglichkeiten zur Verfügung. Das Mikrofon steht für die Spracheingabe. Ganz unten finden Sie eine Auswahl vorgefertigter kurzer Standardtexte, die Sie auf dem iPhone bearbeiten können.

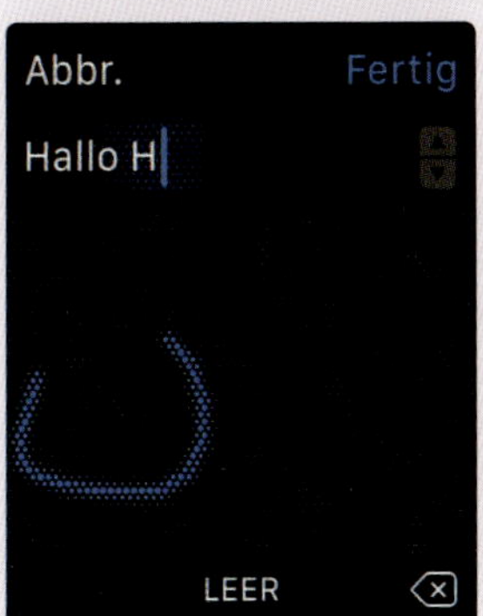

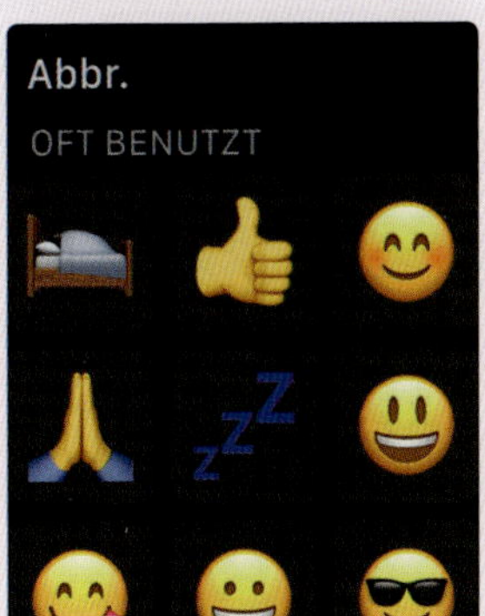

4 Kritzeln und Emojis nutzen

Tippen Sie bei der Eingabe auf den Smiley, um die Emoji-Palette zu öffnen. Spannend ist auch das „Kritzeln“. Dabei schreiben Sie Buchstaben oder Wörter mit dem Finger auf das Display, die die Uhr in Text umwandelt. Mit etwas Übung geht das prima.

Workshop: So einfach und vielseitig chatten Sie mit Nachrichten

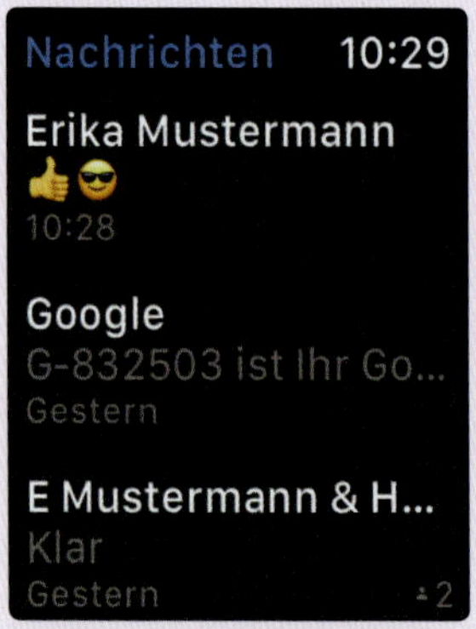

1 Konversation auf der Uhr öffnen

Die App Nachrichten zeigt den Verlauf der Konversationen praktisch so, wie Sie es vom iPhone gewohnt sind – nur etwas vereinfacht in der Darstellung. Bei Gruppenchats zeigt die Apple Watch die Zahl der Teilnehmer gleich in der Übersicht an.

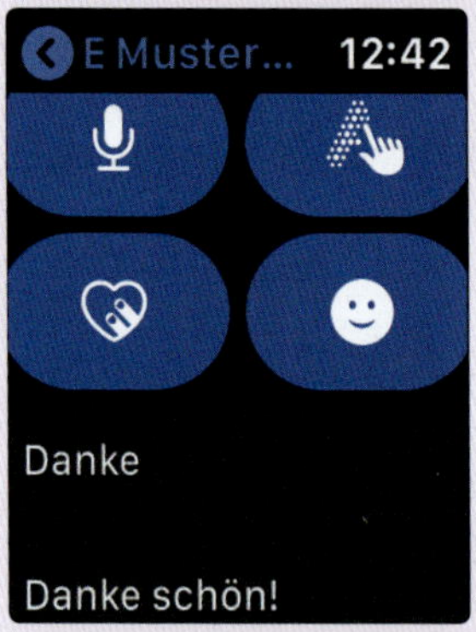

2 Antworten und Tapback-Icons

Öffnen Sie einen Chat, springt die App zur letzten Nachricht und Antworttasten. Darunter folgen die Standardantworten. Spracheingabe und Kritzeln funktionieren wie in Mail. Halten Sie den Finger auf einer Nachricht für ein „Tapback"-Icon als Kommentar.

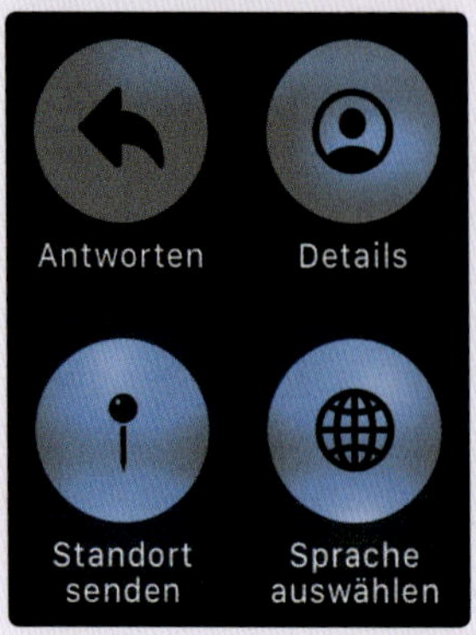

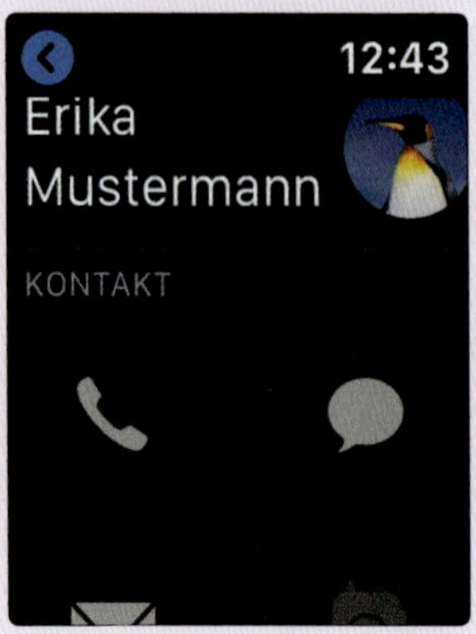

3 Weitere Funktionen aufrufen

Drücken Sie bei geöffnetem Chat auf den Bildschirm, bietet Nachrichten verschiedene Funktionen an. Mit Details öffnen Sie die Kontaktdaten des Chatpartners. Außerdem können Sie hier Ihren aktuellen Standort als Nachricht verschicken.

4 Emoji als Nachricht verschicken

Tippen Sie bei den Antwortfunktionen auf die Taste mit dem Smiley, um ein Emojis auszuwählen und zu verschicken. Die Uhr bietet die zuletzt benutzen Emojis, darunter die Auswahl nach Kategorien. Die großen animierten Emojis gibt es in watchOS 5 nicht mehr.

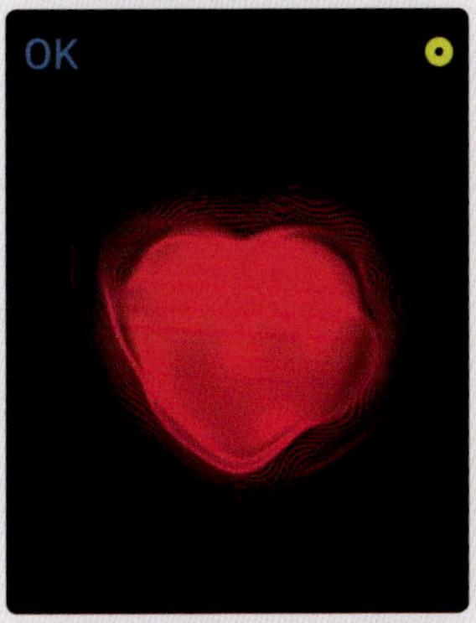

5 Besondere Nachrichten senden

„Digital Touch"-Nachrichten erreichen Sie über das Icon mit dem Herz. Durch tippen mit ein oder zwei Fingern können Sie diverse Effekte verschicken, zum Beispiel einen Kuss oder den Herzschlag. Sie können auch einfach etwas auf das Display malen.

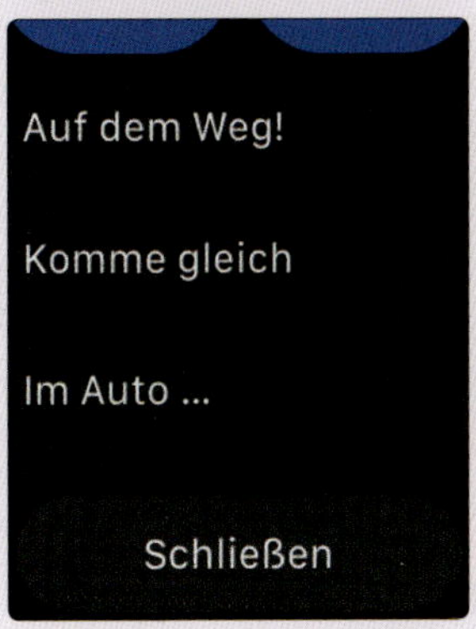

6 Hinweis auf der Uhr aktivieren

Eine besondere Stärke von Nachrichten sind kurze schnelle Antworten. Meldet watchOS eine neue iMessage, landen Sie sofort in der zugehörigen Konversation in Nachrichten – bereit zu antworten. Dabei macht die App gleich passende Antwortvorschläge.

Workshop: So telefonieren Sie mit der Apple Watch

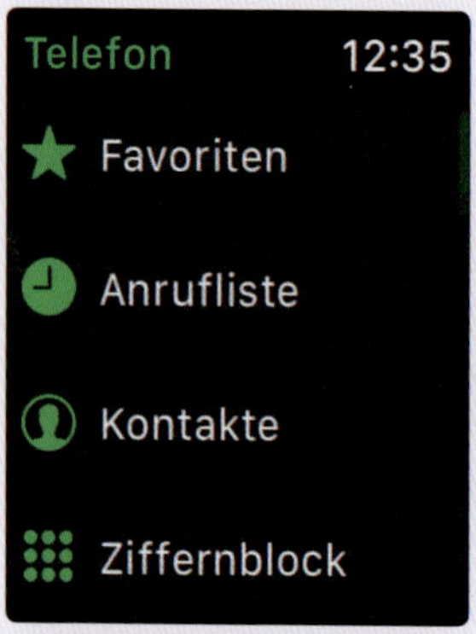

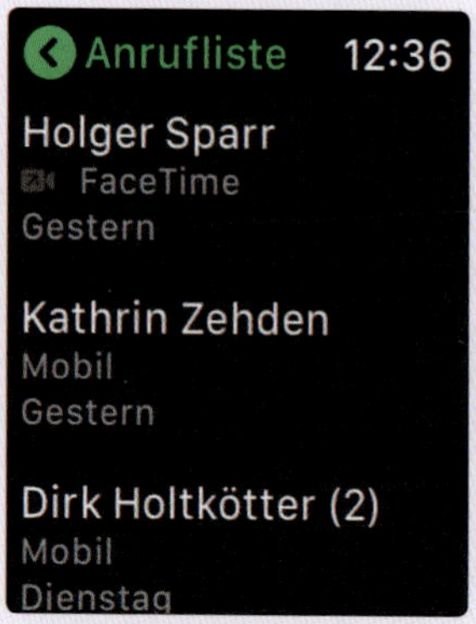

1 Favoriten- und Anrufliste anzeigen

Öffnen Sie die App Telefon auf der Apple Watch, sehen Sie die gleichen Bereiche wie in der Telefon-App auf dem iPhone. So können Sie zum Beispiel schnell auf Ihre Favoriten oder die Anrufliste zugreifen.

2 Kontakt auswählen und Anruf starten

Tippen Sie auf Kontakte, um Ihr Adressbuch zu öffnen. Wählen Sie einen Eintrag und tippen auf den Telefonhörer, zeigt die Uhr alle Nummern mit Beschreibung, inklusive Facetime-Audio. Tippen Sie auf eine, um anzurufen.

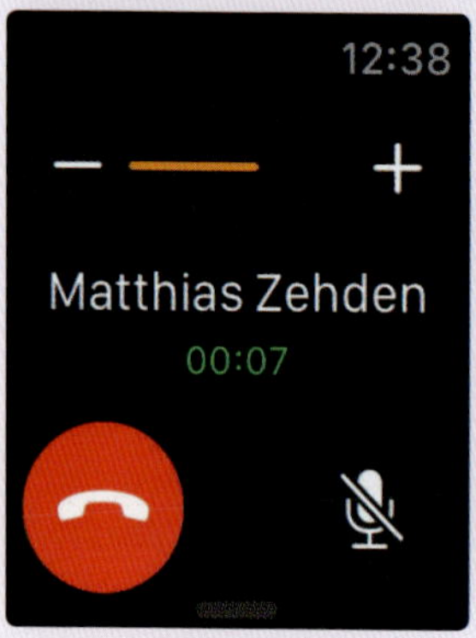

3 Funktionen während des Gesprächs

Steht die Verbindung, sehen Sie auf dem Display den Lautstärkeregler, den Kontakt und die Gesprächsdauer. Mit der Mikrofontaste schalten Sie die Eingabe stumm. Mit der roten Hörertaste legen Sie auf. Die Lautstärke lässt sich auch mit der Krone regeln.

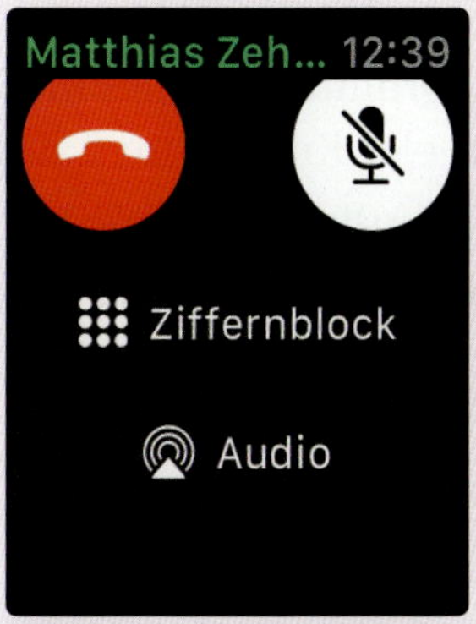

4 Bluetooth-Headset auswählen

Schieben Sie die Anzeige an dem kleinen Griff am unteren Rand nach oben, werden Tasten zum Aufruf eines Ziffernblocks und die Umleitung der Audioausgabe sichtbar. So können Sie zum Beispiel zu einem Bluetooth-Headset wechseln.

5 Im Gespräch auf das iPhone wechseln

Im Normalfall stellt das iPhone die Verbindung her. Auf dem sehen Sie je nach Modell einen grünen Statusbalken oder eine kleine grüne Anzeige oben links, während Sie telefonieren. Tippen Sie darauf, um das Gespräch auf das iPhone zu holen.

6 Anrufannahme mit der Apple Watch

Am iPhone eingehende Anrufe, lassen sich auf der Uhr annehmen. Während des Gesprächs über das iPhone zeigt die Uhr einen Status. Schieben Sie den hoch, um das Gespräch mit „Apple Watch" auf die Uhr zu holen.

Termine nicht vergessen

Mit Kalender und Erinnerungen haben Sie zwei Apps zur Verfügung, die Sie an wichtige Dinge erinnern können und sich daher teilweise in der Funktion überschneiden. Als Faustregel empfiehlt sich Kalender für alles, was Sie täglich im Blick behalten wollen, und für Termine, die sie koordinieren müssen. Erinnerungen ist dagegen eher der virtuelle Knoten im Taschentuch. Es verhindert, dass der Kalender vor unwichtigen Termi-

Workshop: So verwenden Sie Kalender auf der Apple Watch

1 Kalender öffnen und Monat anzeigen

Kalender meldet sich standardmäßig in der Listenansicht. Sie sehen alle anstehenden Termine mit den Kalenderfarben vom iPhone und können die Liste mit Krone durchscrollen. Tippen Sie auf „Heute" für ein Kalenderblatt des Monats.

2 Kalenderansicht wechseln

Nutzen Sie Force Touch, um die Darstellung zu wechseln. „Als Nächstes" zeigt die Termine wie auf einem Rollkalender zum schnellen Blättern mit der Krone. Außerdem gibt es eine Tagesansicht mit Stundeneinteilung. „Heute" springt zum aktuellen Tag.

nen überläuft. Auch eine To-do-Liste ist hier besser aufgehoben. Beide Apps sind eher zur Kontrolle und als „Wecker“ des iPhone gedacht sich. Neue Einträge lassen sich auf der Uhr am besten per Siri anlegen, Erinnerungen in watchOS 6 aber neuerdings auch per Display-Eingabe. Erinnerungen übernimmt Ihre Listen und Einträge vom iPhone oder von iCloud, Kalender können Sie im zugehörigen Bereich der Watch-App des iPhone konfigurieren. Dort können Sie Einstellungen des iPhone spiegeln und auswählen, welche Ihrer Kalender auf der Uhr angezeigt werden sollen.

Erinnerungen hat eine neue Oberfläche bekommen.

3 Termin anzeigen oder löschen

Tippen Sie auf einen Termin, um alle Details zu sehen. Bei gemeinsamen Terminen folgen unter dem Kalendernamen die Teilnehmer. Drücken Sie auf das Display, um den Termin zu löschen. Enthält er eine Ortsangabe, können Sie die Routenplanung starten.

4 Neuen Termin mit Siri anlegen

Wer mit der Apple Watch einen neuen Termin anlegen möchte, muss das per Siri machen. Komplexe Eingaben sind so aber eher schwierig. Zum Abschluss zeigt die App eine Vorschau des Termins, die Sie bestätigen oder verwerfen können.

Ihr privater Fitnesspartner

Die Apple Watch ist nicht nur eine sehr gute Sportuhr, sondern unterstützt Sie und Ihre Gesundheit auch im Alltag. Sie müssen kein Leistungssportler sein, um von den verschiedenen Fitness-Apps in watchOS zu profitieren. Mit Aktivität, Atmen, Herzfrequenz und Training bringt die Uhr gleich eine ganze Sammlung von Apps mit, die sich um Ihr Wohlbefinden bemühen und dabei helfen, Ihren Alltag etwas gesünder zu gestalten.

Aktivität

Die App Aktivität ist wegen ihrer farbigen Ringe sicher eine der bekanntesten watchOS-Apps. Die besagten Ringe zeigen den Kalorienverbrauch, wie viele Stunden am Tag Sie zumindest kurze Bewegungsphasen eingelegt haben und wie lange Sie insgesamt trainiert haben. Ist ein Ring geschlossen, haben Sie das gesetzte Ziel erreicht. Letztere orientieren sich an Empfehlungen der Weltgesundheitsorganisation WHO.

Da wir auf die App Aktivität im Fitness-Kapitel noch ausführlicher eingehen, halten wir die Beschreibung hier kurz. Das Besondere an der App ist, dass Sie sie mit Aufforderungen zum Erreichen der Ziele und Lob für Erfolge laufend motiviert. So bringt Sie die App ganz einfach dazu, sich im Alltag etwas gesünder zu verhalten, zum Beispiel sitzende Tätigkeiten regelmäßig zu unterbrechen oder kleine Wege auch mal schnell zu Fuß zurückzulegen, um die Minuten für den grünen Trainingsring zusammenzubekommen.

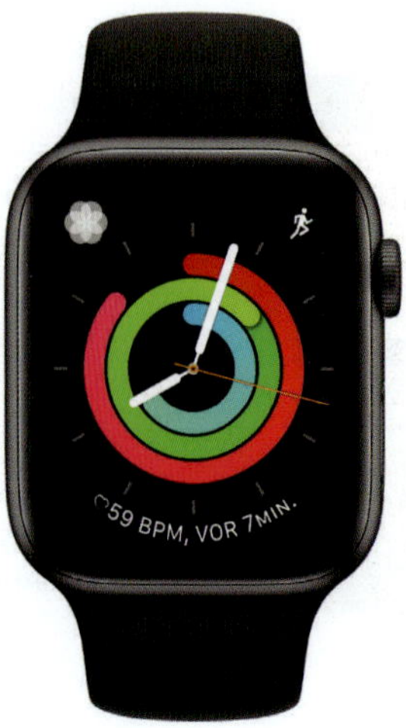

Die Apple Watch als Gesundheitsuhr: Aktivitätszifferblatt mit Komplikationen für Atmen, Training und Herzfrequenz.

Die Konfiguration der App erfolgt in der Watch-App auf dem iPhone, in der Sie die verschiedenen Erinnerungen und Aufforderungen anpassen können. Das Kalorienziel für den roten Ring können Sie direkt auf der Uhr ändern, indem Sie auf den Bildschirm drücken. Auf dem gleichen Weg können Sie auch eine Wochenübersicht für die verbrauchten Kalorien und einige andere Werte aufrufen.

Workshop: Die Apple Watch als Motivationstrainer im Alltag

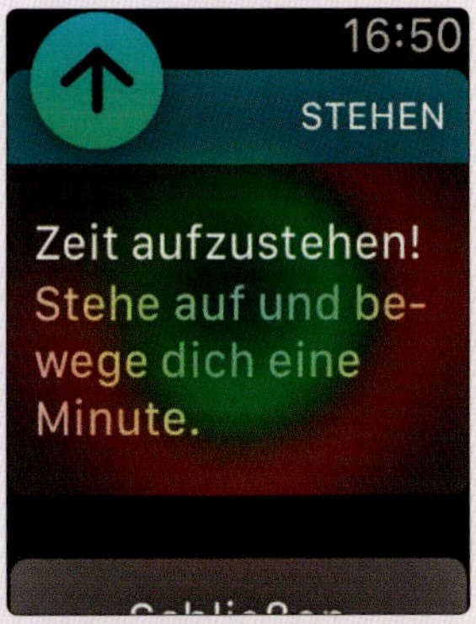

1 Lob und Ansporn zur Unterstützung

Um Sie bei der Stange zu halten, lobt Aktivität, wenn Sie Ziele erreicht haben. Umgekehrt erscheinen im Laufe des Tages auch kleine Aufforderungen, zum Beispiel aufzustehen, wenn noch Ziele der App offen sind.

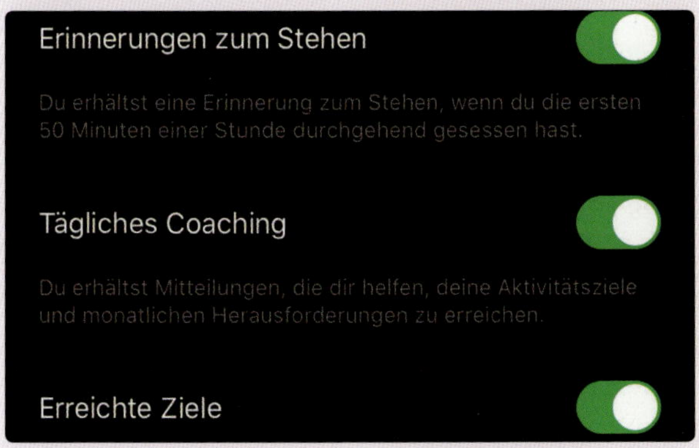

2 Umfang der Mitteilungen anpassen

Fühlen Sie sich durch die verschiedenen Hinweise und Erinnerungen eher genervt als motiviert, schalten Sie einige in der Watch-App unter „Aktivität" ab. Hier gilt es seinen ganz persönlichen Weg zu finden.

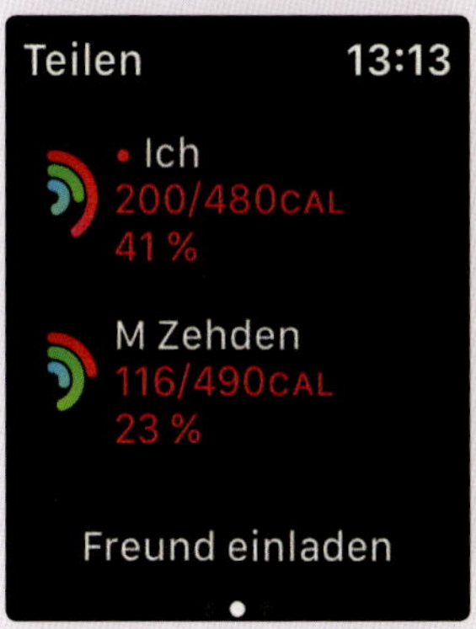

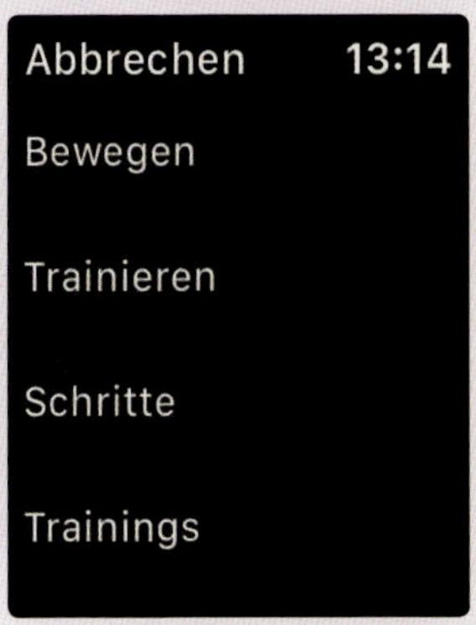

3 Ergebnisse mit Freunden teilen

Ebenfalls motivationssteigernd ist das Teilen der Ergebnisse. Wischen Sie auf dem Startscreen mit den Ringen nach links, sehen Sie die Ringe Ihrer Freunde. Per Force Touch sortieren Sie die Liste neu. Aktiviert wird das Teilen in iOS-App Aktivität.

Als weitere Motivationshilfe können Sie Ihre Ergebnisse mit anderen teilen. Dazu öffnen Sie die App Aktivität auf dem iPhone. Tippen Sie in der unteren Leiste auf „Teilen", und laden Sie Freunde ein. Danach sehen Sie gegenseitig den Stand der Ringe. Es gibt auch noch kleine Wochenwettbewerbe und in watchOS 6 neuerdings langfristige Trendanalysen Ihrer Aktivitäten.

Atmen

Die App Atmen fordert Sie auf, regelmäßig kleine Pausen einzulegen und passend zu einer kleinen Animation tief durchzuatmen. Dabei misst sie den Puls. Das Ganze dient der Entspannung. Wie oft Sie Atmen auffordert, zwischen ein- und zehnmal am Tag, bestimmen Sie in „Meine Uhr > Atmen" in der Watch-App auf dem iPhone, ebenso die Atemfrequenz für die Messung.

Herzfrequenz

Die dritte App, Herzfrequenz, übernimmt die Pulsmessung. Sie misst in regelmäßigen Abständen den Puls und bereitet die Werte des Tages für Sie auf. Müssen Sie aus gesundheitlichen Gründen auf den Puls achten, empfiehlt es sich, die letzte Messung der App über ihre Komplikation direkt im Zifferblatt bereitzuhalten. Dann sind Sie auch immer nur einen Fingertipp vom

Pulswächter

Die Apple Watch misst den Ruhepuls regelmäßig und gibt eine Warnung aus, wenn er ohne erkennbare Aktivitäten plötzlich ansteigt. Ab welcher Schwelle diese Meldung erscheint, legen Sie in den Einstellungen für die App Herzfrequenz in der iOS-App Watch auf dem iPhone fest.

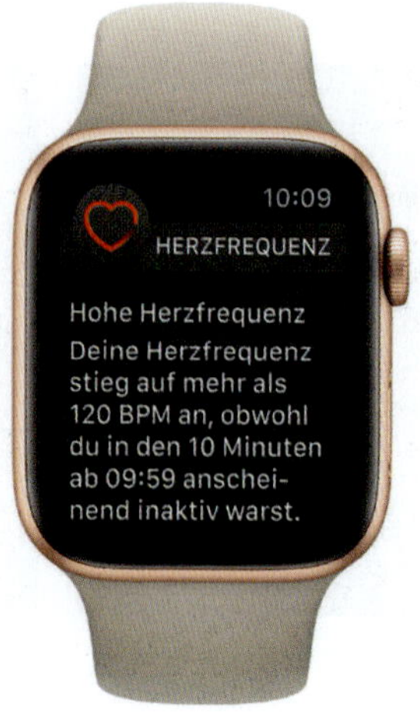

Workshop: So kontrollieren Sie Ihren Puls mit der App Herzfrequenz

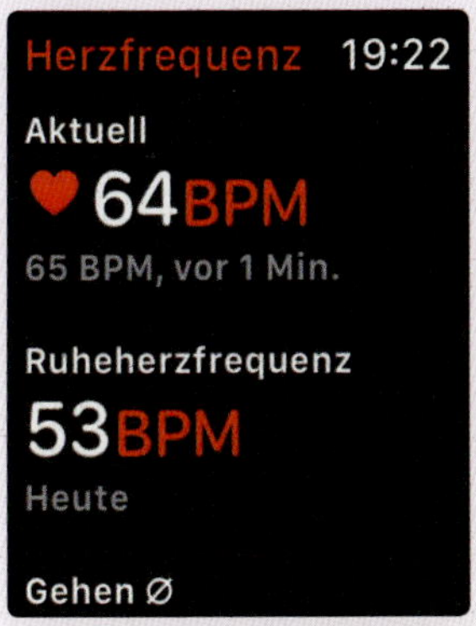

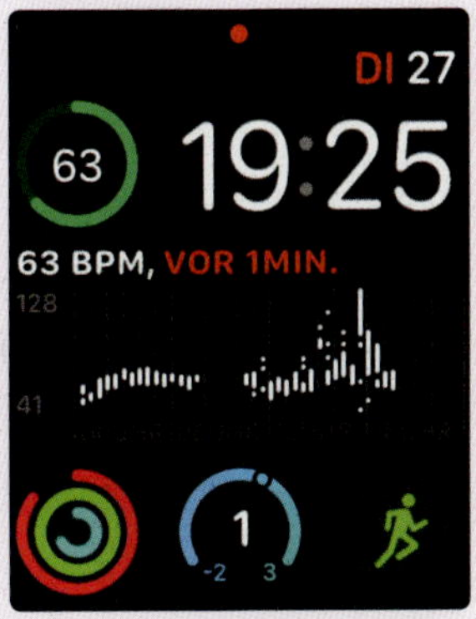

1 Pulswert mit Herzfrequenz prüfen

Die App liefert die Pulswerte des Tages. Ganz oben steht der aktuelle Puls, es folgen Ruhepuls, Puls beim Gehen oder beim Nutzen der App Atmen. Als Komplikation ist die App immer griffbereit. Ältere Werte finden Sie in der Health-App auf dem iPhone.

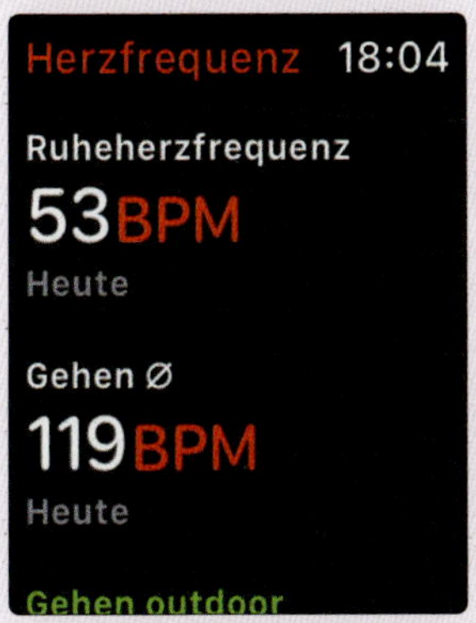

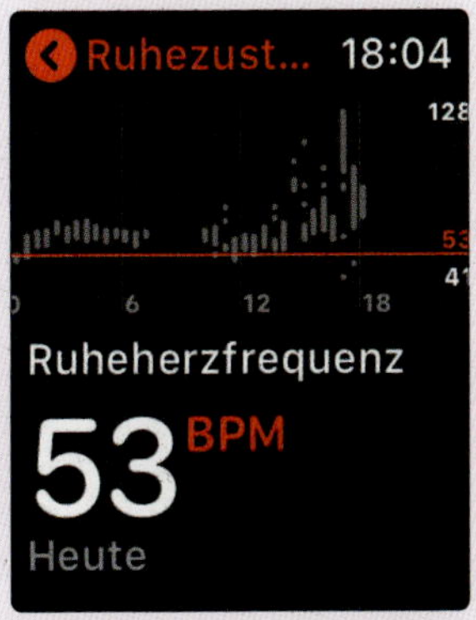

2 Messungen des Tages als Grafik

Tippen Sie in der Liste der Pulswerte auf einen Eintrag, sehen Sie eine grafische Darstellung. Diese umfasst alle Messungen des Tages mit Maximum und Minimum, wobei die App den ausgewählten Wert durch eine rote Linie markiert.

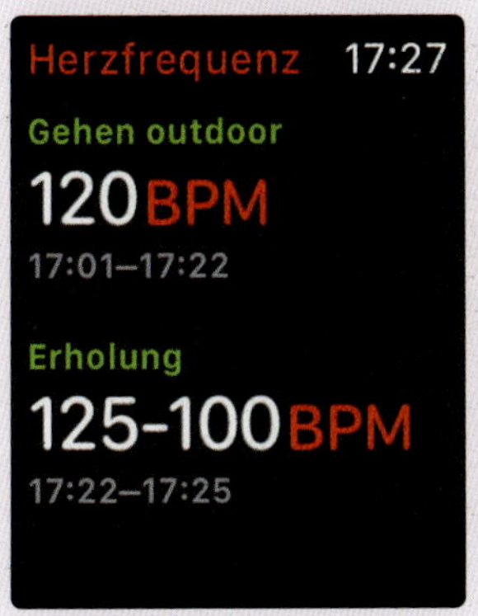

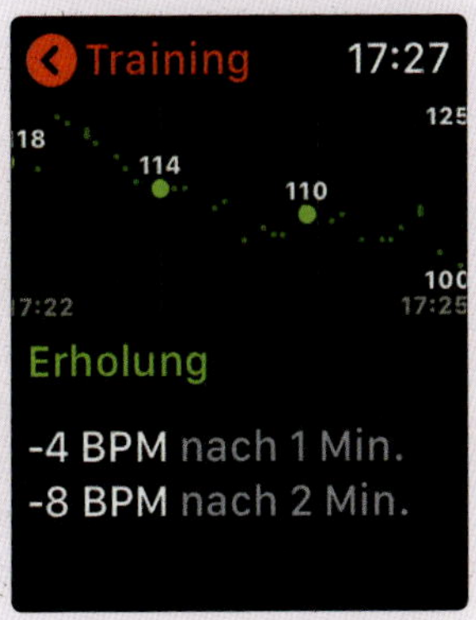

3 Trainingspuls und Erholung anzeigen

Auch die Pulsmessungen abgeschlossener Trainings finden Sie in der Liste, inklusive der Angabe von Trainingsart und Uhrzeit. Spannend ist auch die Erholung nach dem Training. Die Uhr misst und protokolliert den Pulsverlauf nach Ende zwei Minuten lang.

Workshop: Training auf der Apple Watch starten und Ergebnisse anzeigen

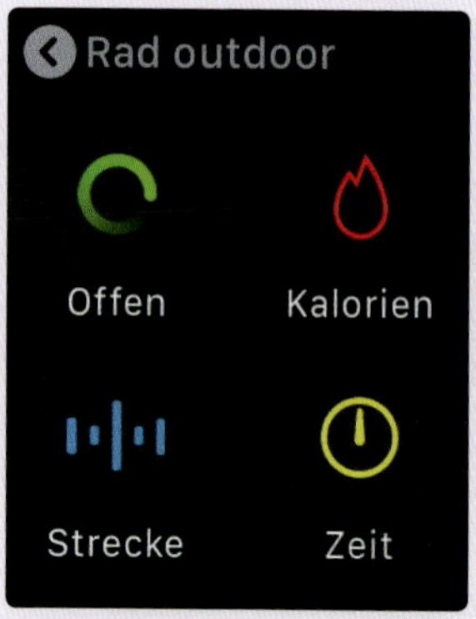

1 Disziplin wählen und Training starten

Die App Training bietet zunächst diverse Sportarten an. Haben Sie die passende gefunden, tippen Sie darauf, schon beginnt ein offenes Training. Über die drei Punkte können Sie alternativ Strecke, Zeit oder Kalorienverbrauch als Ziel vorgeben.

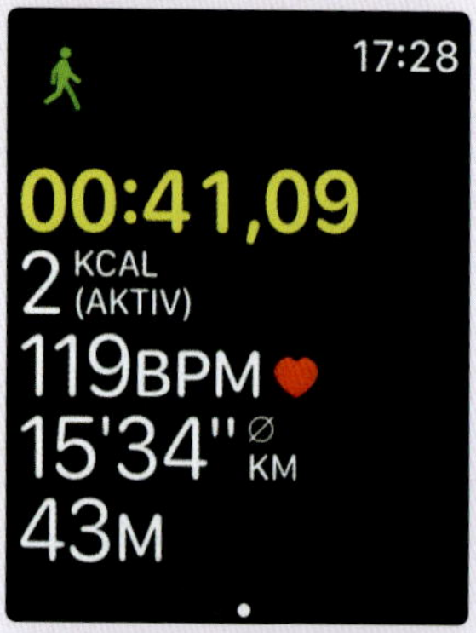

2 Trainingsdaten, Pause und Ende

Beim Training zeigt die App oben das Icon der Sportart und darunter die laufende Zeit und weitere Daten, wie verbrauchte Kalorien, Puls und zurückgelegte Strecke. Wischen Sie nach rechts, um das Training kurz zu unterbrechen oder es zu beenden.

3 Trainingsergebnisse prüfen

Zum Ende des Trainings zeigt die App eine Übersicht der Ergebnisse. Diese umfasst unter anderem die Gesamtzeit, wobei übrigens Pausen automatisch abgezogen werden, Strecke, Aktivitätskalorien und Wetterbedingungen (bei Outdoor-Training).

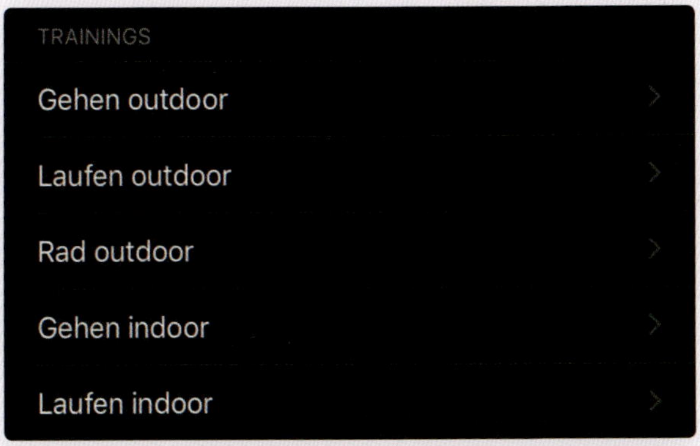

4 Gezeigte Trainingsdaten anpassen

Welche Werte die App Training während der Messung anzeigt, können Sie einstellen. Dazu öffnen Sie die Watch-App auf dem iPhone und darin „Training“. Tippen Sie auf „Trainingsansicht“. Hier können Sie für jede Sportart die gezeigten Werte festlegen.

5 Trainingsarchiv auf dem iPhone öffnen

Die Apple Watch zeigt immer nur das letzte Training, gleicht die Daten aber mit dem iPhone ab. Dort finden Sie in der App Aktivität in „Trainings“ alle absolvierten Einheiten. Tippen Sie oben auf „Alle Trainings“, um die Liste nach Trainingsart zu filtern.

6 Ausführliches Protokoll anzeigen

Wählen Sie in der App ein Training aus, um einen ausführlichen Bericht zu sehen. Dieser umfasst nicht nur mehr Daten, wie die Zeit pro Kilometer oder die Pulsmessungen, sondern auch die Route. Tippen Sie auf deren Miniatur, um sie groß auf einer Karte zu sehen.

Aufruf der App und einer neuen Messung entfernt. Außerdem hilft die Apple Watch, indem Sie Auffälligkeiten meldet. Erhöht sich der Puls deutlich, ohne dass die Uhr Aktivitäten feststellt, gibt sie einen entsprechenden Hinweis aus.

Gesammelt werden die Pulsmessungen in der Datenbank der Health-App auf dem iPhone. Die watchOS-App liefert zudem eine kleine Übersichtsgrafik mit den Ergebnissen des Tages.

Training

Die App Training dient schließlich zur Protokollierung von sportlichen Aktivitäten. Sie unterstützt diverse Sportarten vom einfachen Gehen, Laufen und Radfahren über Schwimmen in Bahnen und Freiwasser bis zu Intervall- und Gerätetraining. In watchOS 5 sind Yoga und Wandern hinzugekommen. Letzteres ist eine Variante von Outdoor Walking mit Anzeige der Höhemeter. Zusätzlich zur Trainingsart können Sie ein Ziel in Form von Strecke, Zeit oder Bewegungskalorien definieren. Nach Abschluss des Trainings erhalten Sie einen Bericht mit einer Zusammenfassung der wichtigsten Daten.

Wollen Sie die Ergebnisse älterer Trainings noch einmal sehen, finden Sie diese in der iOS-Version von Aktivität auf dem iPhone. Dort werden die Ergebnisse dauerhaft gespeichert.

Fernsteuerung für Ihr Smart Home

Home und Remote machen die Apple Watch zur Fernbedienung für HomeKit, iTunes (ab macOS Catalina: Musik) und Apple TV. Und die Apple Watch ist eine prima Fernbedienung, da Sie sie nicht verlegen können. Sie ist am Handgelenk immer griffbereit. Davon machen die Apps Home und Remote Gebrauch. Mit der ersten steuern Sie die Favoriten Ihrer HomeKit-Installation. So können Sie schnell auf Lampen und andere Geräte zugreifen. Die Anmeldung ist durch die Eingabe der Apple-ID bei der Einrichtung bereits erledigt. Die Remote-App ist eine Fernsteuerung für die iTunes/Musik-Mediathek und für Apple TVs. Beim ersten steuert Sie die Abspielfunktionen des Rechners. Am Apple TV arbeitet Remote als Alternative zu dessen Fernbedienung.

Workshop: Die HomeKit-Favoriten mit der Apple Watch steuern

1 Bevorzugte Szenen und Geräte steuern

Die App Home zeigt die Favoriten Ihrer HomeKit-Installation. Tippen Sie darauf, um sie an- und auszuschalten. Oben stehen die bevorzugten Szenen, darunter folgen die Geräte. Aktive Szenen oder Geräte sind weiß dargestellt.

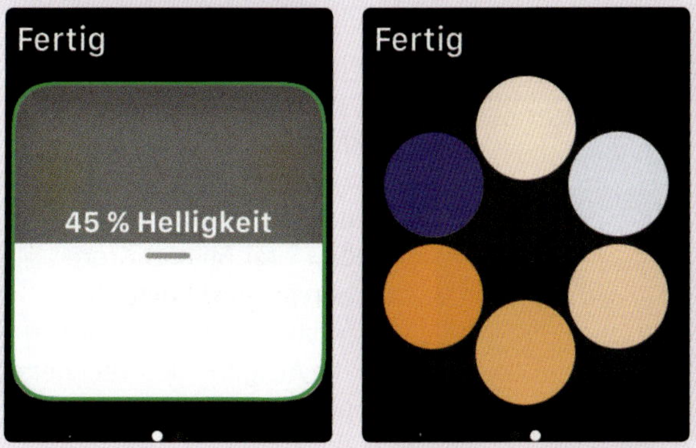

2 Weitere Optionen der Geräte nutzen

Einfache Geräte lassen sich durch Antippen an- und ausschalten. Tippen Sie auf die Taste mit den drei Punkten für weitere Optionen, zum Beispiel Helligkeits- und Farbeinstellungen von Lampen, soweit verfügbar.

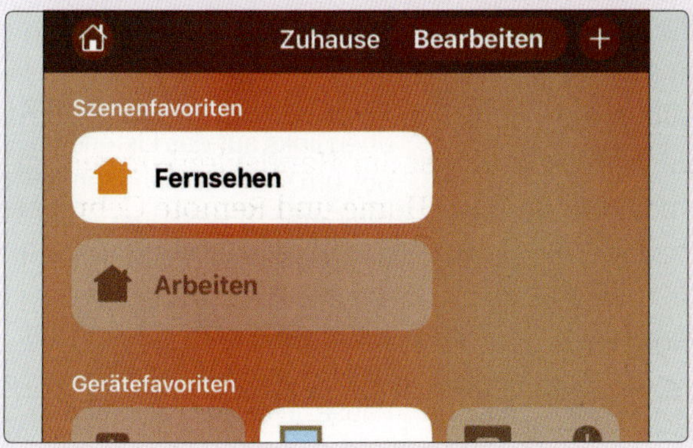

3 Favoritenauswahl anpassen

Öffnen Sie in der Home-App auf dem iPhone den Bereich „Zuhause“. Tippen Sie oben auf „Bearbeiten“, um die Reihenfolge der Favoriten zu ändern. Über die „Details“-Seite eines Geräts können Sie es den Favoriten hinzufügen oder daraus entfernen.

Workshop: iTunes auf dem Rechner und Apple TV fernsteuern

1 Remote-App bei iTunes anmelden

Um iTunes/Musik mit der App Remote zu steuern, öffnen Sie das Programm und dann Remote. Wählen Sie „Gerät hinzufügen“. Es erscheint ein Code. Tippen Sie auf dem Rechner auf das Geräte-Icon neben dem Medienmenü, und geben Sie den Code ein.

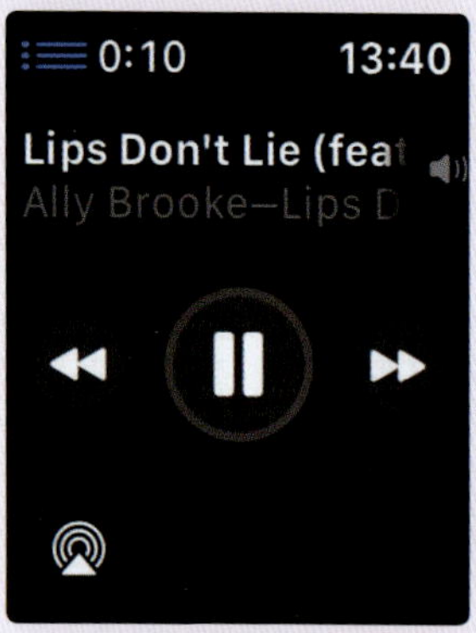

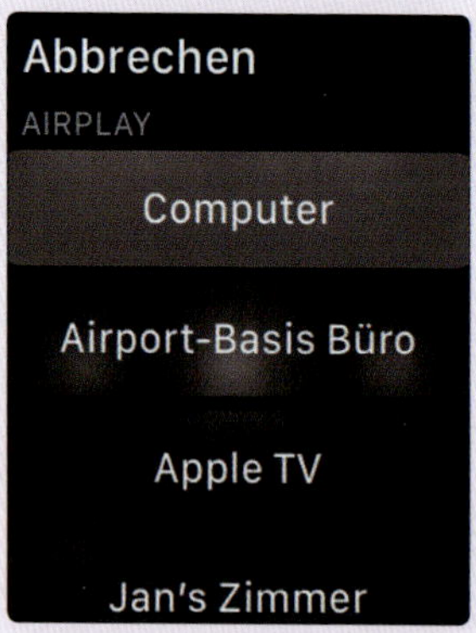

2 iTunes auf Mac und PC fernsteuern

Hat die Anmeldung bei iTunes geklappt, sehen Sie die in der App auf der Watch Tasten zur Steuerung, darüber den laufenden Titel. Mit der Krone ändern Sie die Lautstärke, über das AirPlay-Icon können Sie die Ausgabe des Rechners umleiten.

3 Als Fernbedienung am Apple TV nutzen

Tippen Sie in der Remote-App oben links auf das Listensymbol, um sich mit einem anderen Gerät zu verbinden, zum Beispiel einem Apple TV. Die Remote-App lässt sich dann als Touch-Fernbedienung mit Tasten für Menü und Play/Pause an diesem verwenden.

Musik und Fotos auf der Apple Watch

Die Apple Watch ist im Medienbereich vielleicht nicht so vielseitig wie das iPhone, doch sie hat trotzdem einiges zu bieten. Sie können Musik hören, und das entweder direkt von der Uhr oder durch Fernsteuerung der Wiedergabe Ihres iPhone. Außerdem können Sie ausgewählte Fotos auf die Uhr kopieren, um sie anderen zu zeigen oder als Zifferblatt zu verwenden. Eine eigene Kamera besitzt die Apple Watch zwar nicht, aber dafür können Sie mit ihr die Kamera des iPhone steuern.

Fotos

Die Verwendung von Fotos ist auf der Apple Watch im Vergleich zum iPhone deutlich eingeschränkt. Sie haben zum Beispiel nicht den vollen Zugriff auf Ihre iCloud-Fotomediathek, sondern nur auf vorher vom iPhone auf die Uhr übertragene Fotos. Als Basis dafür dienen ein Album oder Ihre Favoriten. Die Auswahl wird auf die Uhr kopiert und dann automatisch aktualisiert, wenn Sie am Album etwas ändern.

Die wichtigste Funktion für Fotos ist der Einsatz als Zifferblatt, dem Sie mit einem eigenen Foto eine sehr persönliche Note geben. Sie können die Uhr aber auch benutzen, um Freunden Ihre neuesten Fotos zu zeigen. Das ist mit der Uhr vielleicht nicht so komfortabel, aber trotzdem schnell und einfach möglich.

Kamera

Die Apple Watch hat keine eigene Kamera, sondern arbeitet mit der gleichnamigen App als recht komfortabler Fernauslöser für das iPhone. Sie können auf diesem Weg nicht nur Fotos machen, sondern auch Videos aufnehmen. Die Kamera-App auf der Apple Watch unterstützt alle Aufnahmearten des iPhone. Dabei bietet die Uhr ein Vorschaubild und einen Auslöser. Die Auswahl des Aufnahmemodus, das schließt etwa auch Porträteffekte ein, muss grundsätzlich am iPhone erfolgen.

Öffnen Sie die Kamera-App auf der Apple Watch, öffnet sie automatisch ihr Gegenstück auf dem iPhone, falls das noch nicht in Funktion ist. Tipp: Wenn Sie diese Funktion öfter benutzen, kontrollieren Sie auf dem iPhone die Einstellungen für „Kamera > Einstellungen beibehalten". Dort legen Sie fest, ob die iOS-App mit der Standardeinstellung und der zuletzt benutzten Einstellung für Kameramodus, Filter und Licht oder Live Photo startet.

Musik

Die watchOS-App Musik kann sowohl die Musikwiedergabe auf der Apple Watch steuern als auch die auf dem iPhone. Im ersten Fall benötigen Sie einen Bluetooth-Lautsprecher oder -Kopfhörer für die Ausgabe, da sich der eingebaute Lautsprecher der Uhr nicht für die Musikwiedergabe nutzen lässt. Ein Bluetooth-Gerät muss natürlich zuvor an der Uhr angemeldet werden.

Die zweite wichtige Frage ist, woher die Musik kommt. Sie können sie entweder lokal auf der Uhr speichern oder über den Internetzugang auf Ihre iCloud-Musikmediathek zugreifen. Im ersten Fall ist die Auswahl aus Platzgründen etwas begrenzt. Dieser Weg wird vor allem von Sportlern genutzt, um das iPhone nicht beim Training mitnehmen zu müssen. Wie Sie die Apple Watch als musikalischen Trainingspartner nutzen, zeigen wir ausführlich im Fitness-Kapitel.

Die zweite Möglichkeit setzt ein Abo bei Apple Music voraus. Die Musik-App der Uhr kann dann auf Ihre komplette Mediathek zugreifen und Musik direkt von Apples Servern streamen. Dafür benötigen Sie einen Zugang zum Internet. Der kann über ein bekanntes WLAN direkt über die Uhr erfolgen. Unterwegs verbindet sich die Apple Watch gewöhnlich über das iPhone mit dem Internet. Wer das Celluar-Modell mit eigener eSIM besitzt, kann Apple Music auch darüber nutzen und ist dann unterwegs völlig unabhängig vom iPhone.

Radio

Schließlich können Sie auf der Apple Watch auch noch Radiosender aus dem Angebot von Apple Music hören. Für den Zugriff bringt watchOS die App Radio mit, deren Nutzung wir im nachfolgenden Workshop ebenfalls erklären. Die Radio-App übernimmt übrigens auch die Wiedergabe, wenn Sie per Siri einen Titel suchen und abspielen lassen.

Workshop: Die Apple Watch als Fernauslöser für die iPhone-Kamera

1 Die Optionen der Kamera nutzen

Starten Sie die App Kamera, öffnet sich die Kamera-App auf dem iPhone und sie sehen auf der Watch das Vorschaubild des iPhone und können zoomen und fokussieren. Drücken Sie auf das Display, um Einstellungen der iPhone-Kamera aufzurufen.

2 Sondermodi und Bildserien

Die Watch-App unterstützt alle Modi bis auf Panoramen. Sie können zum Beispiel auch Porträts aufnehmen, aber nicht den Effekt wechseln. Drücken Sie auf die Taste „3s" rechts vom Auslöser, um mit 3 Sekunden Verzögerung eine 10er-Serie aufzunehmen.

3 Videos mit der Uhr fernsteuern

Die Watch-App unterstützt auch Videos. Dabei blendet sie die Dauer der Aufnahme ein. Mit der weißen Taste können Sie beim Filmen Fotos schießen. Ist am iPhone Zeitlupe oder Zeitraffer gewählt, ändert sich der weiße Ring um den Auslöser.

Workshop: Fotos auf dem iPhone vorbereiten und auf der Uhr zeigen

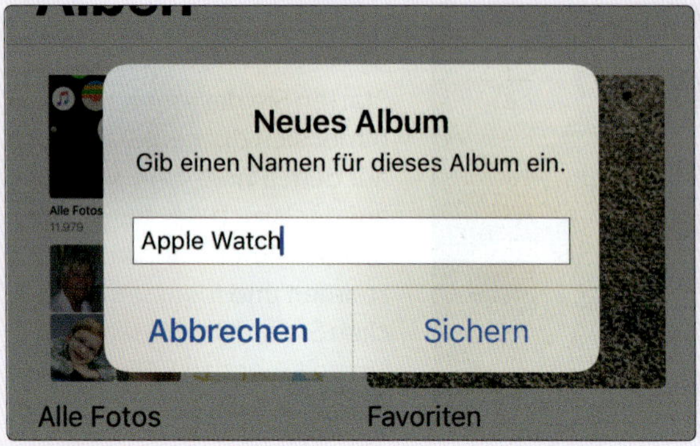

1 Album auf dem iPhone anlegen

Die beste Methode, Ihre Bilder auf der Apple Watch zu nutzen, ist ein Album anzulegen. Auf dem iPhone öffnen Sie die iOS-App Fotos und wechseln in den Bereich „Alben". Tippen Sie oben links auf die Plustaste, und geben Sie dem neuen Album einen Namen.

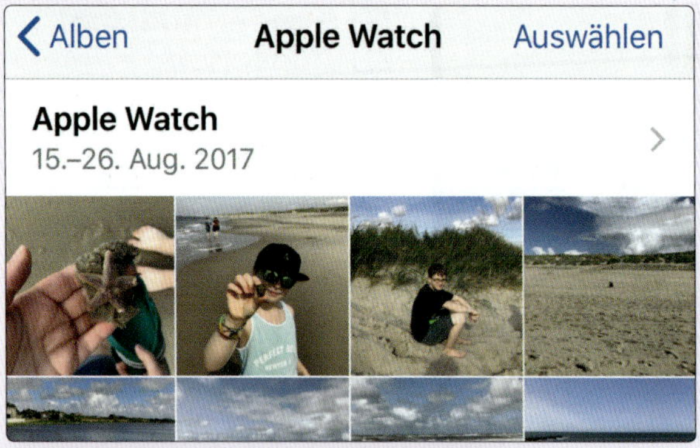

2 Bilder für die Uhr auswählen

Als nächstes wählen Sie aus Ihrer Mediathek die Bilder aus, die Sie dem Album für die Apple Watch hinzufügen wollen. Sind Sie fertig, verlassen Sie die Fotos-App auf dem iPhone. Alternativ können Sie auch die gewünschten Bilder als Favoriten markieren.

3 Optionen für den Fototransfer

Als nächstes öffnen Sie die Watch-App und darin „Fotos". Hier können Sie das Album zum Synchronisieren auswählen. Außerdem können Sie unter „Fotos-Limit" die Anzahl der Bilder zum Abgleichen zwischen 25 und 500 Fotos begrenzen.

4 Album für Abgleich auswählen

Zur Auswahl der Fotos tippen Sie auf „Synchr. Album“. Sie sehen eine Liste Ihrer Alben, in der Sie das gerade angelegte auswählen. Ganz oben finden Sie hier übrigens die Favoriten. Ändern Sie den Inhalt Ihres Albums, wird das automatisch abgeglichen.

5 Bilder auf der Uhr durchblättern

Die Übertragung der Bilder kann etwas dauern. Öffnen Sie danach auf der Apple Watch die App Fotos, sehen Sie den Inhalt des ausgewählten Albums. Sie können die Übersicht vertikal mit dem Finger durchblättern. Mit der Krone zoomen Sie die Darstellung.

6 Fotos auf der Apple Watch ansehen

Tippen Sie in der Übersicht auf ein Foto, um es bildschirmfüllend zu sehen. Doppeltippen zeigt das ganze Foto, zoomen mit der Krone klappt auch. Durch seitliches Wischen blättern Sie zum nächsten Bild. Bei Live Photos sehen Sie einen Button zum Abspielen.

Workshop: Musikwiedergabe auf der Apple Watch steuern

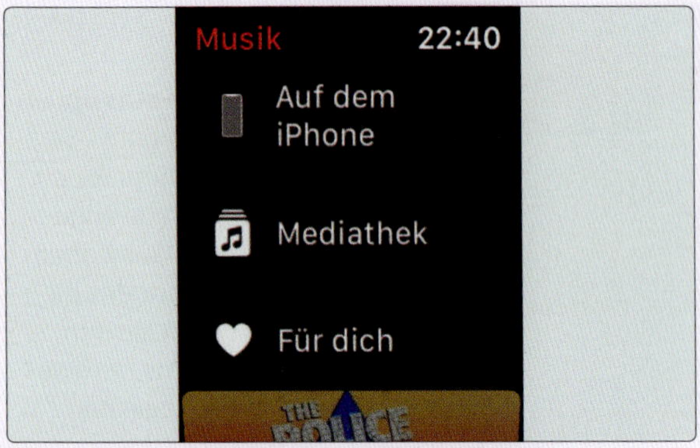

1 Die Musik-App auf der Apple Watch

In der Musik-App sehen Sie oben den Zugriff auf das iPhone und darunter den Bereich für Musik auf der Uhr. Dort finden Sie den aktuellen TItel, den Zugang zur Mediathek und synchronisierte Alben und Playlists. Blättern Sie mit der Krone.

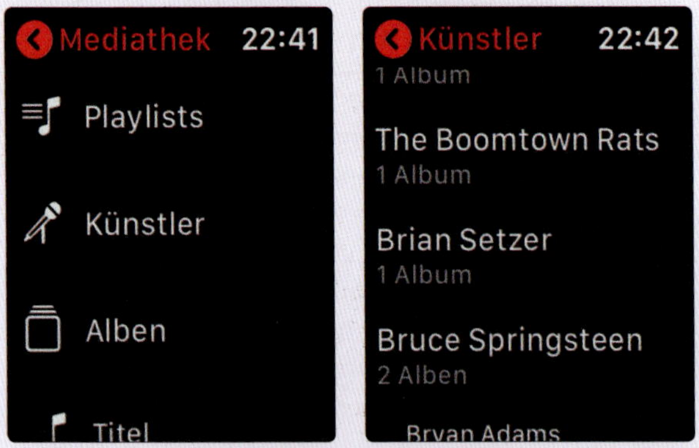

2 Musik aus der Sammlung wählen

Um die Wiedergabe zu starten, tippen Sie im Menü auf „Mediathek“. Sie können unter anderem die Anzeige nach Playlists oder Künstler wählen. Sie sehen lokal gespeicherte Songs. Apple Music-Abonnenten haben Zugriff auf die gesamte Sammlung.

3 Wiedergabe von Musik starten

Starten Sie die Wiedergabe eines Titels oder tippen auf dem Startscreen auf „Aktueller Titel“, zeigt die Uhr den Musik-Player. Mit den Doppelpfeilen springen Sie in Liste oder Album zum nächsten Titel. Mit der Krone regeln Sie die Lautstärke.

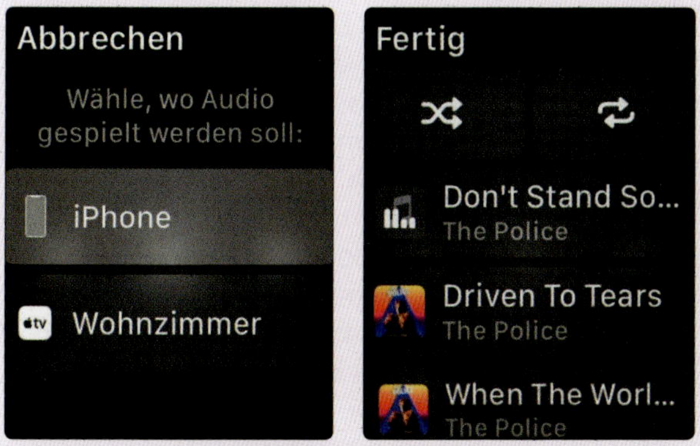

4 Airplay zur Wiedergabe nutzen

Tippen Sie im Player links unten auf die AirPlay-Taste, um ein anderes Ausgabegerät auszuwählen und rechts unten auf das Listensymbol, um die Titel des laufenden Albums oder der Playlist anzuzeigen. Tippen Sie auf einen Song, um ihn abzuspielen.

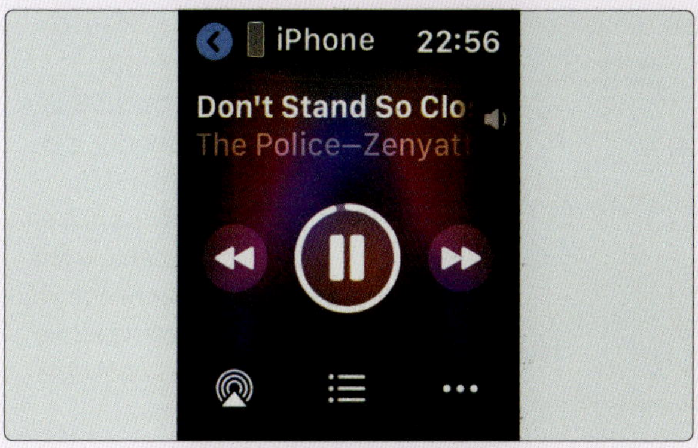

5 Das iPhone von der Uhr aus fernsteuern

Wählen Sie in Schritt 1 „Auf dem iPhone", um auf dessen Musik zuzugreifen und das iPhone zu steuern. Auch hier stehen das gleiche Auswahlmenü und der Player zur Verfügung. Das AirPlay-Menü zeigt jetzt aber vom iPhone erreichbare Geräte.

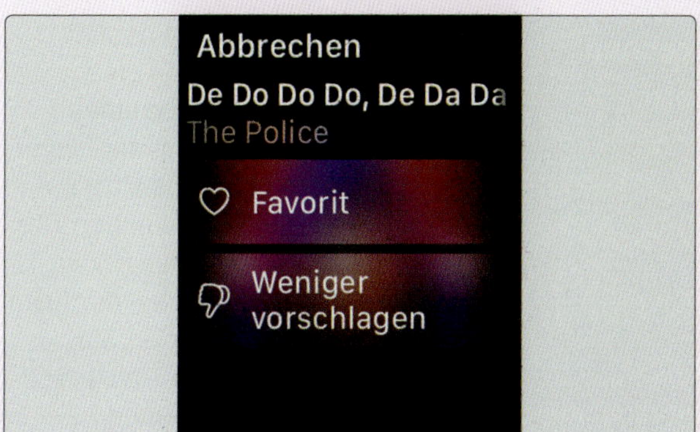

6 Weitere Optionen der Musik-App

Tippen Sie im Player für das iPhone auf die Taste mit den drei Punkten, können Sie den laufenden Musiktitel bearbeiten, zum Beispiel als Favorit markieren oder aus der Mediathek löschen. Mit „Abbrechen" kehren Sie zum Player zurück.

Workshop: Radiosender mit der Apple Watch nutzen

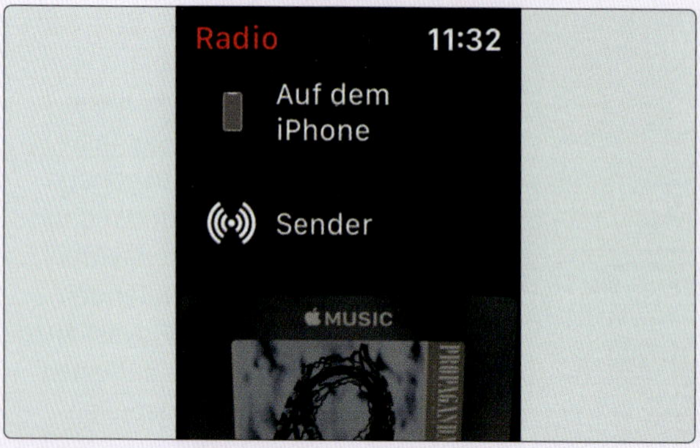

1 Die Radio-App auf der Apple Watch

Das Menü der Radio-App ist dem der Musik-App sehr ähnlich. Auch hier wählen Sie zwischen der Steuerung von iPhone und Uhr. Über „Sender" kommen Sie zur Auswahl Ihrer Radiosender. Zur Wiedergabe der Streams brauchen Sie eine Internet-Verbindung.

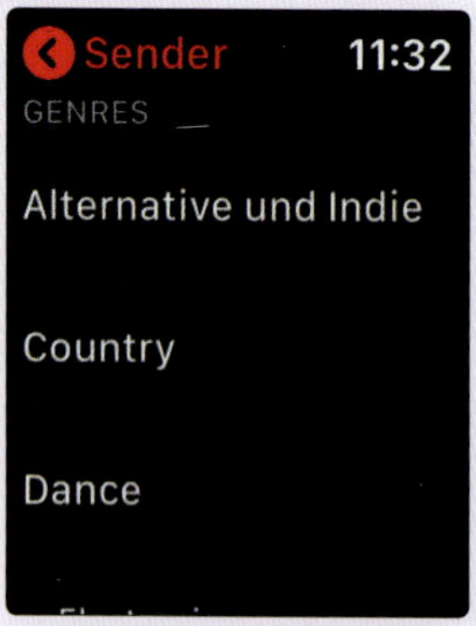

2 Das Sender-Menü der Radio-App

Das Sendermenü bietet Beats One als Standardsender, der sich auch ohne Apple-Music-Abo hören lässt. Es folgen redaktionelle Empfehlungen. Blättern Sie mit der Krone weiter nach unten, gelangen Sie schließlich zur Auswahl der Sender nach Genre.

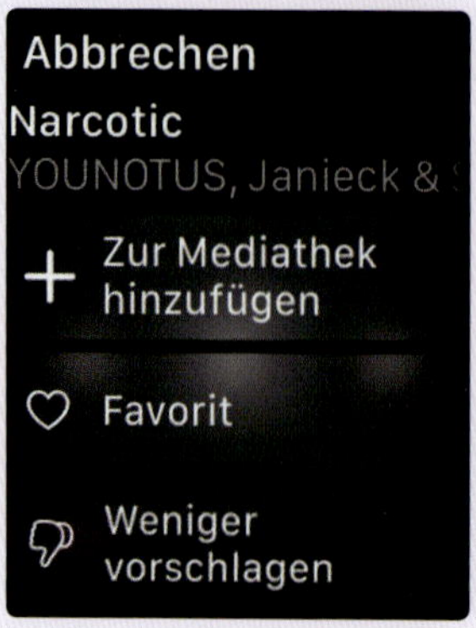

3 Radio-Titel in die Mediathek

Bei der Wiedergabe eines Radiostreams zeigt der Player oben dessen Namen, darunter den gerade laufenden Titel. Hören Sie etwas, was Ihnen gefällt, tippen Sie auf die Taste mit den drei Punkten. Sie können dann den Titel Ihrer Mediathek hinzufügen.

Weitere Apps auf der Uhr

Es gibt Apps, die passen nicht so recht in die großen Standardbereiche wie Kommunikation, Fitness oder Medien, weshalb sie aber nicht weniger nützlich sind. Apple liefert immer mehr Apps mit dem watchOS aus, dazu kommen immer mehr Apps, die autark sind und die man aus dem Store laden kann, aber nicht muss. Letzteres sollte man nicht vergessen, denn die Uhr ist nicht primär als Hochleistungscomputer gedacht.

Aktien

Die wohl unvermeidliche Aktien-App ist auch auf der Apple Watch zu finden. Sie kann dort bis zu 20 Werte verwalten und besitzt sogar eine Komplikation. Welche Angaben diese zeigt, können Sie neuerdings auch direkt in den Einstellungen der Uhr für Aktien festlegen (oder in der Watch-App auf dem iPhone).

Welche Wertpapiere, Wechselkurse oder Indizes Aktien zeigt, legen Sie am besten in der gleichnamigen App auf dem iPhone fest. Deren Einträge werden auf die Apple Watch gespiegelt. Sie können in watchOS 6 aber auch auf Uhr neue Aktien hinzufügen.

Die Wo-ist-App auf dem iPhone: Auf der „Ich"-Seite legen Sie fest, von welchem Gerät die Position geteilt wird.

Personen suchen

Auf dem iPhone fasste Apple die Apps zur Suche von Freunden und Geräten zur „Wo ist"-App zusammen. Auf der Apple Watch macht die Suche nach Geräten allerdings keinen Sinn, so dass es hier bei der Suche nach Leuten bleibt. Aus der „Freunde finden"-App wurde nun „Personen suchen". Die App dient dazu, den Standort mit anderen zu teilen. Eine praktische Funktion innerhalb der Familie oder mit guten Freunden, zum Beispiel auch im Urlaub an einem fremden Ort.

Seit watchOS 6 kann man die App annähernd mit ihrem Pendant auf dem iPhone mithalten, wenngleich die Kartenansicht deutlich weniger detailliert ist. Die App dient vor allem dazu, die Position festzustellen, Kontakt aufzunehmen oder eine Route zu planen. Sie können auch ganz einfach direkt aus der App anrufen oder eine Nachricht schicken. Mittlerweile kann die App aber auch Standort-basierte Mitteilungen verschicken, so dass das iPhone unterwegs meist in der Tasche bleiben kann.

Hörbücher

Die Hörbücher-App bildet den sinnvollen Teil der Bücher-App des iOS auf der Apple Watch ab - und das sind natürlich nur Bücher

Workshop: Aktienkurse im Blick behalten auf der Apple Watch

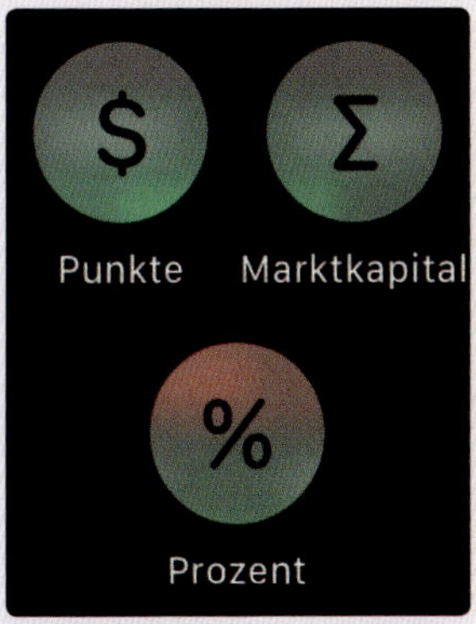

1 Kurse und Optionen im Überblick

Nach dem Öffnen zeigt Aktien ausgewählte Indizes und Wertpapiere in einer Liste an. Neben dem absoluten Kurs sehen Sie auch die prozentuale Änderung. Ein fester Druck führt zu den Optionen für die Darstellung, die per Fingertipp gewählt werden können.

2 Detailansicht von Aktien

Wählen Sie in der Wertpapierliste einen Eintrag aus, sehen Sie eine Übersicht. Diese zeigt zusätzlich zum Kürzel auch den Namen des Papiers. Außerdem können Sie hier den Kursverlauf der letzten Stunde in einer Grafik verfolgen.

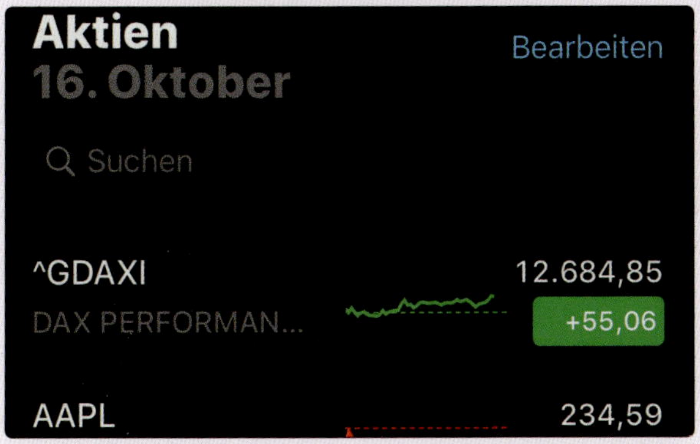

3 Wertpapierliste sortieren und ergänzen

Für die Auswahl der Wertpapiere ist die iPhone-Version von Aktien zuständig. Tippen Sie oben rechts auf „Bearbeiten“. Danach können Sie Einträge löschen oder verschieben. Tippen Sie auf das Pluszeichen, um Aktien hinzuzufügen.

Basiswissen

4

zum Hören. Die App greift auf den Datenbestand des iPhones beziehungsweise der iCloud zu und spielt diese Bücher ab, wozu man sinnvollerweise einen Bluetooth-Kopfhörer nutzen sollte. Kaufen kann man seine Bücher auch nur auf dem iPhone, iPad oder Mac, was immerhin dafür sorgt, dass die Bedienung nicht die geringsten Rätsel aufgeben dürfte. Die kleine App ist vor allem beim Sport sehr nützlich, wenn das iPhone zuhause oder in der Umkleidekabine bleiben soll.

Wallet

Die digitale Brieftasche speichert Tickets für Sie und hält sie dann am Handgelenk griffbereit. Das können zum Beispiel Flugtickets, Kinokarten oder auch irgendwelche Gutschein-Coupons sein. Gewöhnlich enthalten die Tickets in der Wallet-App auch gleich einen Pixelcode, der sich direkt vom Display der Apple Watch abscannen und einlösen lässt. Mit der Uhr am Handgelenk erfordert das zwar manchmal eine gewisse Gelenkigkeit, da die Scanner eher auf Papiervorlagen oder Smartphones ausgerichtet sind, aber praktisch ist es allemal, da man die Uhr nicht erst aus der Tasche holen muss. Wallet synchronisiert sich automatisch mit der gleichnamigen App auf dem iPhone, wo Sie auch neue Tickets hinzufügen.

Speichern Sie in der iOS-App Wallet Tickets und andere Coupons, um diese auch in der Wallet-App auf der Apple Watch im schnellen Zugriff zu haben.

Die Tickets enthalten nicht nur alle wichtigen Daten, sondern auch einen Pixelcode zum Scannen, mit dem Sie sich ganz einfach legitimieren können.

Workshop: Personen suchen mit der Apple Watch

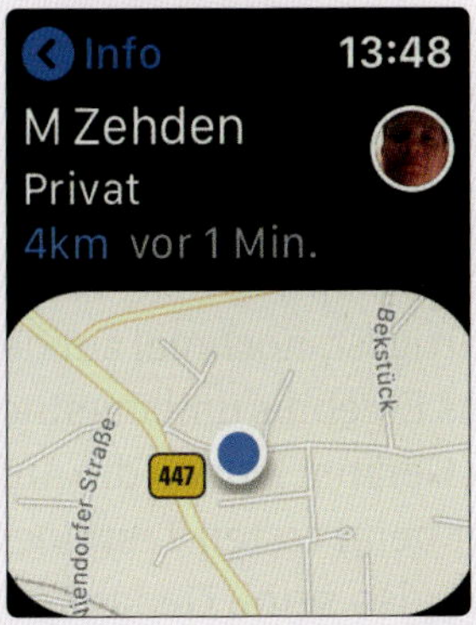

1 Standorte von Freunden ermitteln

Die Standorte der offiziellen Freunde können sie mit der Uhr abfragen. Die Liste zeigt deren aktuelle Entfernung von Ihnen. Tippen Sie auf einen Eintrag, sehen Sie die Position sowie die Adresse des Ortes, an dem sich der Freund befindet.

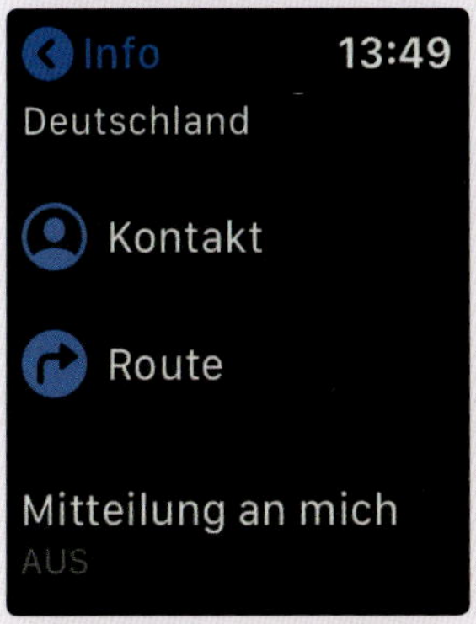

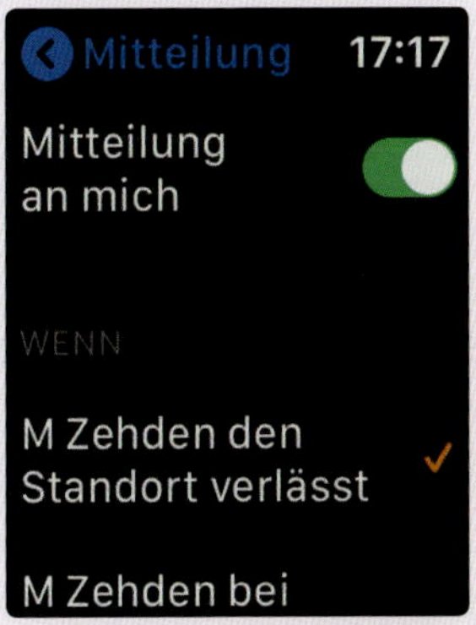

2 Freunde kontaktieren und verfolgen

Weiter unten können Sie sich gleich die Route zu Ihrem Freund planen lassen oder ihn kontaktieren. Auch Mitteilungen beim Wechsel des Standorts können Sie neuerdings auf der Apple Watch erzeugen lassen, was man natürlich mit Bedacht nutzen sollte.

3 Standort mit Freunden teilen

Um auf der Uhr einem Freund zu erlauben, Sie zu verfolgen, tippen Sie auf „Standort teilen“ und wählen geben Sie eine mit dessen Apple ID verknüpfte Nummer oder Adresse ein. Sie können die Zeit für die Standortfreigabe begrenzen.

Sprachmemos

Ein sehr praktischer Neuzugang unter den Watch-Apps sind die Sprachmemos, die es schon lange auf dem iPhone und seit einer Weile auch auf dem iPad und Mac gibt. Mit den Sprachmemos lässt sich die Apple Watch zu einem sehr praktischen Diktafon machen. Die Uhr ist natürlich noch idealer als das iPhone für diese Aufgabe, weil man sie einfach immer dabei hat. Funktional beschränkt sich die App erstmal auf das Nötigste: Man drückt den Aufnahmeknopf, spricht seine Notiz ins Mikro und drückt, wenn man fertig ist, nochmal auf den Knopf. Nach der Aufnahme kann man das Ergebnis umbenennen, abhören oder löschen. Auf den anderen Geräten landen die Aufnahmen automatisch, wenngleich es hier beim ersten Test noch etwas stockte.

Man kann also seine Gedanken schnell auf der Uhr festhalten und sie dann später auf dem iPhone, iPad oder Mac abhören und nutzen, was im Alltag enorm praktisch sein kann. Auch zum Abhören ist die Uhr sehr gut geeignet.

Wetter

Zum Schluss kommt die Wetter-App. Fast jeder Smartphone-Benutzer hat auf seinem Gerät eine Wetter-App installiert, und die meisten benutzen sie auch regelmäßig. Damit ist klar, dass eine solche App auch auf der Apple Watch nicht fehlen darf.

Die Wetter-App kann 20 Orte verwalten, wobei sie sich dafür mit der korrespondierenden App auf dem iPhone abgleicht. Neue Orte können Sie auf dem iPhone oder auf der Apple Watch hinzufügen. Letztere zeigt einige praktische Übersichten für die jeweils nächsten 12 Stunden und dazu einen 10-Tage-Trend. Ob 10 Tage sinnvoll sind, darüber lässt sich freilich streiten. Eine Tendenz für die nächsten zwei oder drei Tage ist aber oft ganz praktisch.

Eine praktische Möglichkeit, die die Apple Watch dem iPhone voraushat, sind die Zifferblatt-Komplikationen. Dabei haben Sie die Wahl zwischen der aktuellen Temperatur und der Wetterlage. Den Ort dafür wählen Sie in den Wetter-Einstellungen der Uhr. Auf dem Modular-Zifferblatt ist sogar genug Platz für einen kleinen Wetterbericht mit Ort und Höchst- und Tiefsttemperaturen. Die Wetterdaten stammen übrigens von The Weather Channel.

Workshop: Sprachmemos auf der Apple Watch nutzen

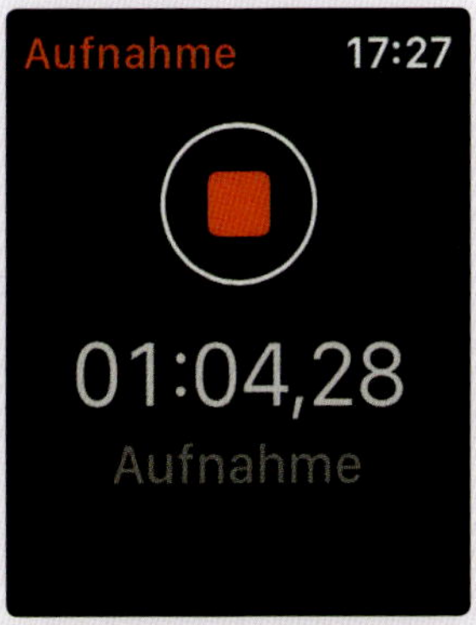

1 Aufnahme einer neuen Sprachnotiz

Um eine neue Sprachnotiz aufzunehmen, muss man wirklich nur den Aufnahmeknopf drücken. Die Aufnahme läuft auch weiter, wenn sich das Display zwischendurch abschaltet. Leider lässt sich die Aufnahme nicht pausieren, sondern nur ganz stoppen.

2 Namen vergeben und abhören

Sie sollten grundsätzlich zuerst auf den Namen der Notiz tippen, um per Diktat oder die Fingerspitze einen neuen Namen zu vergeben. Auch zum Abhören eignet sich die Uhr sehr gut. Über die Sprungtasten lässt sich in der Aufzeichnung navigieren.

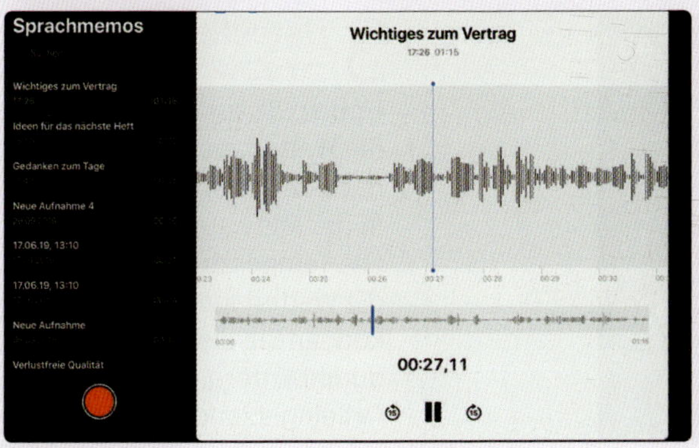

3 Weitergabe der Notiz über iCloud

Die Sprachnotizen werden normalerweise automatisch per iCloud auf andere Geräte übertragen. Dadurch kann man sie nicht nur auf dem iPhone abhören, sondern auch auf iPads und Macs, wo sie sich auch in andere Formate konvertieren lassen.

Workshop: Die Wetterlage mit der Apple Watch prüfen

1 Wetter auf iPhone konfigurieren

Die Konfiguration der Wetter-App beginnt auf dem iPhone. Hier legen Sie in der gleichnamigen iOS-App die Orte fest, die Wetter anzeigen soll. Durch seitliches Streichen entfernen Sie Orte aus der Liste, über die Plustaste unten rechts fügen Sie welche hinzu.

2 Wetter-App auf der Apple Watch

Die Wetter-App der Apple Watch übernimmt die Liste der Orte vom iPhone. Sie zeigt nach dem Öffnen die gleiche Übersicht mit der aktuellen Temperatur und Wetterlage sowie Tageshöchst- und Tiefsttemperaturen.

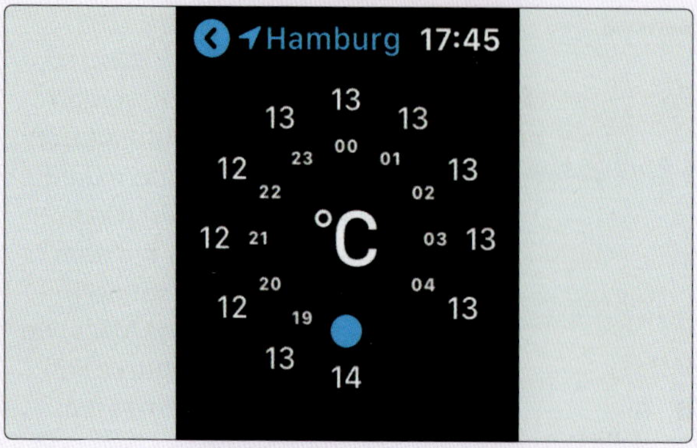

3 Detailliertes Wetter zu einem Ort

Tippen Sie auf einen Ort, um die Wetterlage für die jeweils nächsten 12 Stunden zu sehen. In der Mitte steht die aktuelle Temperatur, außen herum die Wetterlage. Mit der Krone können Sie die Orte der Liste durchblättern. Oben wird der Ort eingeblendet.

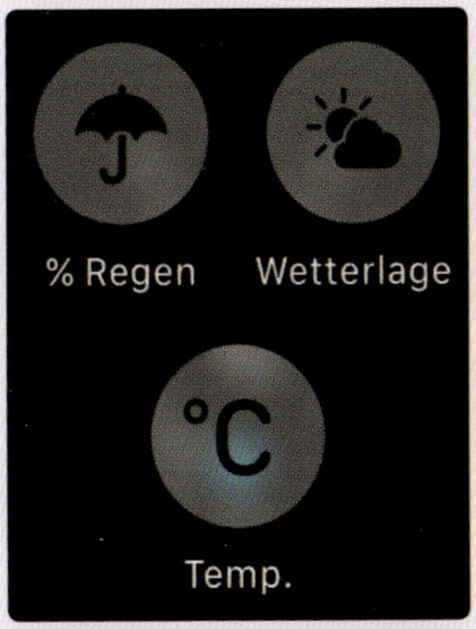

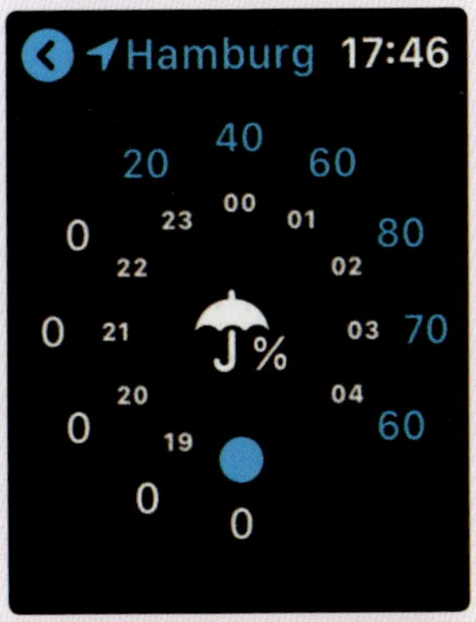

4 Regenwahrscheinlichkeit zeigen

Per Force Touch können Sie die Wetterinfo anpassen. Sie können zum Beispiel die Temperatur anstelle der Wetterlage anzeigen lassen. Wählen Sie „% Regen", um die Regenwahrscheinlichkeit der kommenden Stunden zu sehen (rechts).

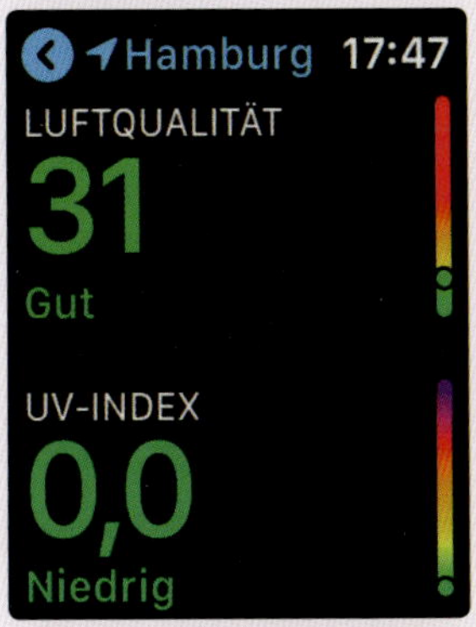

5 Prognosen und Trendanzeigen

Blättern Sie nach unten, um die gemessene Luftqualität und den UV-Index plus eine Prognose mit Höchst- und Tiefsttemperaturen sowie der Wetterlage für die nächsten 10 Tage anzuzeigen. Ab etwa 5 Tagen werden die Trenddaten allerdings eher unzuverlässig.

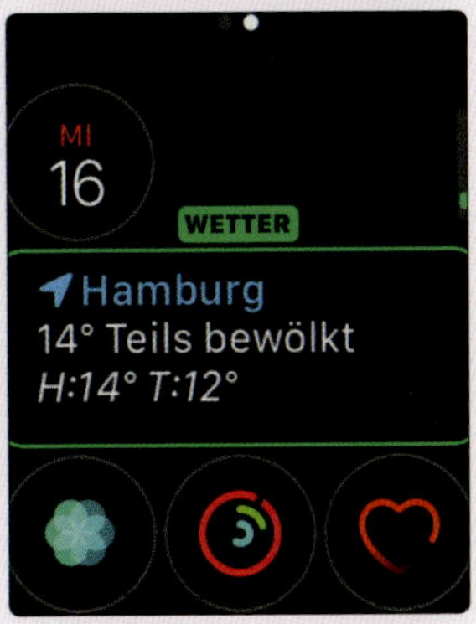

6 Wetter auf dem Zifferblatt anzeigen

Wählen Sie in den Einstellungen der Wetter-App den Ort, den die Wetter-Komplikation auf dem Zifferblatt zeigt. Die Wetter-App zeigt Komplikationen in allen möglichen Größen, die dementsprechend mehr oder weniger Details enthalten können.

5

Top-Apps

Was Apple an Apps zur Apple Watch mitliefert, ist schon sehr gut. Aber man staunt, was so manch anderer Anbieter aus der Kombination aus smarter Uhr und klugem Telefon herausholt. Wir haben den App Store nach den besten watchOS-Apps durchsucht.

Schneller Informationsfluss

Für einen Job ist die Apple Watch geradezu prädestiniert, nämlich die schnelle und diskrete Anzeige von Informationen. Normale Uhren zeigen nur die Zeit, doch die Apple Watch kann über das iPhone unendlich viele Informationen aus den Weiten des Internets beziehen, von Wetterdaten über Schlagzeilen bis hin zu Fußballergebnissen.

Dafür könnte man natürlich auch das iPhone aus der Tasche ziehen, doch das bereitet etwas mehr Aufwand und erregt außerdem eine gewisse Aufmerksamkeit, die man vielleicht vermeiden möchte. Mit der Uhr checkt man jedenfalls die neuesten Schlagzeilen während einer langweiligen Sitzung eindeutig unauffälliger als mit dem iPhone. Und es gibt auch Informationen, die vielleicht nicht wichtig genug sind, um dafür in seiner Jacke nach dem Telefon zu wühlen. Das Wetter von morgen ist zwar interessant, aber vielleicht nicht jede Mühe wert.

Fast alle Watch-Apps haben eine Entsprechung auf dem iPhone und dienen somit nur als deren ausgelagertes Display, wogegen erst mal wenig einzuwenden ist. Wir haben uns auf diesen Seiten bemüht, vor allem auf die Watch-Apps zu achten und weniger auf die iPhone-Apps, aber in den meisten Fällen ist die Watch-App eher eine Dreingabe – wenngleich eine sehr nette.

Sky Guide AR von Fifth Star Labs ist für 3,49 Euro erhältlich.

Sky Guide AR

Sky Guide gehört zu den schönsten iPhone-Apps und fasziniert so gut wie jeden. Die App zeigt den Sternenhimmel und nutzt schon seit vielen Jahren auf sehr eindrucksvolle Weise Augmented Reality, um im Display genau den Himmelsausschnitt zu zeigen, auf den man zielt. Sky Guide zeigt Sternenbilder und liefert eine Vielzahl von Informationen zu einzelnen Himmelsobjekten.

Die Watch-App kann da natürlich nicht mithalten. Aber sie passt sich gut an die Möglichkeiten der Uhr an: Auf drei Seiten lassen sich mit der Sonne und dem Mond die beiden wichtigsten Himmelskörper ansehen. So weiß man beispielsweise über die Sonnenaktivität oder die Mondphasen Bescheid. Darüber hinaus darf man jederzeit nachschauen, wo sich die Raumstation ISS gerade befindet.

Außerdem bietet Sky Guide die symbolische Anzeige der Mondphase als Komplikation an. Dabei ist die App eine der wenigen, die sich mit einer Komplikation im Kleinformat begnügt.

Lieferungen von Junecloud ist erhältlich für 5,49 Euro.

Lieferungen

Die Lieferungen-App nimmt die Tracking-Nummern fast aller Paketversender entgegen und fragt online die Tracking-Informationen ab. Anstatt also selbst die Webseiten der verschiedenen Paketdienste abzuklappern, tut dies die App über einen Internet-Dienst und meldet sich, sobald sich der Bote nähert, was sich für Leute, die öfter etwas bestellen, eine wertvolle Hilfe ist. Und dafür eignet sich auch die Watch-App sehr gut, die den kleinen Bildschirm effektiv auszunutzen versteht.

Yahoo Wetter!

Wetter! von Yahoo ist kostenlos erhältlich.

Die riesige Auswahl an Wetter-Apps macht es dem Anwender definitiv nicht leicht. Wer besonderen Wert auf präzise Vorhersagen legt, weil er beispielsweise beruflich aufs Wetter angewiesen ist, ist mit Yahoos Wetter-App erfahrungsgemäß eher nicht besonders gut bedient, denn Yahoo nutzt offenbar nicht die akkuratesten Quellen. Aber dafür ist die App ungeheuer elegant gemacht. Mit sehr schön gestalteten und animierten Grafiken zeigt die App nicht nur die Temperaturen, sondern auch Winde, Sonnenverlauf, Niederschläge und eine Karte an. Und diese besondere Eleganz behält die App auch auf der Apple Watch, wo sie zwar weniger Informationen, aber immer noch das Wichtigste zeigt.

Flipboard

Wenn es eine App schafft, auf iPhone und iPad ein vollkommen anderes Leseerlebnis herbeizuzaubern, ist es sicher Flipboard. Die App stellt News aus verschiedenen Quellen zu einem sehr ansprechenden Magazin zusammen, das sich optisch sehr wohltuend von der üblichen Webdarstellung abhebt. Noch dazu baut die App auch Inhalte sozialer Medien wie Facebook oder Twitter in den Nachrichtenfluss ein.

Doch wie kann es gelingen, diese grafische Pracht auf das winzige Display der Apple Watch zu bringen? Erstaunlich gut, denn die wichtigsten Inhalte werden auf dem Display sehr gut angezeigt. Die Headline ist von einem Foto unterlegt, und den zugehörigen Text darf man zumindest anlesen, was trotz der beschränkten Größe erstaunlich gut funktioniert. Auf Wunsch lässt sich

Flipboard von Flipboard Inc. ist kostenlos erhältlich.

Shazam von Shazam Entertainment ist kostenlos erhältlich.

die Auswahl neu laden, sodass man sich auf der Uhr sehr schnell einen Überblick über das Neueste vom Tage verschaffen kann. So macht sich Flipboard auch auf der Uhr unentbehrlich.

Shazam

Theoretisch ist es ja peinlich, Shazam überhaupt benutzen zu müssen, denn eigentlich sollte man sich ja bestens mit Musik auskennen und wie aus der Pistole geschossen jede Frage nach dem aktuellen Song beantworten können. Dabei ist die App längst auf den meisten Smartphones zu finden und hilft dabei, Songs in Filmen oder Hintergrundgedudel in der Kneipe zu erkennen.

Dafür nun allerdings jedes Mal das iPhone zücken zu müssen und unauffällig in Richtung Lautsprecher zu halten ist nicht immer opportun. Doch zu Shazam gehört auch eine Watch-App, die den gleichen Job wesentlich diskreter erledigt. Einfach die App starten, auf den Erkennungsknopf tippen, und nach kurzer Zeit sollte das Ergebnis auftauchen. Dabei nennt Shazam nicht nur Titel und Interpret, sondern zeigt auch das Cover und ermöglich ein kurzes Reinhören. Im Test hatten wir zwar gelegentlich Probleme, doch das tut der Funktionalität der App keinen Abbruch.

Telefonbuch

In digitalen Zeiten von Smartphones und Smartwatches scheint das gute alte Telefonbuch etwa so aktuell zu sein wie eine Dampflokomotive. Die „Hardware-Version" des Telefonbuchs gibt es ja schon fast nicht mehr, dafür ist die digitale Variante durchaus

Das Telefonbuch von der Telefonbuch Servicegesellschaft mbH ist kostenlos erhältlich.

noch am Leben. Diese kann einiges mehr, als man ihr anhand des verschlafenen Namens zutrauen würde. Denn die App sucht nicht nur Namen und Geschäfte nach Branchen, sondern eben auch Geldautomaten oder eine günstige Tankstelle. Und das gilt nicht nur für die iPhone-App, sondern genauso auch für die Watch-App, die recht übersichtlich verschiedene Suchen in der Umgebung ermöglicht. Viele Notfallabfragen wie die nach der nächsten Apotheke finden sich in der Liste, für den Rest nutzt man einfach die Spracheingabe mit Siri. Dabei zeigt die App auf Wunsch auch eine Karte und den Weg zur Fundstelle an. Das Einzige, was man nicht erwarten darf, ist eine nette Gestaltung - vor allem die iPhone-App, die sich durch Werbung finanziert, wirkt etwas altbacken. Doch dem praktischen Nutzen tut das keinen Abbruch.

Kicker

„Weißt Du, wie die Bundesliga läuft?“, fragt der Tischnachbar unruhig an der etwas formelleren Kaffeetafel am Sonnabend.

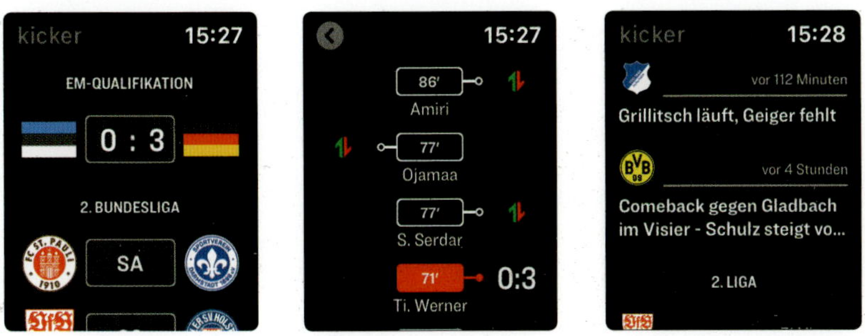

Kicker vom Olympia Verlag ist kostenlos erhältlich.

Dem Mann kann geholfen werden, und zwar auch auf diskrete Weise, ohne das iPhone aus der Tasche zu holen und auffällig im Netz zu wühlen. Die Kicker-App liefert Neuigkeiten, Ergebnisse und Tabellen rund um König Fußball - und übrigens auch rund um einige andere Sportarten wie Handball oder Eishockey. Die iPhone-App zeigt nicht nur Meldungen, sondern auch Bilder, Live-Ticker und Tabellen zu den Ligen und Vereinen, die man vorher als Favoriten festlegt. Die Watch-App beherrscht natürlich nicht sämtliche genannten Features, aber sie zeigt einen Liveticker und zumindest Teaser für Artikel einschließlich Bild. Nach einem festen Druck darauf kann man den entsprechenden Artikel auch auf dem iPhone öffnen.

Bundle News

Bundle News ist als News-Aggregator Flipboard nicht unähnlich. Auf dem iPhone wählt man aus einer ganzen Reihe News-Quellen und Stichworten diejenigen aus, die einen besonders interessieren. Dabei bietet Bundle News eine große Auswahl nationaler wie internationeler Nachrichten aus diversen, gut sortierten Themengebieten. Was im Vergleich zu Flipboard fehlt, ist vor allem die Integration sozialer Medien in den Nachrichtenstrom. Auch zu Bundle News gehört eine Watch-App, bei der man durch einen festen Druck auch auswählen darf, welche Nachrichten man sehen möchte. Die Meldungen enthalten ein Bild und ein wenig Text. Allerdings nutzt Bundle News dafür einen engen und damit nicht mehr so leicht lesbaren Zeichensatz. Wer gute Augen hat, mag damit zurechtkommen, wenngleich die Lektüre so unnötig anstrengend wird.

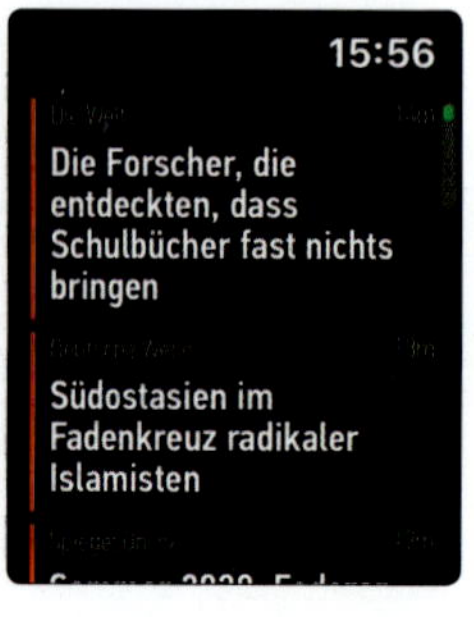

Bundle News von Bundle A.S. ist kostenlos erhältlich.

SPON von Spiegel Online GmbH ist kostenlos erhältlich.

Spiegel Online

Die App des Spiegel steht hier als Stellvertreter, zeigt aber sehr gut, dass sich die wichtigsten Schlagzeilen so komprimieren lassen, dass man sie auf dem kleinen Apple-Watch-Display lesen kann. Dabei zeigt auch die Watch-App ein Bild für jeden Artikel sowie dazu einige Zeilen Text, mit deren Hilfe man die Nachrichtg schon sehr gut erfassen kann. Artikel lassen sich außerdem zum Weiterlesen vormerken.

Carrot Weather

Unter den Wetter-Apps fällt Carrot Weather vor allem dadurch auf, dass die App das Wetter in einem reichlich lockeren Ton und eher schnodderig beschreibt. Das tut die App leider nur in englischer Sprache und nutzt dabei nicht unbedingt die zuverlässigsten Wetterdaten. Wer das verschmerzen kann, ist mit dieser App allerdings sehr gut bedient. Als wäre das Wetter manchmal nicht schon deprimierend genug …

Carrot Weather von Grailr LLC ist für 5,49 Euro erhältlich.

Night Sky von iCandi Apps ist kostenlos erhältlich.

Night Sky

Wer ab und zu in den Himmel blickt und sich dann fragt, was er da nachts sieht, sollte sich einmal Night Sky ansehen. Die App zeigt ihr volles Potential zwar nur auf dem iPhone und wenn man ein Abo abschließt, doch schon die kostenlose Variante erklärt eine Menge, die Sternenbilder sogar auf dem Display der Uhr. Als eine der wenigen Apps nutzt Night Sky sogar den Kompass der Apple Watch Series 5 für eine waschechte AR-Darstellung.

Regenradar von Wetteronline ist kostenlos erhältlich.

Regenradar

Für den deutschen Markt haben die Entwickler den Namen Regenradar gewählt und unterschlagen damit, dass die im Original „Weather & Radar“ genannte App auch Wetterinformationen zeigen kann.

Die besten Apps für unterwegs

Eine smarte Uhr hat viele positive Aspekte, aber einer der wichtigsten ist sicher ihre ständige Verfügbarkeit. Trifft eine Mail oder Nachricht ein, bekommt man es sofort mit, und da die Apple Watch das komplette iPhone mitbenutzen kann, können Apps für die Apple Watch mehr leisten, als man dem Kleinstcomputer am Handgelenk normalerweise zutraut.

In besonderer Weise kann die Apple Watch ihre Stärken dort ausspielen, wo es zu umständlich oder unangemessen wäre, gleich das Smartphone aus der Tasche zu ziehen. Denn natürlich ist ein iPhone klein und leicht genug, um es immer dabei zu haben, aber am Steuer oder während des Urlaubs mit der Begleitung ist man froh, wenn auf viele Fragen auch die Uhr eine Antwort weiß und das iPhone dafür verborgen bleiben darf.

Tatsächlich gibt es eine ganze Menge Apps, die vor allem unterwegs ihre Stärken ausspielen können. Da werden Abfahrtszeiten von Haltestellen in der Nähe abgefragt, Übersetzungen im Urlaub geliefert, die Umgebung erkundet oder der richtige Weg zum Ziel gewiesen. Dabei mögen die Apps zwar die Infrastruktur und Internetverbindung des iPhone nutzen, doch das kann einem ja egal sein, solange man es nicht gleich aus das Tasche zerren muss, um schnell eine Antwort zu bekommen.

DB Navigator

Die Bahn gehört ja zu den viel gescholtenen Unternehmen und hat mit Baustellen und der Pünktlichkeit zu kämpfen, aber die Internet- und App-Abteilung müssen wir von den Zuverlässigkeitsproblemen ausdrücklich ausnehmen. Denn seit Jahren gehört der DB Navigator zu den wertvollsten Apps für Reisende in Deutschland. Eine sehr gut funktionierende Fahrplanauskunft schließt auch den Nahverkehr und Fremdunternehmen ein, was die App so universell einsetzbar macht. Den Kunden der deutschen Bahn vorbehalten ist die Möglichkeit, auch gleich das Reiseticket in der App zu erwerben. Außerdem informiert sie über Verspätungen und zu Details wie Fußwegen zwischendurch. Und erstaunlich viel davon kann auch die Watch-App übernehmen: Neben Benachrichtigungen zeigt sie Reisepläne, die man zuvor in der iPhone-App eingegeben hat, und nennt unabhän-

DB Navigator von der Deutschen Bahn ist kostenlos erhältlich.

gig davon Abfahrtszeiten zu Stationen, die man per Spracheingabe definiert hat.

Clever Tanken

Clever Tanken von Inforoad ist kostenlos erhältlich.

Es gibt Apps, die eigentlich so banal sind, dass ein iPhone schon beinahe zu überkandidelt für sie ist. Clever Tanken ist eine davon, denn wenn man einmal seine Kraftstoffart gewählt hat, braucht man nur noch die Liste mit dem Hinweis auf die nächste günstigen Tankstelle. Und genau dafür reicht eben auch die Watch-App, bei der man mit der Krone durch die Angebote scrollen und sich die günstigste Zapfsäule suchen kann. Außerdem kann so leicht über die aktuellen Preise auf dem Laufenden halten.

Wohin?

Als das iPhone die Positionsbestimmung per GPS lernte, schossen die Apps und Dienste, die Informationen über die Umgebung anzeigten, wie Pilze aus dem Boden. Aber die „Location Based Services“ riefen auch die ganz großen auf den Plan, beispielsweise die Firma Apple selbst, die in der Karten-App Fundstellen wie zum Beispiel Restaurants zeigen möchte. Doch Wohin? hielt im Gegensatz zu vielen anderen Anbietern durch und sortiert Fundstellen übersichtlich und intuitiv nach etlichen, sehr fein abgestuften Kategorien bis hin zu Begriffen wie „Fremdenverkehrsämter“ oder „Autoglasereien“. Wählt man einige von diesen Rubriken als Favoriten, kann man diese auch auf der Apple Watch nach Fundstellen in der Nähe durchsehen. Und auf der Apple Watch lassen sich ebenso Details wie Öffnungszeiten

Wohin? von FutureTap ist für 3,49 Euro erhältlich.

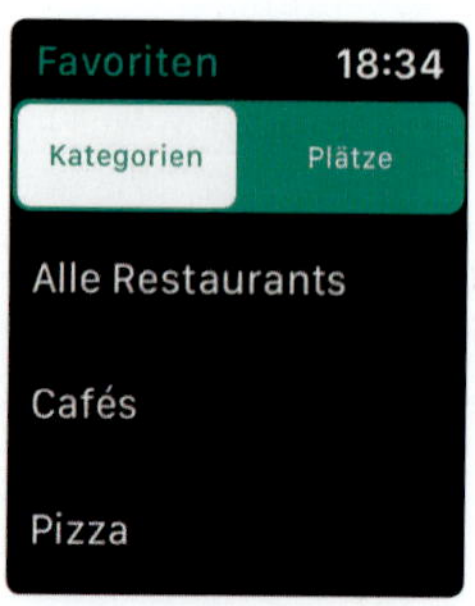

Foursquare von den Foursquare Labs ist kostenlos erhältlich.

und sogar Bewertungen der Anwender ansehen. Per Spracheingabe kann man zudem beliebige Suchanfragen abseits der Favoriten stellen.

Foursquare

Foursquare hat als einer der ersten Dienste ein soziales Netzwerk mit ortsbasierten Informationen verknüpft. Die Nutzergemeinde tauscht sich über diesen Dienst vor allem über die Qualitäten von Restaurants, Bars und Sehenswürdigkeiten aus, was natürlich in fremden Städten sehr wertvoll sein kann. Die Watch-App macht die meisten dieser Informationen auch auf der Uhr zugänglich und erweist sich als sehr praktisch.

ÖPNV Navigator

Der ÖPNV Navigator ist eine echte und vor allem unabhängige Alternative zu den Apps der lokalen oder überregionalen Verkehrsanbieter wie beispielsweise der Bahn. Die App unterstützt

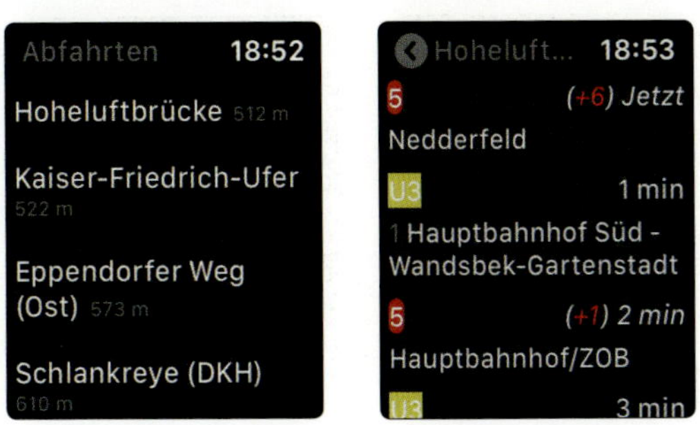

ÖPNV Navigator von Alexander Albers ist kostenlos erhältlich.

sehr viele, aber nicht alle lokalen Verkehrsnetze in Deutschland, Österreich und der Schweiz. Auf dem iPhone plant die App ausgebuffte Routen, zeigt Netzpläne und lässt kaum Wünsche offen. Auf der Apple Watch hat der ÖPNV Navigator dagegen einen radikal anderen Ansatz und zeigt zunächst eine Liste der Haltestellen in der Nähe und nach einem Tipp darauf die nächsten Abfahrtszeiten. Wer einigermaßen ortskundig ist, findet so ohne großes Suchen schnell die gewünschte Information, was oft wertvoller ist, als eine große Menge an Optionen, in denen man erstmal das Gewünschte finden muss. Zum Suchen einer Verbindung muss man ja nur das iPhone aus der Tasche ziehen, doch wer kein Navigationssystem, sondern nur die Abfahrtszeiten braucht, kommt auch mit der Watch-App aus.

Microsoft Übersetzer

Im Urlaub ist die Sprachbarriere häufig groß. Zwar kommt man mit Schulkenntnissen oder Händen und Füßen oftmals weiter, aber spätestens, wenn es mal komplizierter wird, macht sich die Hilfe einer App bezahlt. Der Microsoft Übersetzer kann eine ganze Reihe von Sprachen auch offline nach Laden eines Sprachpakets übersetzen, was im Urlaub außerhalb der EU sehr praktisch sein kann. Die iPhone-App erkennt getippte oder gesprochene Worte und Sätze, zudem mit der Kamera auch Schilder oder Speisekarten. Viele Sprachen kann er zudem aussprechen, was dann allerdings nur online funktioniert. Auch auf der Apple Watch können Übersetzungen per Spracheingabe durchgeführt werden, außerdem lässt sich die Sprache auswählen und es klappen sogar Dialoge zwischen Uhr und iPhone.

Der Übersetzer von Microsoft ist kostenlos erhältlich.

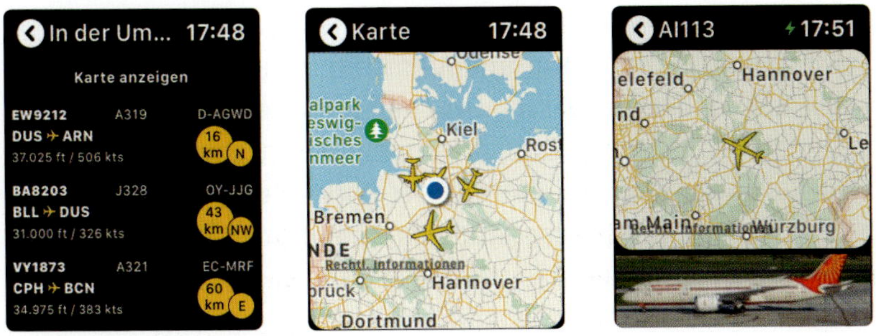

Flightradar24 von Flightradar24 AB ist kostenlos erhältlich.

Flightradar24

Die iPhone-Version von Flightradar24 ist Augmented Reality in Reinkultur: Man hält die Kamera in den Himmel und sieht genau, welcher Flieger gerade Kondensstreifen zieht und wohin er unterwegs ist. Das ist natürlich ein etwas offensives Vorgehen, die Watch-App dagegen zeigt nur eine Liste der Flüge in der Nähe mit der Himmelsrichtung, in die sie fliegen. Außerdem lässt sich der Flug auf der Karte zeigen.

Citymapper

Citymapper ist im Prinzip ein Navi für Nutzer öffentlicher Verkehrsmittel und hilft absolut genial bei der Planung von Routen für Fußgänger und Radfahrer sowie der Bestimmung von Abfahrtszeiten und Verbindungen. Dabei lassen sich auch Erinnerungen erzeugen und selbst der tägliche Arbeitsweg lässt sich planen. Dabei kann die App auch optisch überzeugen, obwohl sie schon ein paar Jahre auf dem Buckel hat. Der einzige Haken

Citymapper von Citymapper Limited ist kostenlos erhältlich.

dabei ist, dass Citymapper in Deutschland derzeit nur in wenigen Städten wie Berlin, Hamburg oder Köln funktioniert, beispielsweise aber nicht einmal in München oder Leipzig. Selbst international ist die Anwendung noch recht beschränkt und umfasst zwar London, Moskau, Rom, New York oder Sydney, aber ist noch weit von der Flächenabdeckung entfernt. Dummerweise hat sich daran in letzter Zeit wenig geändert, doch im Gegensatz zu vielen anderen Apps ist sie wenigstens auch im internationalen Bereich einsetzbar, weshalb Sie sie auch in manchem Urlaub benutzen können.

Wohnt man in einer „unterstützen" Stadt oder fährt man im Urlaub in eine solche, sollte man sich Citymapper unbedingt ansehen. Zumal die Watch-App einem sehr einfach Routen planen und Abfahrtszeiten umliegender Haltestellen nennen kann. Dabei fehlen auch Hinweise zum rechtzeitigen Losgehen nicht.

Elk

Der Elk Reisewährungsrechner beherrscht nur einen einzigen Job, nämlich zwei Währungen ineinander umzurechnen. Dafür allerdings nutzt er die Chance, auch die Gestaltung ganz auf diese eine Aufgabe zu konzentrieren. Dadurch ist die kleine App extrem leicht zu bedienen. Auf der Apple Watch kann man zudem praktisch das gleiche machen wie auf dem sehr viel größeren Display des iPhone. Leider sind nur wenige Währungen wie US-Dollar, Yen, britisches Pfund oder Schweizer Franken in der kostenlosen Version enthalten, für alle weiteren muss man immerhin 4,49 Euro berappen. Das ist dann wiederum ziemlich teuer für die begrenzten Einsatzmöglichkeiten.

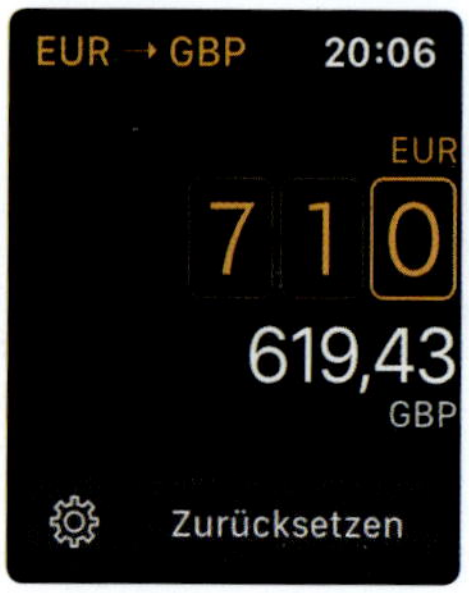

Elk von Clean Shaven Apps ist kostenlos erhältlich..

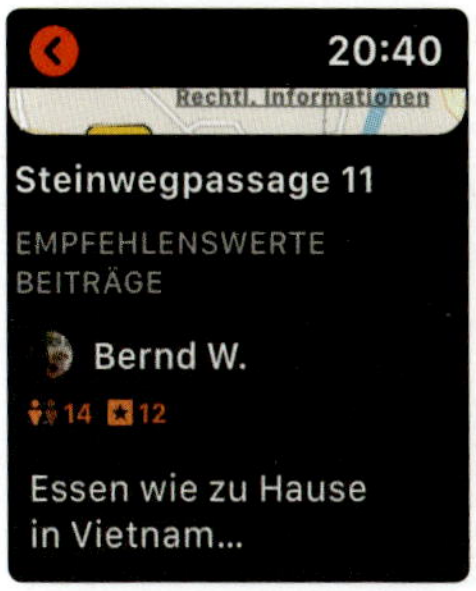

Yelp von Yelp Inc. ist kostenlos erhältlich.

Yelp

Wer in Apples Karten-App unter iOS Details zu einem Restaurant wissen möchte, bekommt diese von Yelp, einem Anbieter, der zum einen Informationen wie Adressen, Öffnungszeiten und Kategorien von Bars und Restaurants sammelt, nach denen man suchen kann. Man könnte Yelp aber auch als Social-Media-Dienst bezeichnen, der seine Vorteile und seinen Nutzen zum großen Teil aus den Bewertungen der Anwender zieht. Zu fast jeder Gaststätte finden sich viele Kritiken und Beurteilungen, die zusammen meist ein gutes Bild von dem Erlebnis abgeben, das einen erwartet. So kann man die App durchaus auch in fremden Städten weltweit zur Suche nach Restaurants, Bars und dergleichen nutzen. Vieles davon funktioniert auch auf der Apple Watch, wo man nicht nur nach Restaurants und Bars in der Nähe suchen, sondern auch Details und vor allem komplette Bewertungen lesen kann. Natürlich kann die Yelp-App auf dem iPhone mehr, aber die Watch-Version reicht fast immer für einen ersten und schnellen Überblick.

Stocard

Bei vielen Leuten verstopfen etliche Kundenkarten das Portemonnaie, denn der Verlockung, Rabatte und Prozente zu bekommen, erliegen am Ende doch viele. Meist wird an der Kasse nur ein Bar- oder QR-Code gescannt. Das geht auch mit dem iPhone oder noch besser mit der Apple Watch und der App Stocard. Die Watch-App beschränkt sich auf die Anzeige der Karten, was ja auch die wichtigste Funktion ist und hierzulande noch immer

Stocard von der Stocard GmbH ist kostenlos erhältlich.

für erstaunte Blicke an der Kasse sorgt. Auf dem iPhone zeigt die App zusätzlich auch Angebote. Wer möchte, kann sich in der Nähe von Geschäften sogar an die Benutzung von Kundenkarten erinnern lassen.

What3Words

Die Idee hinter What3Words ist simpel: Die ganze Welt ist in Planquadrate unterteilt, die nur etwa drei Meter Seitenlänge haben. Das ist wesentlich genauer als die normalerweise verwendeten Hausnummern, denn die Planquadrate können jeden Hintereingang, jede Parkbank und jeden Briefkasten genau ansteuern. Beschrieben werden diese Quadrate nicht mit kryptischen Längengraden und Bogensekunden, sondern mit drei Wörtern in Landessprache, die durch Punkte getrennt werden und die einige Navi-Apps und Systeme in Autos sogar direkt verstehen können. Die iPhone-App bietet eine Karte, auf der man die Adressen genau ermitteln kann. Außerdem kann man die drei Worte eingeben und sich für die eigentliche Navigation an Apps wie

What3Words von What3Words Ltd. ist kostenlos erhältlich.

Karten oder Google Maps weiterleiten lassen. Die iPhone-App kann auch zwischen den Dreiwortadressen und Zahlenangaben für Längen- und Breitengrad übersetzen, die jede Navi-App versteht. Die Watch-App kann da erheblich weniger, aber sie leistet einen sehr wichtigen Beitrag. Startet man sie, liefert sie zum momentanen Ort die passenden drei Worte als Beschreibung. Dafür gibt es nicht einmal einen einzigen Knopf, man muss die App einfach nur starten.

Wikiloc

Wikiloc ist erstmal eine iPhone-App für Leute, die gerne draußen Touren machen. Damit ist nicht nur Wandern, sondern auch Laufen, Fahrradfahren, Ski-Langlauf und vieles mehr gemeint. Über die App kann man in der Umgebung nach Touren suchen und diese ebenfalls absolvieren, aber man kann natürlich auch neue Touren anlegen, mit Fotos dokumentieren und mit Kommentaren versehen. Man kann Wikiloc sogar als Karten-App für die Nutzung ohne Datenverbindung nutzen. Der volle Funktionsumfang steht nur Abonnenten zur Verfügung, wobei die 10 Euro pro Jahr für Leute, die gern wandern, sicher zu verschmerzen sind. Die Watch-App kann erstaunlich viele Aufgaben erledigen und erweitert den Funktionsumfang der App sogar, weil nach dem Starten der Aktivität automatisch die Herzfrequenz gemessen und außerdem ein Workout angelegt werden kann. Die App kann aber auch durch die Routen in der Nähe blättern, Details und Fotos anzeigen sowie während der Route Daten dazu aufzeichnen und anzeigen. Ein gutes Beispiel dafür, dass eine gute Watch-App die iPhone-App deutlich bereichert.

Wikiloc von Wikiloc Outdoor SL ist kostenlos erhältlich.

Mit der Apple Watch agieren

Dass die Apple Watch kein Hochleistungscomputer ist, dürfte jedem klar sein. Dass sie aber andererseits mehr kann, als nur die Uhrzeit anzuzeigen und auf eintreffende Nachrichten hinzuweisen, dürfte ebenfalls auf der Hand liegen. Ursprünglich erlaubte Apple den Entwicklern kaum, auf der Uhr mehr als das Display zu nutzen, doch das hat sich geändert. Viele Apps nutzen die Leistungsfähigkeit der Uhr mehr oder weniger gut aus. Spätestens seit man Apps direkt auf der Uhr laden kann, zeigen Watch-Apps ihr wahres Potential.

Natürlich setzen die begrenzten Ein- und Ausgabemöglichkeiten den Features der Apps gewisse Grenzen. Viel mehr als ein paar Knöpfe und kurze Texte kann das Display nicht anzeigen, aber es gibt ja noch die Krone zum Blättern und die Möglichkeit, Befehle per Sprache zu erteilen.

Natürlich darf man dennoch nicht erwarten, dass eine Watch-App an die Möglichkeiten herankommt, die ein iPhone oder womöglich gar ein Computer bietet. Und in der Regel wird auch hier eher eine iPhone-App fernbedient - etwa so, wie es Apples Kamera-App vormacht, die über die Apple Watch aus der Ferne ausgelöst werden kann. Doch die Uhr hat stets den Vorteil der Diskretion auf ihrer Seite, denn es nimmt kaum jemand Anstoß daran, wenn man ein wenig auf seiner Uhr herumtippt.

Evernote

Notizen gehören quasi zum Kerngeschäft von Smartphones und ebenso auch von Smartwatches, denn schließlich soll die intel-

Evernote von der Evernote Corporation ist kostenlos erhältlich.

ligente Technik das gute, alte Notizbuch überflüssig machen. Evernote setzt aber auf die übliche Notizbuch-Funktionalität noch einiges drauf und notiert nicht nur Text, Audio, Fotos, Filme, Links und vieles mehr, sondern ist von vornherein auf die Zusammenarbeit mit anderen Usern ausgelegt, mit denen man Notizen und Gedanken teilt. Die Watch-App kann nicht nur vorhandene Notizen anzeigen, sondern auch Sprachnotizen aufnehmen oder über Siri in Text umwandeln. So lassen sich wirklich in allen Situationen Notizen anfertigen und abrufen.

Das vielleicht größte Problem an Evernote ist aber die Tatsache, dass in der kostenlosen Version immer weniger Fähigkeiten enthalten sind und man für den vollen Funktionsumfang mittlerweile 7 Euro im Monat zahlen muss. Wenn der Arbeitgeber zahlt, kann sich die durch die Möglichkeit zur Zusammenarbeit durchaus lohnen, für Privatleute hingegen ist Evernote mittlerweile ein teurer Spaß geworden, zumal auch Apples Notizen-App eine Menge Features dazu gelernt hat. Mittlerweile hat Evernote viel von seinen Alleinstellungsmerkmalen verloren.

ProCam

Zugegeben: Allzu viel Interaktion erlaubt ProCam über die Apple Watch nicht. Denn über die Uhr lässt sich die recht mächtige Kamera-App lediglich auslösen beziehungsweise man kann eine Videoaufnahme starten und stoppen. Da kann die Watch selbst für Apples Kamera-App mehr tun, denn diese zeigt ein Vorschaubild auf der Uhr. Dafür kann man den Auslöser bei ProCam kaum verfehlen. Die ProCam-App auf dem iPhone hingegen bietet deutlich mehr manuelle Kontrollmöglichkeiten als die mit-

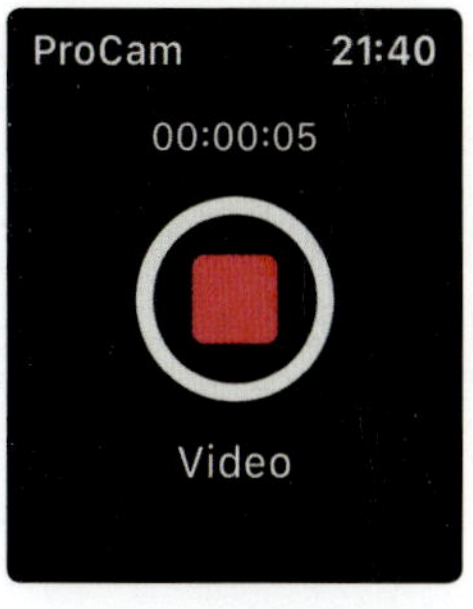

ProCam von Samer Azzam kostet 6,99 Euro.

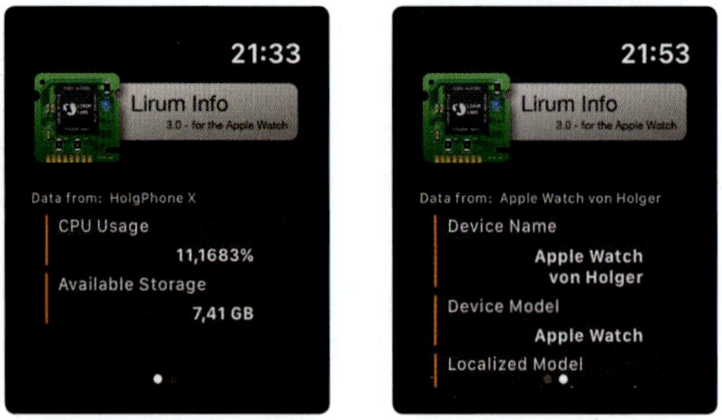

Lirum Device Info von Rogerio Hirooka ist für 3,49 Euro erhältlich.

gelieferte Kamera-App und ist eine sehr hochwertige Alternative zum Original. Etwas verwunderlich ist, dass die Watch-App tatsächlich nur Videos und keine Fotos aus der Ferne auslösen kann.

Lirum Info

Es gibt eine ganze Reihe an Apps, die Informationen über iOS-Geräte und auch die Apple Watch sammeln, doch Lirum Info ist nicht nur grafisch recht gut gemacht, sondern hat auch den Vorteil, dass sie auf der Apple Watch nicht nur Infos zur Uhr selbst, sondern auch zum verbundenen iPhone anzeigt. Die Auslastung des iPhone-Prozessors lässt sich sogar live auf der Uhr überwachen, wobei die Frequenz, mit der die Updates ausgelesen werden, einstellbar ist.

ProCamera

Wer etwas mehr aus der iPhone-Kamera holen möchte, ist mit alternativen Kamera-Apps oft besser bedient als mit Apples Ori-

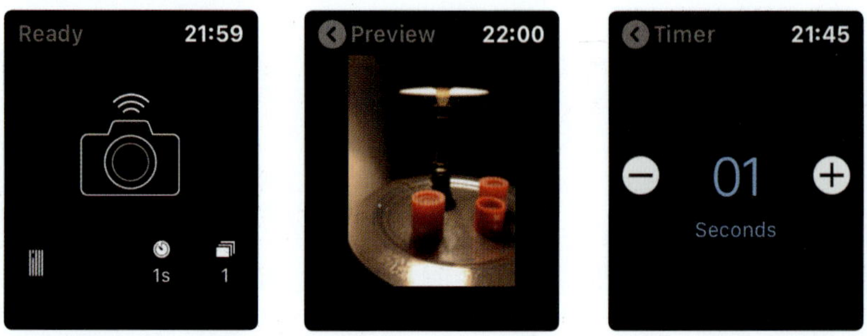

ProCamera von Cocologics ist für 8,99 Euro erhältlich.

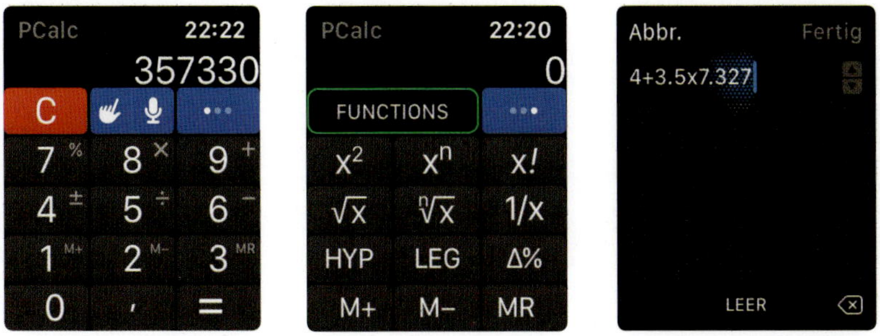

PCalc Lite von TLA Systems ist kostenlos erhältlich.

ginal, denn sie bieten mehr Features für ambitionierte Fotografen bis hin zur Möglichkeit, Bilddateien im Raw-Format für ein Maximum an Bildqualität zu speichern. Die Watch-App von ProCamera präsentiert sich dabei mächtig und bietet nicht nur einen normalen Fernauslöser, sondern kann auch verzögert und mehrfach auslösen. Außerdem lässt sich über einen separaten Knopf das Livebild der Kamera an die Uhr übertragen.

PCalc Lite

Es gab ja mal Zeiten, da waren Digitaluhren mit integrierten Taschenrechnern der letzte Schrei. Wenn man bedenkt, wie schlimm diese Uhren aussahen und wie schlecht sie zu bedienen waren, kann man sich nur darüber wundern - aber immerhin zeigte es den Bedarf. Heutzutage zieht man sein Telefon aus der Tasche und hat den Taschenrechner immer dabei, doch ist es oft eher umständlich, für jede Berechnung das iPhone herauszuwühlen. Hier kommt die Apple Watch ins Spiel, für die es eine ganze Reihe an Taschenrechnern gibt, neuerdings ja sogar von Apple selbst. PCalc Lite bietet aber mehr als Apples Version, wenn man zu den entsprechenden Seiten blättert, was erstaunlich gut funktioniert. So kann er wichtige Einheiten konvertieren, Konstanten nutzen und Trinkgelder ausrechnen. Auf der Uhr kann kein anderer Rechner mehr.

If This Then That

Wenn Workflow die elegante Lösung ist, die sich prima in die Apple-Welt einfügt, dann ist „If This Then That“ die etablierte

If This Then That von IFTTT ist kostenlos erhältlich.

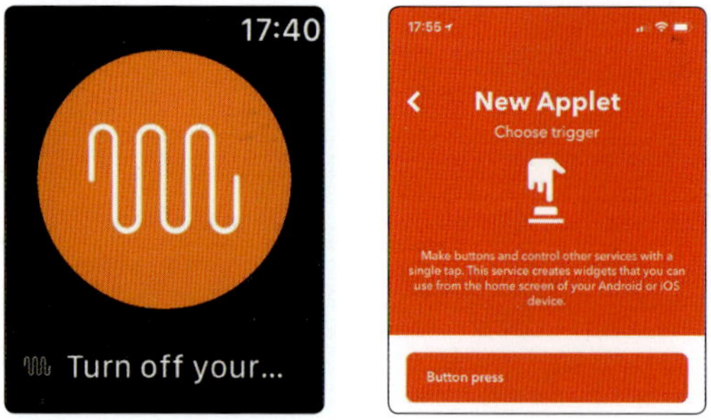

und nochmals mächtigere Lösung. IFTTT arbeitet Internet-basiert und verbindet sich mit allen möglichen Diensten von Mailservern bis hin zu diversen Smart-Home-Diensten. Und nach dem simplen Prinzip „wenn dies passiert, dann mache das“ lässt sich wirklich alles mit allem verknüpfen. Bei IFTTT machen so gut wie alle Firmen mit, die irgendein intelligentes Gerät oder einen brauchbaren Dienst anbieten. Die Motivation ist dabei ziemlich einfach: Unterstützt man IFTTT, kann man behaupten, man habe alles für die Automatisierung getan, denn der Dienst verbindet alles mit jedem und macht so Aktionen möglich, die auf anderen Wegen undenkbar sind. Dafür muss man allerdings IFTTT Zugang zu verschiedenen Diensten erlauben, was nicht jedermanns Sache sein dürfte. Für absolute Sicherheitsfanatiker ist IFTTT eher ungeeignet, aber der Dienst hat sich bislang als sehr vertrauenswürdig erwiesen. Die Apple Watch kann natürlich keine Aktionen entwickeln oder gestalten, sondern nur bei den Aktionen behilflich sein, die durch den Druck auf einen Knopf ausgelöst werden können. Wenn man so will, kann die Apple Watch also nur als eine Art Fernauslöser zum Starten von Aktionen dienen, doch das kann schon sehr praktisch sein.

Keynote von Apple ist kostenlos erhältlich.

Keynote

Natürlich gehört auch Apple selbst zu den Anbietern von Watch-Apps, die vorhandene iOS-Apps ergänzen. Eine davon ist Keynote, Apples recht elegant geratene Version eines Präsentationsprogramms. Keynote legt die Betonung weniger auf die Funktionen als vielmehr aufs Design und gute Gestaltungsmöglichkeiten. Angefangen hat das Programm auf dem Mac, doch längst gibt es Keynote wie die anderen beiden Bestandteile des iWork-Pakets, Pages und Numbers, auch für das iOS. Allerdings gibt es nur für Keynote eine Watch-App. Dabei geht es einzig um das Starten und Steuern der eigentlichen Präsentation, nicht etwa um das Erstellen oder Verändern. Die drei Screenshots erfassen bereits den kompletten Funktionsumfang, was letztlich heißt, dass die Steuerung mit der Apple Watch extrem einfach und intuitiv ist. Und wie hält man eine Präsentation mit dem kleinen iPhone? Ganz einfach: Man nutzt Airplay, ein Apple TV und einen Fernseher oder Beamer als Empfänger.

iCab Mobile

Die Watch-App zum iCab Mobile-Browser blendet sehr übersichtlich auf nur einer Seite die nötigsten Bedienknöpfe zum Navigieren ein. So lässt sich auf dem iPhone selbst die Vollbildansicht nutzen, bei der die Bedienknöpfe reduziert werden. Zusätzlich stehen auch die Lesezeichen, geöffnete Tabs und mehr zur Verfügung. Die App übertrifft Apples Safari-Browser in Sachen Funktionsreichtum bei weitem, was durch die bisweilen sehr praktische Watch-App noch unterstrichen wird.

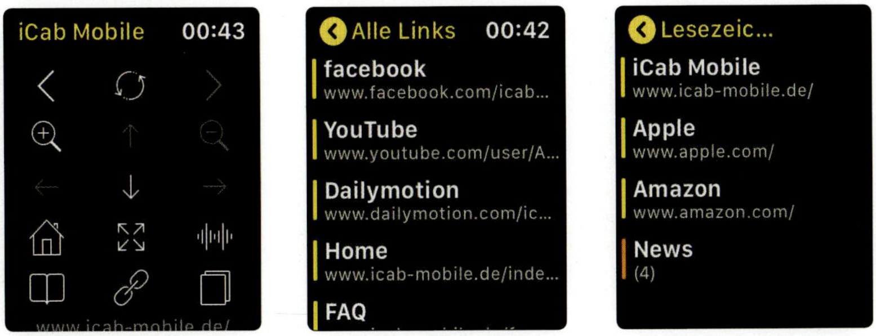

iCab Mobile von Alexander Clauss ist für 2,29 Euro erhältlich.

PowerPoint von Microsoft ist kostenlos erhältlich.

Powerpoint

Microsofts Powerpoint ist gewissermaßen der Urvater der meisten Präsentationsprogramme. Auf iOS-Geräten lassen sich die Office-Apps sogar kostenlos nutzen, wenn man einen simplen Account bei Microsoft bucht. In vielen Firmen ist Microsofts Office-Paket mit seinen zugehörigen Dateiformaten nach wie vor der Standard. Das iPhone ist oft eine gute Möglichkeit, die Präsentation kleinen Gruppen oder per Airplay auch einer größeren Zuschauerschar zu zeigen. Die Watch-App kann im Vergleich zu Keynote etwas mehr, indem sie auch die Zeit zeigt und eine Rücksprungtaste bietet. So lässt sich die Präsentation auch ohne weitergehende technische Hilfsmittel abhalten.

miCal

Einen Terminkalender führen viele Leute und natürlich ist ein Smartphone das richtige Werkzeug dafür. Das iPhone ist hier sehr gut aufgestellt und bietet nicht nur eine eigentlich sehr gute

miCal von der Entwicklungsschmiede kostet 2,29 Euro.

Kalender-App, sondern auch eine Termindatenbank, die das iOS mit anderen Apps teilt und die per iCloud auch auf Macs oder iPads synchronsiert wird. Die Kalender-App und ihr Gegenstück auf der Apple Watch sind vergleichsweise einfach gehalten, dafür aber schick gestaltet. Alternative Apps wie miCal haben es da gar nicht so leicht, eigene Akzente zu setzen, aber dieser App gelingt dies insofern sehr gut, als sie auf ein sehr unprätentiöses, Büro-typisch nüchternes Design setzt, das nicht von der Funktion ablenkt. Die Watch-App zeigt die anstehenden Termine als Liste und ermöglicht es auch, Termine zu verschieben oder ganz zu löschen. Damit kann die App auf der Uhr durchaus eigene Akzente setzen.

Complicate it

Die App Complicate it nutzt den Platz für eine längere Komplikation als eine Art Notizblock: Entweder spricht man nach einem Tipp auf die App beziehungsweise die Komplikation ein paar Worte in die Watch, oder man tippt in der zugehörigen App auf dem iPhone etwas ein, was dann auf dem Uhrendisplay erscheint. Per In-App-Kauf lassen sich noch zufällige oder geplante Mitteilungen hinzufügen. Die kleine App ist zwar nur schlicht, kann aber vor allem als „Knoten im Taschentuch“ ausgesprochen sinnvoll sein, denn den stets auf der Uhr eingeblendeten Spruch kann kann man unmöglich ignorieren.

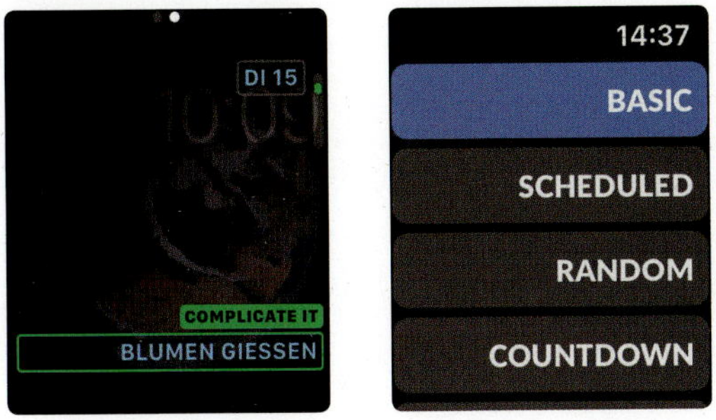

Complicate It von Benjamin Kelsey ist kostenlos erhältlich.

6

Fitness

Für kaum eine Zielgruppe ist die Apple Watch so wertvoll wie für Sportler und Fitness-Begeisterte. Die smarte Uhr protokolliert zusammen mit dem iPhone das Training, misst die Reaktion des Körpers und sorgt mit Musik dafür, dass beim Sport auch der Spaß nicht zu kurz kommt. Dabei richtet sich die Apple Watch nicht nur an Leistungssportler, sondern auch an ganz normale Menschen, die wieder etwas in Schwung kommen wollen. So wird die Apple Watch zum persönlichen Fitness-Coach.

Fitness für jedermann

Um den Jahreswechsel geht es wieder los: Das Frühjahr kommt und der Winterspeck muss weg. So oder so ähnlich sehen die guten Vorsätze bei vielen aus, und wenn dann das Wetter auch endlich wieder mitspielt, motiviert das noch zusätzlich. Mit iPhone und Apple Watch haben Sie starke Partner, um diesen frischen Schwung erfolgreich für sich zu nutzen.

Das Thema Gesundheit hat bei Apple einen hohen Stellenwert, was sich unter anderem auch in vielen nützlichen Funktionen in watchOS 6 niederschlägt. Die Training-App unterstützt viele verschiedene Sportarten und macht es einfach, ein Work-out zu starten. Während Sie sich auf die Bewegung konzentrieren können, übernimmt die Uhr das Protokoll. Sie misst den Puls, zählt Schritte oder Bahnen beim Schwimmen, berechnet Kalorien und vieles mehr. Dazu wird die zurückgelegte Strecke bestimmt. Alle Ergebnisse werden mit dem iPhone abgeglichen. Dabei eignet sich allerdings nicht jede Uhr und jedes iPhone gleich gut. Wer seine Kaufentscheidung noch nicht getroffen hat oder demnächst einen Neukauf plant, sollte ein paar Dinge beachten.

Wir raten zu einer wasserdichten Apple Watch (ab Modell 2). Damit sind Sie beim Sport auf alles vorbereitet und müssen sich auch im Alltag keine Sorgen um die Uhr machen.

Die passende Uhr

Beginnen wir mit der Apple Watch. Wer die Apple Watch beim Sport im Freien einsetzt, regnet auch mal durch. Im Prinzip sind alle Modelle spritzwassergeschützt, sodass es damit kein Problem geben sollte. Wer auf Nummer sicher gehen will, greift zur Apple Watch 2 bis 5, die tatsächlich wasserdicht sind. Für Sportarten auf oder im Wasser sind Letztere dann sowieso Pflicht.

Diese Modelle bieten zusätzlich den Vorteil, dass Sie über einen eigenen GPS-Chip verfügen, um die beim Training zurückgelegte Strecke zu bestimmen. Den Job muss bei den anderen Uhren das gekoppelte iPhone übernehmen. Wer sein Telefon beim Training lieber nicht mitnimmt, sollte also auch mindestens zur Apple Watch 2 greifen. Eine Apple Watch Cellular (ab Series 3) macht sportlich betrachtet vor allem Sinn, wenn Sie auch ohne Telefon noch erreichbar bleiben wollen. Musikstreaming über LTE ist natürlich auch nett, aber eher ein Komfortfeature als wirklich ein Must-have. Wie Sie Musik lokal auf der Uhr speichern, zeigen wir später noch.

Für welches Gehäusematerial Sie sich entscheiden, ist aus sportlicher Sicht Geschmackssache. Wichtiger ist das Armband. Lederarmbändern sollten Sie Schweiß, Staub und Regen besser ersparen. Falls Sie diese im Alltag bevorzugen, kaufen Sie sich lieber ein zusätzliches Sportarmband. Die Gewebearmbänder sind zwar angenehm leicht, verschmutzen aber doch recht schnell. Deutlich robuster sind die Elastomer-Versionen. Wir empfehlen trotzdem eine dunkle Farbe, da auch die Sportarmbänder im Laufe der Zeit sonst unansehnlich werden. Auffällig, aber zweckmäßig, sind die Nike-Sportarmbänder, die auch nicht teurer sind als die normalen. Die Lochung lässt Schweiß besser verdunsten und spart auch noch etwas Gewicht.

Training

Die App Training der Apple Watch ist sehr einfach zu bedienen und unterstützt viele Sportarten. Sie motiviert langfristig, ohne lästig zu werden.

Das richtige iPhone finden

Wer die Apple Watch als Sportuhr nutzt, sollte sie mindestens auf watchOS 4 besser 5 updaten, das gerade für diesen Zweck viele nützliche neue Funktionen mitbringt. Damit scheiden viele ältere iPhones aus. Für die Zusammenarbeit mit watchOS 4 benötigen Sie nämlich mindestens ein iPhone 5s mit iOS 11. Auf diesen

Workshop: Ein schnelles Training mit der Apple Watch

1 Sportart und Ziel auswählen

Zum Start eines Trainings öffnen Sie die App Training. Blättern Sie die Liste senkrecht durch bis zur gewünschten Sportart. Tippen Sie auf die drei Punkte, um optional eine Kalorienzahl, Strecke oder Zeit als Ziel vorzugeben.

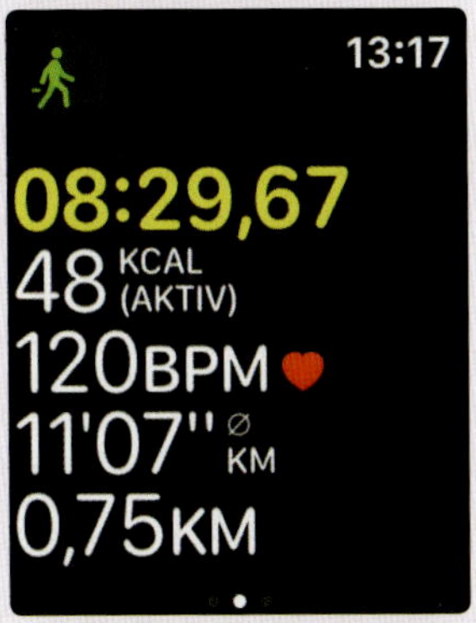

2 Trainingseinheit starten

Tippen Sie nun auf das Display. Nach einem Drei-Sekunden-Countdown startet das Training. Die Uhr zeigt dabei wichtige Daten wie Zeit, verbrauchte Kalorien, Puls und Strecke an. Die Trainingsansicht können Sie in der iOS-App Watch konfigurieren.

3 Trainingsende und Bericht ansehen

Wischen Sie nach rechts, können Sie das Training anhalten und fortsetzen. Mit der Plustaste wechseln Sie die Sportart innerhalb des Workouts. Wischen Sie nach links für den Musikplayer. Am Ende des Trainings erscheint ein Bericht mit den Ergebnissen.

Das kompakte iPhone SE (links) hat viele Fans und ist auch für Sportler eine gute Wahl. Wasserdicht ist das iPhone ab Modell 7 (rechts). Beide unterstützen iOS 13 und damit Uhren mit dem aktuellen watchOS 6.

lässt sich dann auch iOS 12 installieren, womit auch watchOS 5 nichts im Weg steht. Für watchOS 6 muss es dann iOS 13 und damit mindestens ein iPhone SE oder 6s sein.

Für die Modelle iPhone 5s und SE spricht die Größe. Sie sind kompakt und leicht. Bei den meisten Sportarten ist das ein echter Vorteil. Bevorzugen Sie im Alltag ein großes iPhone XR oder 11 beziehungsweise ein Plus- oder Max-Modell, ist die Anschaffung eines gebrauchten kleineren iPhone für den Sport eine gute Idee. Ähnlich verhält es sich mit dem iPhone X(S) und 11 Pro. Die sind zwar nicht so groß und schwer wie eine Plus/Max, doch beim Sport geht es manchmal auch etwas härter zur Sache. Wer Angst hat, das teure iPhone zu beschädigen, lässt es besser zu Hause.

Der nächste wichtige Punkt ist wie bei der Uhr die Wasserdichtigkeit. Regnet man beim Sport durch oder fällt ins Wasser, sind ältere iPhones schnell hinüber. Erst ab dem iPhone 7 sind sie so wasserdicht, dass sie kleine Unfälle dieser Art überstehen. Für Außensportarten sind daher iPhone 7 und 8 die beste Wahl.

Fein raus sind in diesem Zusammenhang die Besitzer einer Apple Watch Cellular. Sie zahlen zwar 100 Euro Aufpreis für die Uhr und noch mal etwa 5 Euro im Monat für die eSIM, sind dafür aber frei in der Auswahl des iPhone, da es beim Sport einfach zu Hause liegen bleiben kann. Sie sind trotzdem erreichbar.

1, 2, 3 und los!

Die passende Kombination aus iPhone und Apple Watch ergibt Ihr perfektes Fitness-Duo. Der größte Pluspunkt daran ist allerdings watchOS. Die Software der Uhr macht die Nutzung beim Sport denkbar einfach. Sie können im Handumdrehen ein Training starten, wobei die gleichnamige App diverse Sportarten unterstützt. Öffnen Sie einfach Training, und wählen Sie aus. Einmal tippen, und schon kann es losgehen. Das Training lässt sich bei Bedarf pausieren und wieder fortsetzen. Am Ende erhalten Sie einen kleinen Bericht, den die Uhr an das iPhone überträgt. In der App Aktivität haben Sie später auf dem iPhone die Möglichkeit, jedes Training noch einmal anzusehen. Dazu gehören neben den klassischen Trainingsdaten, wie Puls, Strecke, Geschwindigkeit und Ähnlichem, auch Datum und Uhrzeit, eine Karte mit der Route oder das Wetter während des Trainings.

Überall trainieren

Egal ob es nun die ewigen Vorsätze fürs neue Jahr sind oder andere Gründe, die Sie motivieren, sich wieder etwas mehr mit der eigenen Fitness zu beschäftigen. Die hier vorgestellten Apps helfen Ihnen dabei, etwas für die Gesundheit zu tun. Dabei trainieren Sie einfach zu Hause oder wo immer Sie wollen. So entfällt der teure Vertrag im Fitnessstudio und, was für viele wahrscheinlich noch schwerer wiegt, die Notwendigkeit, sich aufzuraffen und auf den Weg dorthin zu machen. So können Sie sich auch auf die Außensaison und die wärmeren Tage des Frühlings vorbereiten.

Der Schlüssel zum Erfolgt sind kurze Trainingseinheiten, die ohne spezielle Gerätschaften auskommen. Allenfalls ein Stuhl, eine Wand oder eine Bettkante oder Ähnliches sind ab und an als

Die App Seven von Perigee

Hilfsmittel nötig - also Dinge, die sich wirklich in jedem Haushalt finden lassen. Trainiert wird nicht mit schwerem Eisen und Hightech-Geräten, sondern in einfachen Übungen mit dem Gewicht des eigenen Körpers. Das spart nicht nur Geld, sondern vor allem auch viel Zeit. Das Training lässt sich ohne große Probleme in jeden Alltag einbauen, was die Chance, dass Sie auch nach dem ersten Motivationsschub noch länger dabeibleiben und damit langfristig vom Training profitieren, drastisch erhöht. Als Unterstützung zum reinen Training stellen wir mit Lifesum auch noch einen Ernährungsberater und Kalorienzähler vor, der Ihnen ebenfalls beim Erreichen Ihrer Ziele hilft.

Seven - 7 Minuten Training

Die erste App hat ihren Namen vom sogenannten „7 Minuten Training“ - einer wissenschaftlich belegten Trainingsmethode, die einen maximalen Effekt bei möglichst geringem Zeitaufwand erreichen soll. Sieben Minuten tägliches Training mit diversen kurzen Übungen sollen den optimalen Fitnesseffekt haben.

Die App 7-Minuten-Trainingseinheit von Fitness Guide

Seven bietet viele Übungen an, die es auch gut erklärt und mit einer animierten, drehbaren Figur vorführt. Das erlaubt Ihnen zum Beispiel, die Haltung bei unbekannten Übungen zu kontrollieren, um Fehler zu vermeiden. Sie können die Stimme des Trainers verändern, sich von einem Army Sergeant ordentlich antreiben lassen. Über ein Abomodell können Sie Trainingspläne zum Abnehmen oder zur Stärkung der Gesundheit nutzen. Außerdem stehen Spezialtrainings als In-App-Kauf zur Verfügung.

7-Minuten-Trainingseinheit

Auch diese App bietet den einfachen Einstieg in das 7-Minuten-Training. Zwölf ausgewählte Übungen werden jeweils 30 Sekunden lang ausgeführt. So wird kurz, aber mit hoher Intensität trainiert. Die Übungen werden anhand von Fotos oder einer animierten Figur gezeigt. Ein Trainingskalender und verschiedene Protokollfunktionen sorgen dafür, dass Sie Fortschritte im Blick behalten. Dazu gehört auch die Verfolgung Ihres Gewichts. Die Optik der App ist etwas einfacher und nüchterner als in Seven, dadurch ist auch der Spaßfaktor niedriger. Wiederum andere Apps bietet einen deutlich größeren Umfang. Einige Anwender werden die Beschränkung aufs Wesentliche aber vielleicht als Vorteil ansehen. Es ist generell eine sehr persönliche Entscheidung, welche App man vorzieht. Auch für hier sind optional Bonus-Workouts erhältlich.

Adidas Training

Die App, ehemals Runtastic Results, soll Sie mit einem umfassenden Programm zum Ziel führen. Um das zu erreichen, beschränkt sich die App nicht auf den Trainingsbereich, sondern bezieht auch die Nahrung mit ein. Ein Ernährungs-Guide hilft dabei, Körperfett zu reduzieren und Muskeln aufzubauen. Dazu steht ein umfangreiches Trainingsangebot zur Verfügung, das die App optisch sehr ansprechend präsentiert. Die Übungen werden von echten Trainern in Bild und Video vorgeführt. Die Basisversion bringt einige Übungen zum Ausprobieren mit. Wer richtig einsteigen will, kommt aber um das Abo für 9,99 Euro im Monat

Die App Runtastic Results Bodyweight von Runtastic

(oder rund 60 Euro pro Jahr) nicht herum. Viel Abwechslung und das Teilen von Ergebnissen mit Freunden sorgen für anhaltende Motivation. Die App unterstützt Apple Health.

Lifesum

Geht es um Fitness, spielt natürlich auch die Ernährung eine wichtige Rolle. Die App Lifesum ist ein umfangreicher Ernährungsberater und Kalorienzähler, der Ihnen dabei hilft, Ihre Ziele zu erreichen, sei es Erfolg beim Training, Muskelaufbau, Verbesserung der Gesundheit oder auch Gewichtsabnahme. Sie erhalten Empfehlungen für die tägliche Kalorienaufnahme und die dazu passenden Lebensmittel. Sehr hilfreich ist die App für die Apple Watch, die das Überwachen der eigenen Ernährung erleichtert. Sie bietet zum Beispiel einen praktischen Wasserglaszähler und zeigt den aktuellen Status des Tages. Lifesum ist in der Basisversion kostenlos, sodass Sie die App kennenlernen können. Langfristig erfordert eine sinnvolle Nutzung das Premium-Abo, das 9,99 Euro pro Monat oder rund 45 Euro pro Jahr kostet.

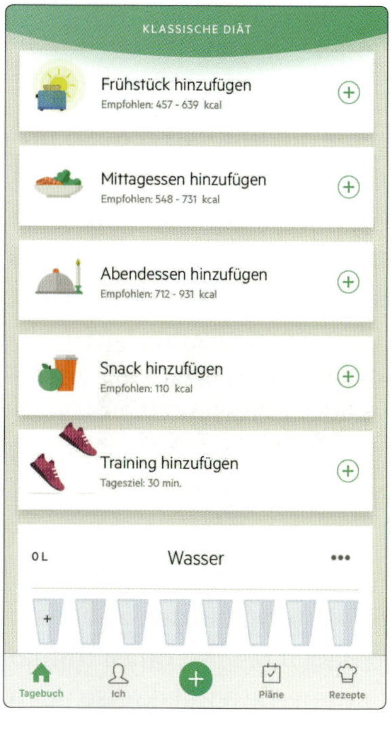

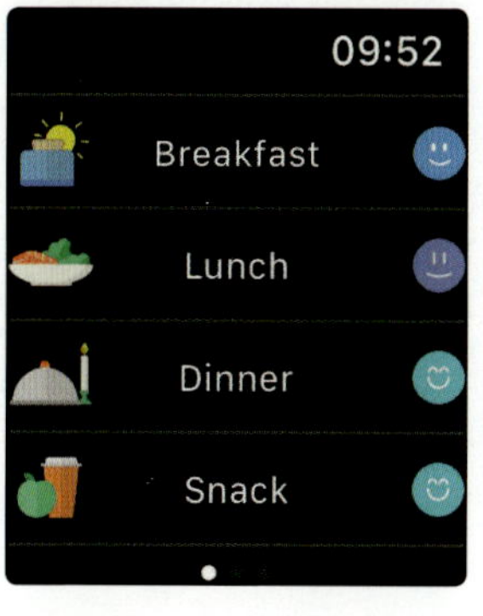

Die App Lifesum von Lifesum AB

Fit bleiben mit der Apple Watch

Die Apple Watch unterstützt zwar auch Leistungssportler, aber darum geht es uns hier nicht. iPhone und Apple Watch bilden ein tolles Fitness-Team für jedermann. Die Apple Watch protokolliert Ihre Aktivitäten im Alltag und motiviert Sie, sich mehr zu bewegen. Der Blick auf die berühmten bunten Ringe der Aktivitätsanzeige führt langsam aber sicher zu mehr Gesundheitsbewusstsein. In watchOS 6 ist dafür mit den Aktivitätstrends eine spannende neue Funktionen hinzugekommen.

Die Apple Watch fordert Sie auf, sich stündlich zu bewegen, um sitzende Tätigkeiten zu unterbrechen, oder protokolliert Ihren Kalorienverbrauch und die Dauer von Trainingsphasen. Letztere sind einfach Zeiten höherer Aktivität, die die Uhr durch Bewegungs- und Pulsdaten erkennt. Sie bekommen Ihre Trainingszeiten also auch im Alltag zusammen, indem Sie zu Fuß zum Einkaufen gehen, statt das Auto zu nehmen. Natürlich können Sie mit der Apple Watch auch echte Trainings erfassen, wie Laufen, Radfahren oder Schwimmen. In watchOS 5 sind noch Wandern und Yoga hinzugekommen und einige zusätzliche Messwerte für Läufer.

Das Fitness-Team für Ihre Gesundheit

Die App Aktivität auf der Uhr treibt Sie an, und das iPhone protokolliert dauerhaft. Es nimmt aber auch selbst Messdaten auf, merkt sich, wie viele Stockwerke Sie am Tag hinter sich gebracht haben, oder misst Trainingsstrecken mit GPS, wenn Ihr Watch-Modell das nicht kann. Die Uhr verfügt nämlich erst ab der Series 2 über einen eigenen GPS-Chip.

Mit der App Training auf der Watch lässt sich wiederum einfach eine Trainingseinheit starten und vermessen, samt Pulsschlag – den erkennt nämlich das iPhone nicht. Die beiden Geräte bilden ein tolles Fitness-Team.

Wie weit Sie mit Ihren täglichen Bewegungszielen sind, zeigt die Uhr nicht nur in der App Aktivität, sondern auch in speziellen Zifferblättern, die den aktuellen Status ständig anzeigen. So haben Sie ihn quasi immer vor Augen. Es gibt die bekannten Aktivitätskreise auch

Fitness für alle

Sie müssen kein großer Sportler sein, um von der Apple Watch zu profitieren. Fitness für alle beginnt im Alltag. Genau da setzen Uhr und watchOS an. Als ständiger Begleiter bringen sie Sie einfach dazu, sich etwas gesünder zu verhalten.

Workshop: Langfristige Aktivitätstrends auf dem iPhone kontrollieren

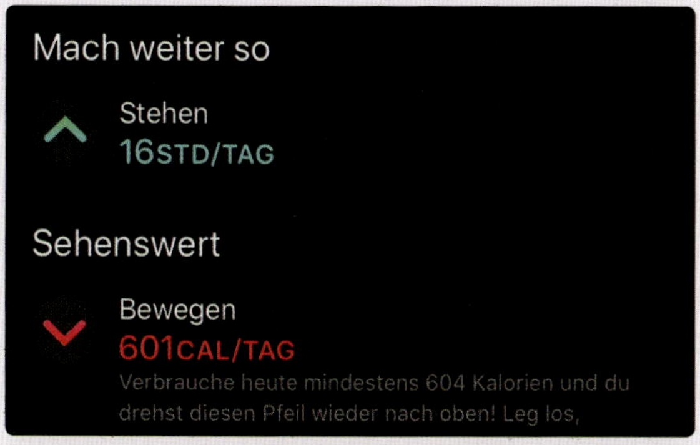

1 Langfristige Trends anzeigen

Öffnen Sie auf einem iPhone mit iOS 13 in der App Aktivität den Bereich „Trends", um die langfristige Entwicklung Ihrer Aktivitäten zu kontrollieren. Zeigt der Pfeil nach oben, liegen Sie über dem 90-Tage-Durchschnitt, zeigt er nach unten, darunter.

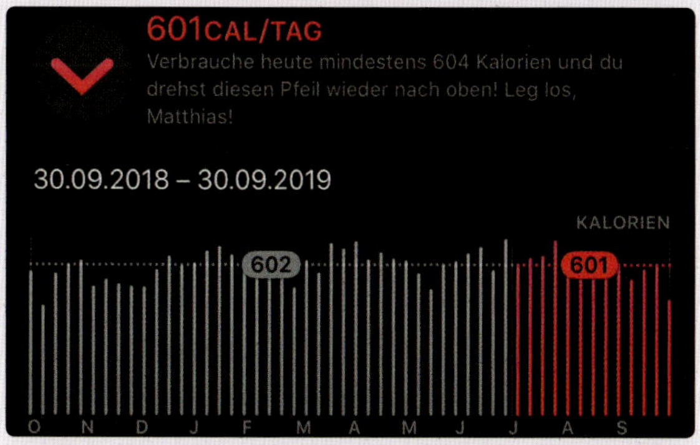

2 Zurückliegende Messwerte sehen

Wählen Sie einen Aktivitätsbereich für Details. Sie sehen nun die Messwerte eines Jahres, wobei die App den Schnitt der letzten drei Monate mit der Zeit davor vergleicht. Dazu erhalten Sie einen Tipp, wie Sie einen negativen Trend umkehren können.

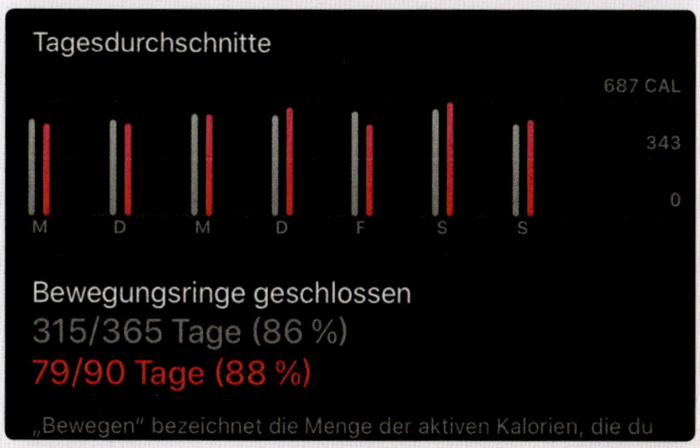

3 Gute und schlechte Tage finden

Außerdem vergleicht die App die Durchschnitte der Wochentage und gibt bei den drei klassischen Aktivitätsangaben - Stehen, Bewegen und Trainieren - an, wie oft Sie das zugehörige Ziel in den letzten 365 beziehungsweise 90 Tagen erreicht haben.

Gesundheit zählt

Die iOS-App Health sammelt alle möglichen Gesundheitsdaten. Sie kann die Messwerte von Apple Watch und iPhone übernehmen, vom Stockwerkezählen des iPhone über Trainingseinheiten mit der Apple Watch bis zur Schlafanalyse.

als Komplikation, um Ihre Ziele auf fast allen Zifferblättern verfolgen zu können. Aktivität sorgt dafür, dass Sie am Ball bleiben, und lobt Sie für Erfolge.

Motivationstrainer Aktivität

Die aktuellen Fortschritte lassen sich mit Freunden teilen. Sich gemeinsame Ziele zu setzen oder Trainingserfolge digital auszutauschen hilft, den inneren Schweinehund zu überwinden. Schließlich will man ja nicht gegenüber den anderen zurückstehen, die ihren Zielen näher kommen. Die Verknüpfung muss nur einmal mit dem iPhone hergestellt werden, danach übernimmt wieder die Apple Watch die Regie. Ab watchOS 5 können Sie andere zu einem Wettstreit herausfordern. Der dauert eine Woche und am Ende gewinnt, wer mehr Aktivitätspunkte gesammelt hat - eine clevere Motivationshilfe. Beide Teilnehmer müssen mindestens watchOS 5 nutzen. Das einfache Teilen von Ergebnissen funktioniert dagegen auch weiterhin mit Freunden, die noch eine ältere Apple Watch mit watchOS 4 haben.

Aktivität: Die Apple Watch erfasst Ihre Daten über den Tag, das iPhone zeigt dazu die langfristige Übersicht.

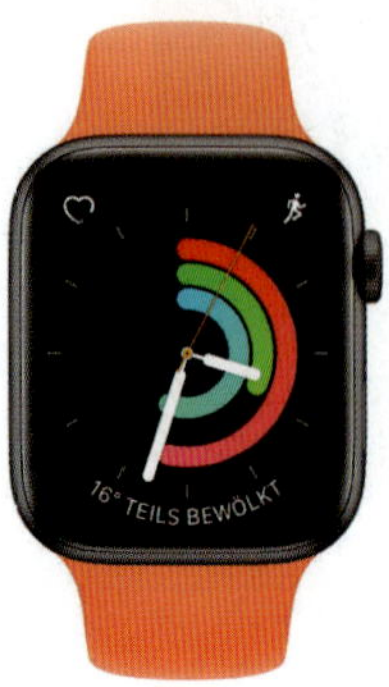

Archiv der Ergebnisse

Wer Aktivität regelmäßig nutzt, will sich auch mal die Ergebnisse über einen längeren Zeitraum ansehen. Während die Watch in Ihrer Aktivität-App nur Tagesergebnisse und eine einfache Übersicht der laufenden Woche bietet, füttert das iPhone einen richtigen Trainingskalender. Der ist auf dem größeren Bildschirm nicht nur übersichtlicher, sondern reicht auch in der Zeit bis zum Start der Nutzung der App zurück.

Auch die bereits verdienten Auszeichnungen kann man hier übersichtlich zusammengefasst im gleichnamigen Bereich der App sehen.

Workshop: Check der Aktivitätsdaten auf der Apple Watch

1 Aktueller Status Ihrer Aktivitäten

Aktivität erfasst Kalorienverbrauch, Trainingsdauer und stündliches Aufstehen. Nach dem Start zeigt die App ihr Markenzeichen, die drei farbigen Ringe. Für erreichte Ziele wird man prompt per Mitteilung von der App gelobt.

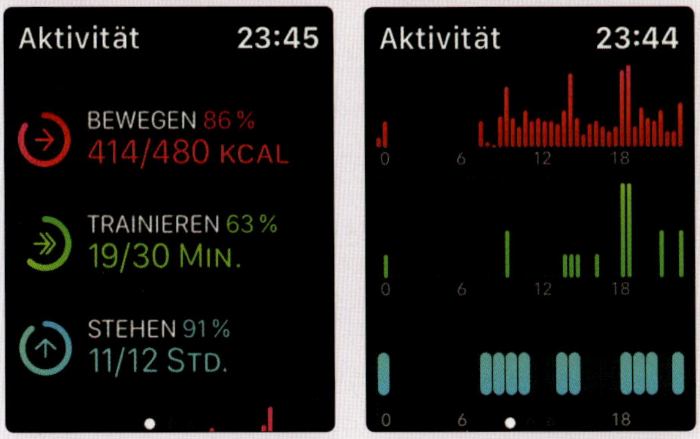

2 Tagesergebnisse im Detail

Wischen Sie auf dem Bildschirm der Watch nach oben, erhalten Sie detailliertere Informationen des Tages in Zahlen und noch weiter unten die Ergebnisse als einfache Grafik im Tagesverlauf.

3 Wochenübersicht und Bewegungsziel

Per Force Touch können Sie eine Wochenübersicht aufrufen oder Ihre Ziele ändern. Erreichen Sie die über längere Zeit nicht, schlägt die App Ihnen automatisch das Setzen weniger ambitionierter Ziele vor.

Workshop: Aktivitäten teilen und neuen Wettbewerb starten

1 Aktivitätsfreigabe starten

Um Ihre Ergebnisse mit anderen zu teilen, öffnen Sie Aktivität auf dem iPhone. Wechseln Sie in den Bereich „Teilen" und tippen Sie auf „Beginnen". Sie sehen hier später alle Kontakte, mit denen Sie Aktivitäten teilen.

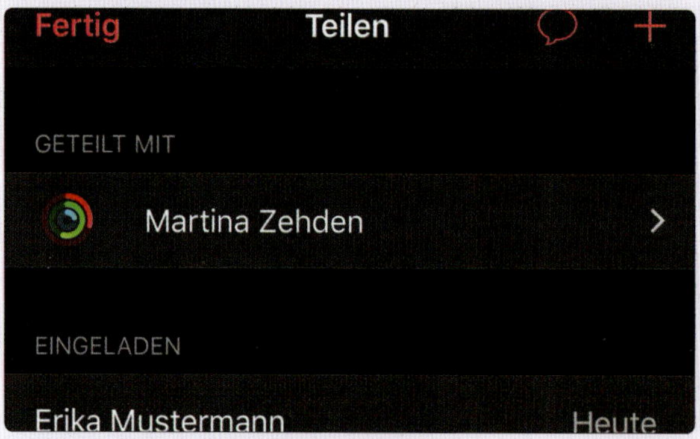

2 Kontakt zum Teilen einladen

Um einen neuen Partner hinzuzufügen, tippen Sie oben auf das Pluszeichen. Wählen Sie einen Kontaktvorschlag oder geben Sie eine Mailadresse ein. Der Kontakt wird dann zunächst als „Eingeladen" aufgeführt.

3 Einladung von Aktivität annehmen

Der Empfänger erhält eine Mitteilung und muss dann, falls noch nicht geschehen, das Teilen von Aktivitäten auf dem iPhone aktivieren. Dort kann er dann ebenfalls im Bereich „Teilen" Ihre Einladung annehmen.

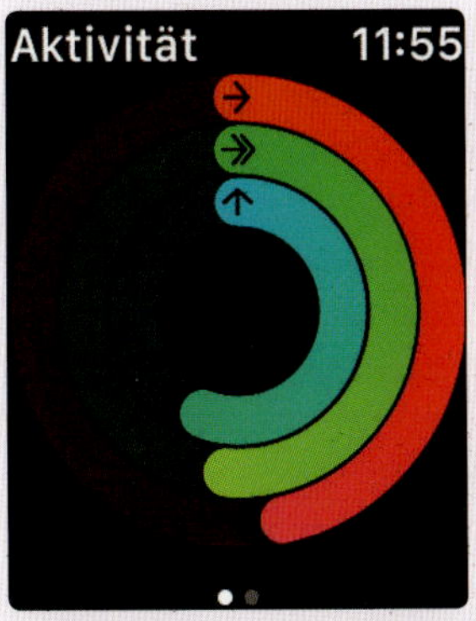

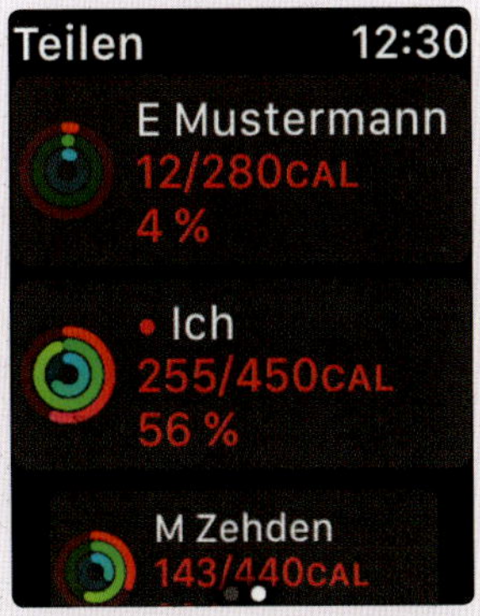

4 Aktuelle Daten auf der Watch ansehen

Öffnen Sie Aktivität auf der Apple Watch, sehen Sie Ihre aktuellen Werte in Form der Ringe. Wischen Sie nach links, um eine Liste der Partner zu sehen, mit denen Sie die Ergebnisse von Aktivität bereits teilen.

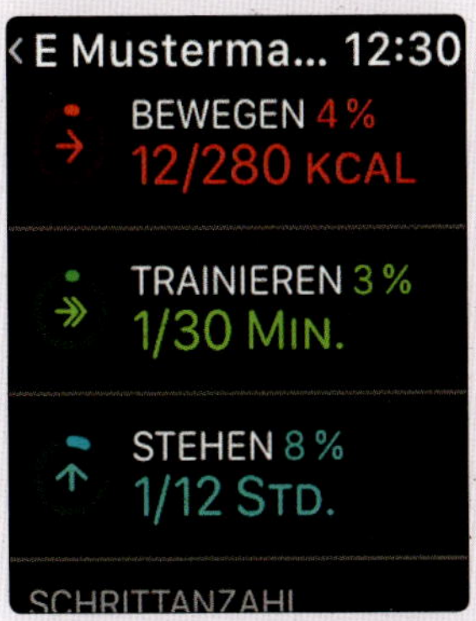

5 Neuen Wettbewerb starten

Tippen Sie in der Liste auf einen Partner, so sehen Sie dessen Daten für den laufenden Tag. Blättern Sie weiter nach unten, können Sie ihn mit „Wettbewerb“ zu einem persönlichen Wochenwettkampf herausfordern.

6 Stand des Wettbewerbs prüfen

Sie sehen den Status Ihrer Wettkämpfe oben im Teilen-Bildschirm. Der Wettbewerb beginnt am nächsten Tag und dauert eine Woche. Die Aktivitätswerte werden während des Wettbewerbs automatisch aktualisiert.

Workshop: Übersicht und Archiv der Aktivitäten auf dem iPhone

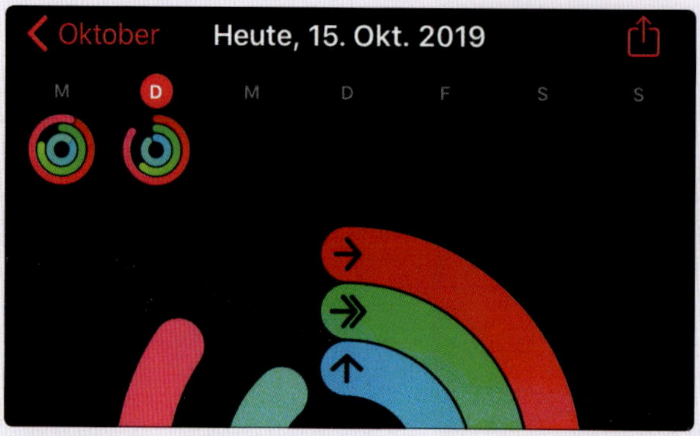

1 Tag der laufenden Woche auswählen

Auf dem iPhone hat Aktivität mehr Platz. Über den bekannten Ringen sehen Sie die Tage der laufenden Woche. Hier können Sie einfach einen anderen Tag antippen, um dessen Ergebnisse zu sehen.

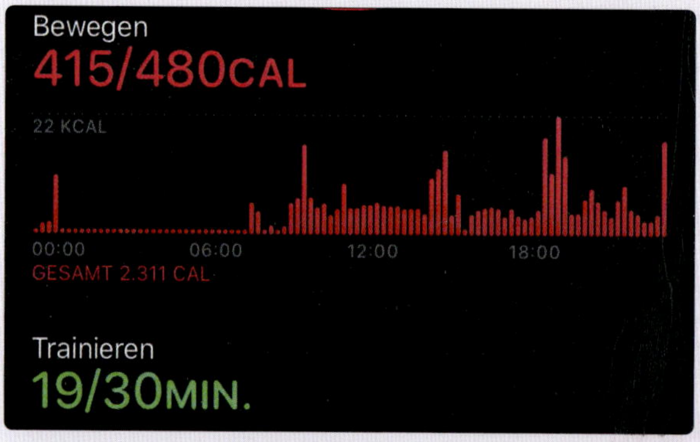

2 Details eines Tages ansehen

Blättern Sie in der Tagesansicht weiter nach unten für genaue Zahlen und die schon von der Uhr bekannten Histogramme der drei Werte im Tagesverlauf. Auf dem iPhone kann man allerdings deutlich mehr erkennen.

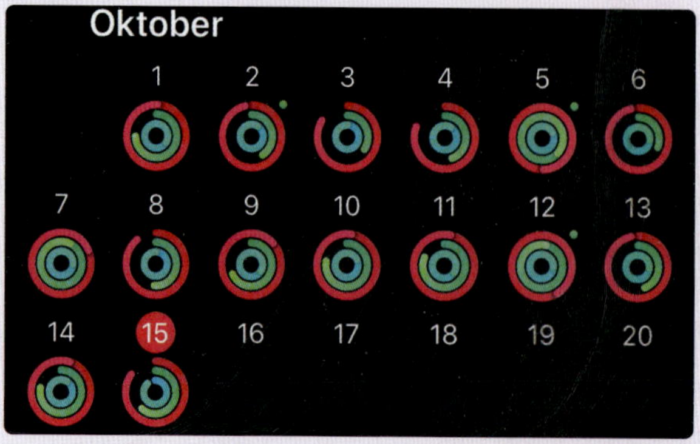

3 Gesammelte Aktivitätsergebnisse

Tippen Sie auf der Startseite auf den Monat, um zur Kalenderansicht zu gelangen. Hier können Sie die erreichten Ringe für den ganzen Monat sehen. Der Kalender reicht bis zum Start Ihrer Aufzeichnungen zurück.

4 Berichte über fertige Trainings

Wechseln Sie zum Bereich „Trainings“, erhalten Sie eine Liste Ihrer Trainingseinheiten mit Art, Umfang und Datum. Tippen Sie auf einen Eintrag für weitere Angaben wie Durchschnittstempo oder -puls, gelaufene Route und noch vieles mehr.

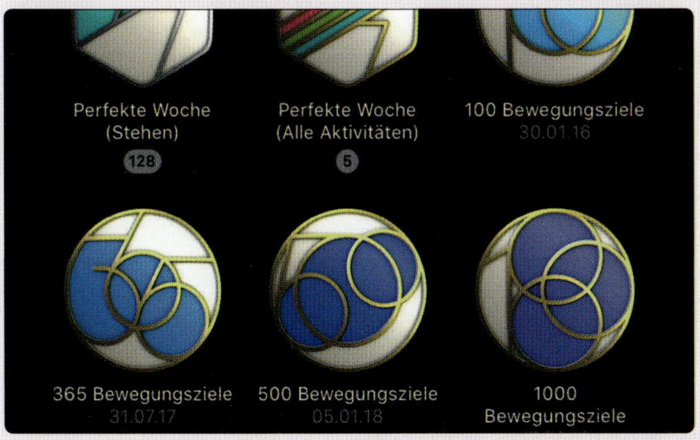

5 Ihr persönlicher Medaillenspiegel

Im Bereich „Auszeichnungen“ sammelt Aktivität Ihre Verdienste, zum Beispiel für das erste Training in einer neuen Trainingsart, neue Rekorde oder das regelmäßiges Erreichen Ihrer täglichen Ziele.

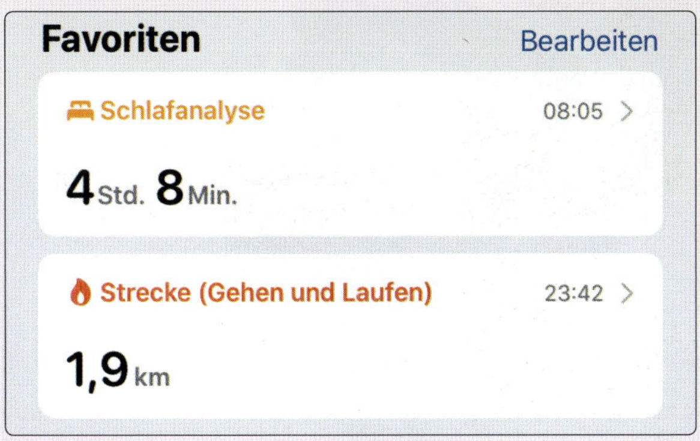

6 Health-App auf dem iPhone öffnen

Die Ergebnisse der Apple Watch landen in der Health-App von iOS, wenn Apps und Geräte damit verknüpft werden. Hier finden Sie eine Tagesübersicht mit noch deutlich mehr Informationen.

Mit Musik geht alles besser

Mit Musik macht Sport mehr Spaß und ist auch effektiver. Richtig ausgewählte Musik treibt Sie an und hilft über kleine Motivationstiefs hinweg, damit der innere Schweinehund nicht die Oberhand gewinnt. Zu einem bequemen und am besten wetterfesten Sportkopfhörer gehört der passende Player. Hier hat die Apple Watch viel zu bieten. Die Cellular-Modelle locken mit LTE und allgegenwärtigem Zugriff auf Apple Music und Internet - auch ohne iPhone an der Seite. Da sich die Musik aber auch schon vorab auf die Uhr übertragen lässt, sollte man sich die Investition in ein Cellular-Modell und die nötige eSIM gut überlegen. Oft reicht einfach das günstigere GPS-Modell der Apple Watch, wenn man sich etwas vorbereitet.

Drahtlose Ausgabe

Ein Bluetooth-Kopfhörer ist unterwegs Pflicht, da die Apple Watch weder einen Audioausgang noch musiktaugliche Lautsprecher hat. Der Bluetooth-Kopfhörer muss einmal manuell an der Uhr angemeldet werden („pairing“), damit die Geräte ihre

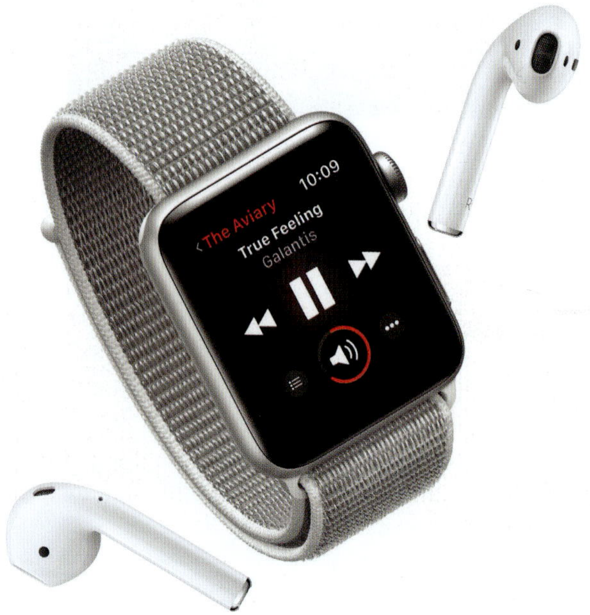

Mit den weißen AirPods (ab 179 Euro) hat Apple den Standard für moderne Bluetooth-Ohrhörer an iPhone und Apple Watch hoch gesetzt. Doch es gibt bessere und vor allem auch günstigere Modelle. Beim Sport kommt es in erster Linie auf perfekten Sitz an. Da hilft nur ausprobieren.

Workshop: Neue Wiedergabeliste für das Training erstellen

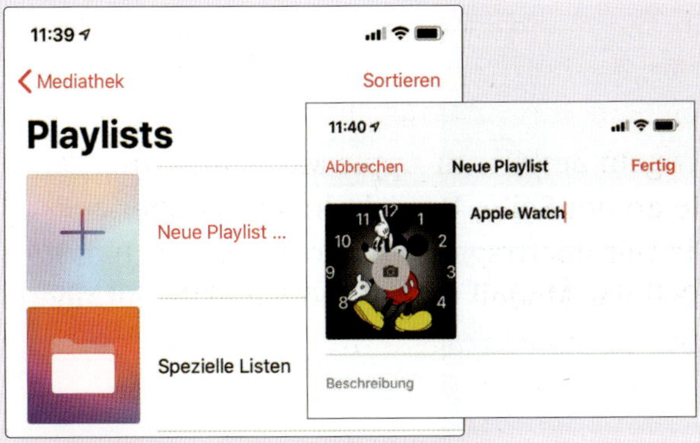

1 Wiedergabeliste auf dem iPhone anlegen

Zum Erstellen einer Playlist öffnen Sie auf dem iPhone die App Musik. Wählen Sie in der Mediathek „Playlists > Neue Playlist". Geben Sie der Liste einen Namen, und fügen Sie die gewünschten Titel hinzu. Optional können Sie noch ein Titelbild hinzufügen.

2 Liste in der Watch-App auswählen

Anschließend öffnen Sie auf dem iPhone die Watch-App und darin den Bereich „Meine Uhr > Musik". Tippen Sie unten auf „Musik hinzufügen", und wählen Sie unter „Playlists" die gerade erstellte Liste aus. Tippen Sie dann neben dem Titelbild auf die Plustaste.

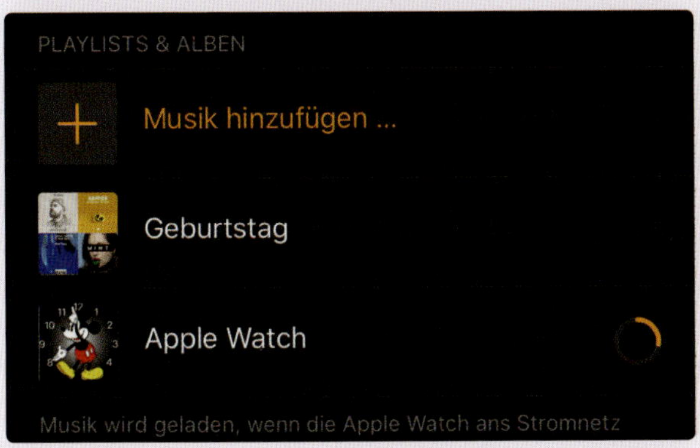

3 Liste auf die Apple Watch übertragen

Die Übertragung auf die Uhr startet, sobald Sie sie an das Ladegeräte anschließen. Es erscheint oben ein Statusbalken, an der Liste ein Kreis. Sie brauchen Geduld, denn die Übertragung ist langsam. Der Vorgang kann bei sehr großen Listen Stunden dauern.

Workshop: So hören Sie mit Apple Watch und Kopfhörer Musik beim Sport

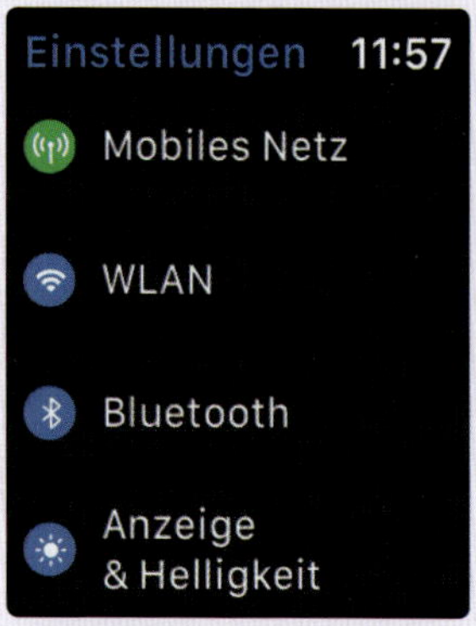

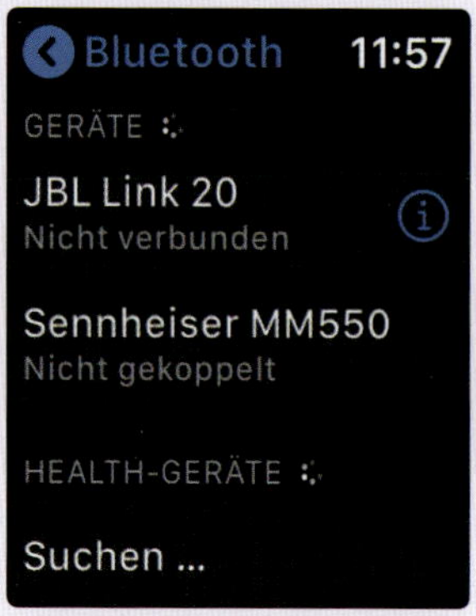

1 Kopfhörer per Bluetooth verbinden

Damit die Apple Watch allein Musik wiedergeben kann, verbinden Sie sie mit einem Bluetooth-Kopfhörer. Machen Sie Letzteren bereit zum Pairing. Dann öffnen Sie auf der Uhr die App Einstellungen und darin Bluetooth.

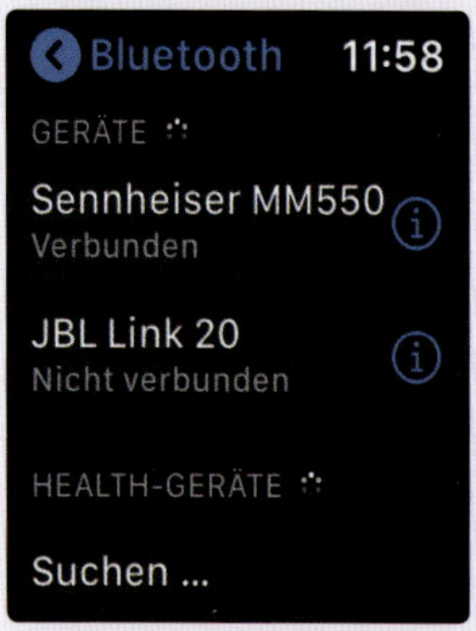

2 Geräte verwalten auf der Uhr

Die Uhr zeigt nun alle Geräte in Reichweite an. Tippen Sie auf den Namen des Kopfhörers. Hat alles geklappt, ändert sich sein Status in „Verbunden“. Tippen Sie auf das „i“, dann auf „Gerät ignorieren“, um die Verbindungsdaten wieder zu löschen.

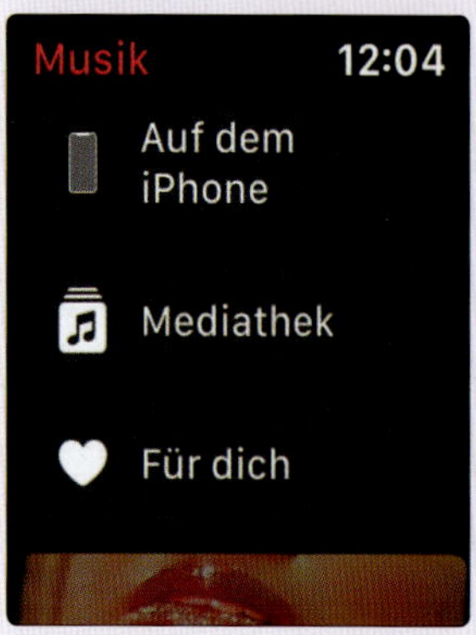

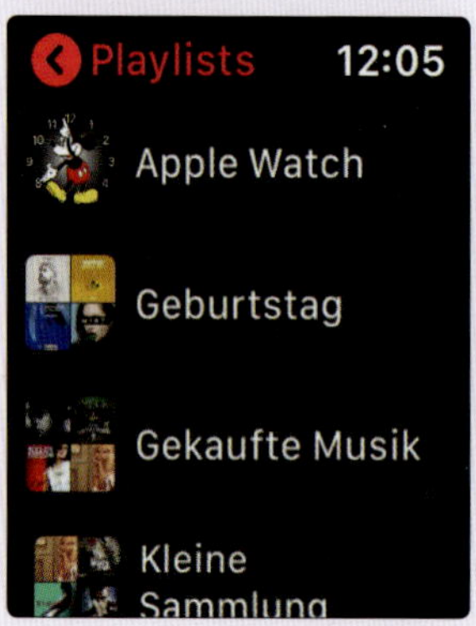

3 Wiedergabeliste abspielen

Öffnen Sie nun die App Musik. Um die Wiedergabeliste abzuspielen, tippen Sie auf „Mediathek“ und dann auf „Playlists“. Wählen Sie die Liste aus. Mit der Starttaste beginnen Sie die Wiedergabe von vorn, mit den gekreuzten Pfeilen in zufälliger Reihenfolge.

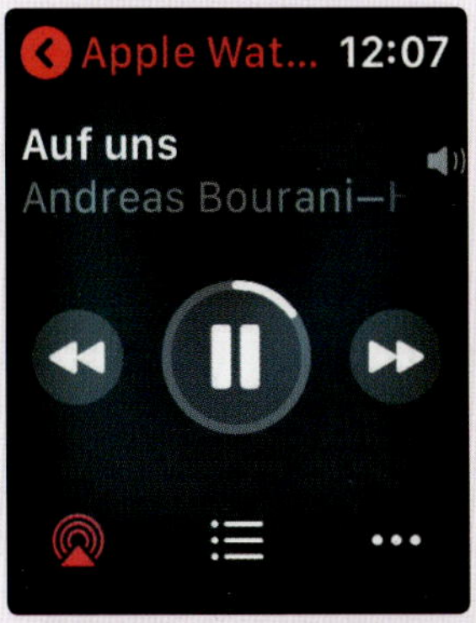

4 Wiedergabe auf der Uhr steuern

Der Player bietet eine Taste für Play/Pause. Mit den Doppelpfeilen springen Sie titelweise, drehen der Krone ändert die Lautstärke. Die Taste mit den drei Linien zeigt die Liste. Hier können Sie einen Titel wählen sowie zufällige oder endlose Wiedergabe.

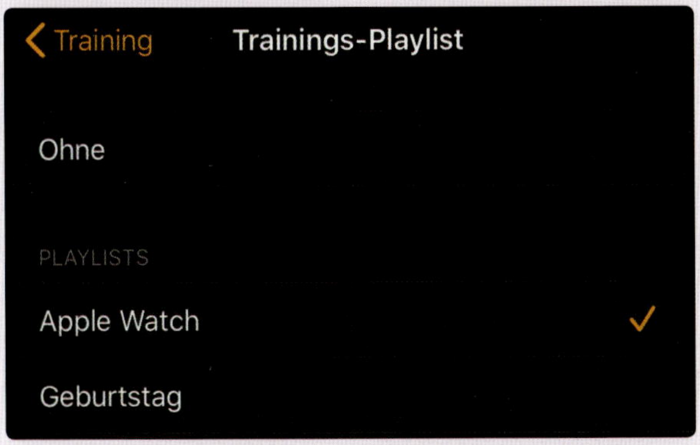

5 Trainings-Playlist festlegen

Damit die Musik automatisch mit dem Training startet, öffnen Sie in der iPhone-App Watch „Meine Uhr > Training“. Tippen Sie auf „Trainings-Playlist“ und dann auf die Liste. Danach können Sie noch zwischen Start am Anfang und zufälliger Wiedergabe wählen.

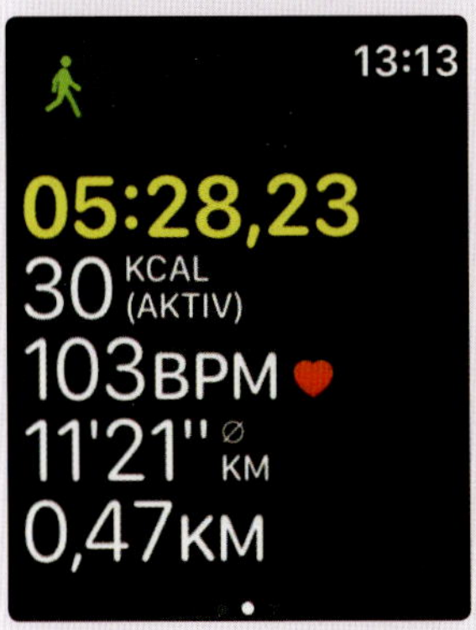

6 Player beim Training aufrufen

Während ein Training läuft, können Sie auf der Uhr direkt den Musikplayer aufrufen, ohne die App Training zu verlassen. Wischen Sie einfach nach links, schon können Sie zum Beispiel einen Titel überspringen oder mit der Krone die Lautstärke ändern.

Verbindungsdaten austauschen können. Anschließend reicht es, den Kopfhörer in der Nähe der Apple Watch einzuschalten, damit sich beide selbsttätig verbinden. Kennt die Uhr mehrere Kopfhörer, können Sie übrigens im Musikplayer über das AirPlay-Menü das Zielgerät wechseln.

Musik lokal speichern

Mit Kopfhörer kann die Apple Watch Musik ausgeben. Bleibt noch die Frage, wo sie herkommt. Für den Sport kann man gewöhnlich auf eine riesige Musikauswahl verzichten, man braucht eher ein überschaubares Set handverlesener Titel, die einen wirklich motivieren. Die lassen sich dann lokal auf der Uhr speichern, sodass man auch bei längeren Läufen nicht auf eine Internetverbindung oder ein mitgeschlepptes iPhone angewiesen ist. Am einfachsten ist die Übertragung, wenn man sich eine Playlist für den Sport anlegt und diese mit der Uhr synchronisiert. So ist die Liste immer auf dem neuesten Stand und jederzeit verfügbar.

Wer eine Apple Watch Cellular besitzt, kann den Inhalt einer Liste auch unterwegs via LTE streamen statt sie dauerhaft auf der Uhr zu speichern. Praktische Vorteile bringt das aber kaum. Wer die Liste oft stark verändert, spart allerdings die häufige Synchronisierung über Bluetooth, die ziemlich nervig, weil langwierig ist. Ansonsten hat die LTE-Nutzung beim Sport eher Nachteile, da sie den Stromverbrauch noch weiter erhöht, der durch die Nutzung von Pulsmesser und GPS im Trainingsmodus eh schon hoch ist. Und zum entspannten Blättern in der Apple-Music-Mediathek hat man beim Sport eh keine Zeit.

Speicherplatz

Bis watchOS 3 ließ sich der lokal für Musik reservierte Speicherplatz noch in den Musik-Einstellungen der iOS-App Watch auf Werte zwischen 100 MB und 2 GB begrenzen. Ab watchOS 4 verwaltet die Uhr den Platz selbst, vermutlich um der Cellular-Version, die über 16 oder 32 statt 8 GB Speicherkapazität verfügt, mehr Spielraum zu lassen.

Kleine Extras für Sportler

Im Lauf der Zeit hat Apple die Verbindung von Training-App und Musikplayer verbessert. Zum einen können Sie eine Playlist definieren, die beim Start eines Trainings automatisch gestartet wird. Das ist ausgesprochen praktisch, da Sie einfach loslegen können, ohne erst noch die Liste auswählen und starten zu müssen.

Der zweite Punkt betrifft den Player selbst. Er lässt sich inzwischen direkt aus der App Training aufrufen, ohne den Umweg über die Musik-App. So haben Sie die Musikausgabe auch während des Trainings immer im Griff, um zum nächsten Titel zu springen oder die Lautstärke zu ändern

Mehr Apps für Ihre Fitness

Mit ein bisschen Fitness nimmt man nicht unerheblichen Einfluss auf die eigene Gesundheit. Das gilt nicht nur zum Jahreswechsel, wenn die „guten Vorsätze“ gefasst werden, oder im Frühjahr, wenn die Tage wieder länger werden und steigende Temperaturen längere Aktivitäten an der frischen Luft möglich machen. Die minimalen Anforderungen der Weltgesundheitsorganisation (WHO) lassen sich eigentlich bequem in jeden Tagesablauf integrieren. Und eine Smartwatch wie die Apple Watch hilft dabei, die nötigen Impulse zu geben.

Geht es nach der WHO, kann ein tägliches Bewegungsziel von 30 Minuten bereits vollkommen ausreichend sein. Zudem sind sitzende Tätigkeiten regelmäßig zu unterbrechen, damit der Kreislauf in Schwung kommt.

Bei der Gestaltung der Apple Watch und der Entwicklung der Aktivitätsringe orientiert sich Apple an diesen Vorgaben für die Fitness und die Gesundheit. Apple sucht so die Nähe zum Kunden - und bekommt sie auch: Die Apple Watch erkennt Herzrhythmusstörungen mit einer 97-prozentigen Genauigkeit. Schnarcher werden zu 90 Prozent identifiziert. Bluthochdruck und Diabetes immerhin noch zu über 80 Prozent. Dies sind Ergebnisse der „Framingham Herzstudie“ der Universität Boston und von Forschungen der „University of California San Francisco“ (UCSF), die Anfang 2018 bei der Fachmesse der „Association for the Advancement of Artificial Intelligence“ - kurz: AAAI-18 - zum Thema Künstliche Intelligenz präsentiert wurden.

Mit Apple Watch und iPhone verbessert Apple das Gesundheitswesen

Die größte Herausforderung für die medizinische Forschung ist es, Studienteilnehmer zu finden. Dank iPhone und Apple Watch wird es jedoch einfacher, aussagekräftige medizinische Forschung zu betreiben und vor allem viele Teilnehmer zu gewinnen. Apple half etwa dabei, die größte Parkinson-Studie, die es je gab, durchzuführen. Aktuelle Projekte forschen an Autismus, Epilepsie, Gehirnerschütterungen, Schlafstörungen sowie Depression und Hautkrebs (www.apple.com/researchkit).

In Bewegung bleiben

Bevor ernste gesundheitliche Probleme auftreten, kann ein bisschen Bewegung und Krafttraining nicht verkehrt sein. Konkrete Ziele wie die Teilnahme an einem Volkslauf können ebenfalls motivierend wirken. Mit einer Apple Watch oder einer Lauf-App wie zum Beispiel Runkeeper ist es ein Leichtes, in Bewegung zu kommen und sprichwörtlich am Ball zu bleiben, denn die Apps führen automatisch ein Trainings-Tagebuch und zeigen Verbesserungen. Damit das Training nicht zu einseitig wird, sollten Sie Einheiten für Kraft und Koordination einbauen. Auch dafür gibt es hervorragende Apps für das iPhone und übrigens für auch das Apple TV, wenn Sie einen großen Bildschirm vorziehen.

Ein kurzes Hantel-Training baut Muskeln auf. Yoga stärkt Rumpf und Rücken und Cardio-Einheiten bringen den Puls in Schwung. Viele Übungen sind ohne Hilfsmittel und Geräte möglich. Selbst ein täglicher Spaziergang wirkt.

Die gezielte Gewichtsabnahme erfordert jedoch mehr als Bewegung. Wer abnehmen möchte, muss immer auch bei der Ernährung schauen und kürzer treten. Oft versteckt sich Zucker schon im Fruchtsaft oder im Milchkaffee.

Gesundheit als Spiel

Mit dem iPhone und einer Apple Watch lassen sich erste Erfolge für mehr körperliche Aktivität nahezu spielerisch erzielen. Der Trick sind die kleinen Impulse in Form von virtuellen Belohnun-

Training im Griff mit dem iPhone

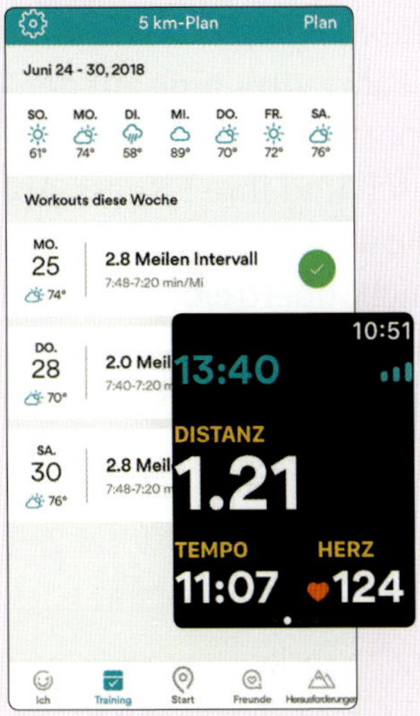

Runkeeper
Der GPS-Tracker für Läufer und mehr

Wer eine Webplattform sucht, die auch als App nutzbar ist, um seine Trainingsergebnisse zu sammeln und aufzubereiten, ist bei Runkeeper genau richtig. Die App zeichnet Läufe, Walking- und Radtouren, Wanderungen und andere Aktivitäten auf. Sie hilft Ihre Fitnessaktivitäten übersichtlich zu verwalten und berechnet Strecken, Zeiten, Geschwindigkeiten und Kalorienverbrauch. Natürlich kann man seine Statistiken und Erfolge auch mit anderen teilen. Trainingspläne und Gewichtskontrolle helfen beim Erreichen Ihrer persönlichen Ziele. Zur vollständigen Nutzung ist ein Abo nötig.

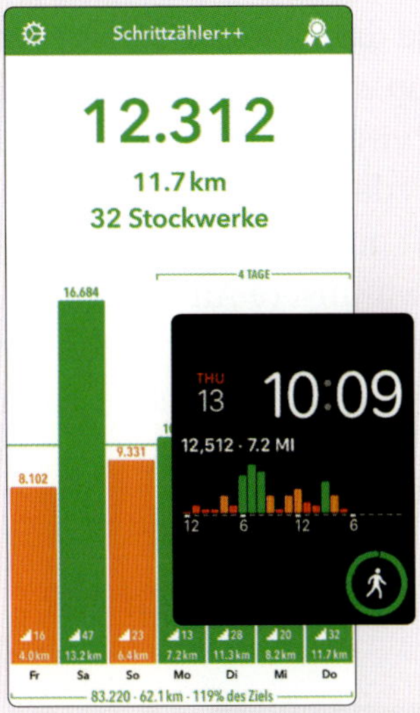

Schrittzähler++
Mit dieser App zählt jeder Schritt!

Als eine der ersten Apps nutzte Pedometer++ – so der Originalname der App – den eingebauten Schrittzähler im iPhone 5s. Seitdem liest die App die Daten des Motion-Koprozessors aus und führt eine Tagesübersicht der verfügbaren Daten. Da der Bewegungssensor im iPhone lediglich sieben zurückliegende Tage speichert, sollte man die Schrittzähler-App einmal pro Woche starten. Die aktuelle Version führt mit der Apple Watch erfasste Bewegungsdaten zusammen, sodass das iPhone auch mal liegen bleiben kann. Als Besonderheit erlaubt Schrittzähler++ auch einen Ruhetag.

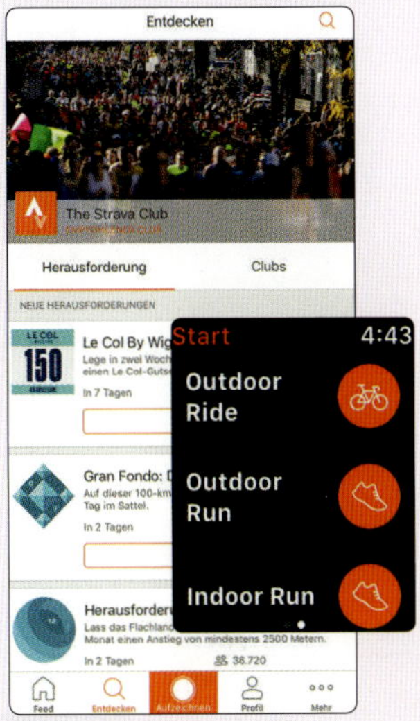

Strava
Mehr rausholen aus Ihrem Sport

Was nicht bei Strava steht, ist nicht passiert. Die Daten werden entweder mit der Strava-App auf dem iPhone erfasst oder von verbundenen Geräten wie Garmin, Tomtom, Suunto oder Fitbit an den Onlineservice übertragen. Apple Watch 2 und neuer mit GPS werden von Strava ebenfalls unterstützt. Dabei versteht sich Strava als Portal und Gemeinschaft für aktive Sportler und bietet insbesondere seinen zahlenden Abonnenten umfangreiche statistische Analysen inklusive Leistungsverlauf und individueller Trainingspläne, die auf die persönliche Performance abgestimmt sind.

gen. Die Apple Watch veranstaltet ein kleines Farbfeuerwerk, wenn alle drei Bewegungsziele an einem Tag erreicht wurden. Bei der App „Streaks Workout“ geht es darum, am Ball zu bleiben und die Serie der Erfolge nicht abreißen zu lassen, während eine App wie „Zwift“ das eintönige Fahrradtraining auf der Rolle in eine virtuelle Wunderwelt transportiert.

Trotzdem müssen die Apple Watch und ihre Fitness-Apps in Zukunft noch besser werden - schon aus dem einfachen Grund, damit wir unsere Anstrengungen nicht übertreiben. Denn dann führt der Sport zu Verletzungen, die zu Trainingspausen zwingen oder im schlimmsten Fall den Wechsel der Sportart nötig

Kleine Helfer auf der Apple Watch

1 Aktivität

Tägliche Fortschritte zeigt die Apple Watch in der App „Aktivität“ an. Das Ziel besteht darin, die dargestellten Ringe zu schließen, indem Sie durch „Bewegen“ eine bestimmte Anzahl an Kalorien verbrennen, mindestens 30 Minuten „Trainieren“und sitzende Tätigkeiten zwölf Mal am Tag durch „Stehen“ unterbrechen.

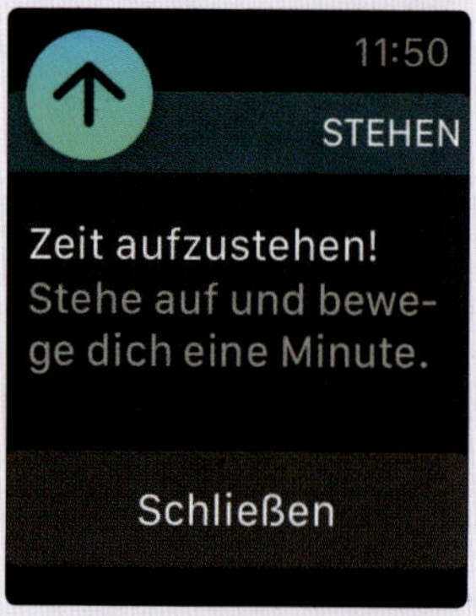

2 Stehen

Der Ring „Stehen“ gibt die Stunden an, in denen Sie aufgestanden sind und sich mindestens eine Minute im Raum bewegt haben. Erreichen Sie Ihr tägliches „Stehziel“, indem Sie zwölfmal am Tag einmal pro Stunde aufstehen und mindestens eine Minute umhergehen. Selbst wenn Sie den ganzen Tag stehen, müssen Sie trotzdem aktiv etwas laufen.

machen. Apples Training-App beobachtet bereits die Erholungsphase seiner Nutzer. Einige Sportuhren sind da schon weiter und berechnen schon jetzt die Erholungszeit, die nach absolvierten Trainingseinheiten geboten ist. Hier muss Apple noch nachziehen. Bis dahin freuen wir uns an den unterstützenden „Kudos“ in der Strava-Community und an den virtuellen Auszeichungen, die uns zeigen, dass wir auf dem richtigen Weg sind. Denn die App „Aktivität“ zeigt mehr als die zu schließenden Kreise für die drei Fitnessziele Bewegen, Trainieren und Stehen. Sie liefert ein umfassendes Archiv der erfassten Trainings und der erreichten Auszeichnungen.

3 Atmen

Als Übung zur Entspannung enthält die Apple Watch die App „Atmen“, mit der Sie sich bewusst auf Ihre Atmung konzentrieren, um dadurch zu entspannen. Atmen Sie tief durch. Wenn Sie während einer Übung einen Anruf annehmen oder sich bewegen, wird die Übung automatisch beendet - und Sie müssen die Entspannungsübung wiederholen.

4 Training

Die App speichert während eines Trainings alle Daten und zeigt die wichtigsten Metriken ständig an. So wissen Sie immer, ob Sie Ihr Ziel schon erreicht haben. Apple liefert neben Laufen, Radfahren und Schwimmen auch Intervalltraining, Rudern sowie weitere Sportarten mit. Nicht vorhandene erfassen Sie unter „Andere“ und benennen die Einheit dann selbst.

7

Aktuelle iPhones

Als Partner zur Apple Watch benötigen Sie ein iPhone. Wir stellen die neuen iPhone-11-Modelle ausführlich vor und vergleichen sie mit günstigeren Alternativen. Wir beschäftigen uns mit den Vorzügen einer zweiten SIM-Karte in neueren iPhones, von der auch die Apple Watch profitieren kann. Außerdem gehen wir der Frage nach, warum sich der Umstieg auf iOS 13 lohnt. Wir stellen den coolen dunklen Modus, neue Kamera- und Fotofunktionen, erweiterte Memojis und andere Neuerungen vor.

Die neuen iPhone-11-Modelle

Apple räumt beim Namenschaos auf. In diesem Jahr ist alles ganz klar und einfach. Es gibt das iPhone 11, das für die meisten Menschen das richtige iPhone ist. Und es gibt das iPhone 11 Pro für alle, die „mehr" wollen - oder zu viel Geld haben. Wer dann auch noch Wert auf ein maximal großes Display legt, wird mit dem iPhone 11 Pro Max glücklich. Beklagen könnte man lediglich, dass die neuen iPhones nun einen (bis zu) vierteiligen Namen haben, die Abkehr von den römischen Ziffern ist jedenfalls kein Verlust.

Ein schöner Rücken ...

Apple beeindruckt immer wieder mit Details. Beim iPhone 11 und iPhone 11 Pro ist es das samt Kamerabuckel aus einem einzigen Stück gefertigte rückwärtige Glas. Das erhöht laut Apple die Stabilität und überzeugt auch in Sachen Ästhetik. Während das

Das neue iPhone 11 Pro mit drei Kameras und einer Rückseite aus mattiertem Glas, die im neuen Nachtgrün besonders gut zur Geltung kommt.

iPhone 11 auf der Rückseite so aussieht wie das iPhone XR (abgesehen von einen zweiten Kameraobjektiv), hebt sich das iPhone 11 Pro deutlich durch eine mattierte Rückseite ab. Das sieht besonders in Apples neuer Farbe „Midnight Green", deutsch „Nachtgrün", super aus, was sicherlich kein Zufall ist. Im direkten Vergleich fühlt sich das mattierte iPhone 11 Pro unerwartet rutschiger an als das iPhone XS mit glatten Rücken. Doch die meisten iPhones verschwinden eh in Schutzhüllen.

Das beste Display – jetzt noch besser

Das iPhone 11 verfügt über den gleichen „Liquid Retina"-Bildschirm wie das 2018 vorgestellte iPhone XR. Es handelt sich um ein hochwertiges 6,1-Zoll-LCD mit IPS-Panel und einer Auflösung von 326 ppi, das sich perfekt in die abgerundeten Gehäuseecken einfügt. Anders als das iPhone XR verfügten schon das iPhone X und XS über einen OLED-Bildschirm. Diese Bildschirmtechnologie ist energieeffizienter und ermöglicht deutlich tiefere Schwarztöne. Die Auflösung liegt bei beachtlichen 458 ppi.

Konnte der Bildschirm des iPhone XS seine Inhalte noch mit einer maximalen Helligkeit von 625 Nits darstellen, schafft das iPhone 11 Pro im Normalbetrieb 800 Nits und kann auf bis zu 1.200 Nits hochschalten.

3D Touch

Nicht jede gute und innovative Idee setzt sich auch durch. Das druckempfindliche Display hatte immer ein Akzeptanzproblem. Viele App-Entwickler zögerten mit der Unterstützung, weil 3D Touch nicht auf allen Geräten verfügbar war. Vielen Nutzern war gar nicht bewusst, wann sie durch Drücken weitere Funktionen auslösen konnten. Zudem war es relativ aufwendig in der Produktion. iOS 13 macht Haptic Touch als Alternative allgemein verfügbar.

Der Tod von 3D Touch

Die aktuelle iPhone-Generation verzichtet auf 3D Touch. Die Technik wurde mit dem iPhone 6s eingeführt und ist eine gesonderte Schicht des Displays, die erkennt, wie fest darauf drückt. Wird aus dem Antippen ein Drücken, so wird eine andere Aktion ausgelöst, etwa ein Kontextmenü geöffnet. 3D Touch wurde seither in fast jedem iPhone verbaut, außer im iPhone SE und iPhone XR. Als Alternative hat Apple „Haptic Touch" eingeführt. Dabei erkennt das iPhone einfach, ob Sie lange Sie auf das Display tippen und löst dann die entsprechende Funktion aus. Die meisten iPhone-Nutzer werden die kleine Verzögerung wahrscheinlich kaum bemerken oder sich zumindest nicht daran stören.

Eine Kamera, die auch telefonieren kann

Auch dieses Jahr gilt die goldene Regel: kein neues iPhone ohne verbesserte Kamera. Sie gehört zu den wichtigsten Komponenten eines Smartphone. Über Jahre hinweg war völlig klar, dass das jeweils aktuelle iPhone über das beste Smartphone-Kamerasystem verfügt. Zuletzt hat sich Apple bei dieser Thematik aber von Google und Huawei die Butter vom Brot nehmen lassen - und nicht nur beim Thema Nachtmodus. Google hatte in den vergangenen Jahren in Sachen „Künstliche Intelligenz“ zur automatischen Bildbearbeitung mehr Innovationen in petto, Huawei profitierte stark von einer Kooperation mit Kamerahersteller Leica.

2019 ist nun endlich das Jahr, in dem Apple den Spieß wieder umdreht. Sowohl dem iPhone 11 als auch dem iPhone 11 Pro hat Apple ein zusätzliches Ultraweitwinkelobjektiv mit einer Lichtstärke von 1/2.4 spendiert und außerdem das Standardobjektiv auf Lichtstärke 1/1.8 verbessert. Grundsätzlich gilt: Je kleiner die Zahl ist, desto mehr Licht fällt durch das Objektiv auf den Sensor und desto kürzer können die Verschlusszeiten sein. Für den Nutzer bedeutet dies, dass Aufnahmen bei schwierigen Lichtverhältnissen besser werden. Das Bildrauschen wird weniger und die Schärfe besser, da man das iPhone beim Auslösen der Kamera weniger lange ruhig halten muss.

Mit dem Nachtmodus schließt Apple zu Google auf. Und: Das iPhone verarbeitet die Bilddaten komplett auf dem Gerät.

Besser bei wenig Licht

Im vergangenen Jahr preschte Google vor und hat einen „Night Mode“ für sein Pixel-3-Smartphone vorgestellt, der alle beeindruckt hat. Durch eine Kombination aus guter Hardware und Künstlicher Intelligenz - die in Teilen in der Cloud läuft -

Das neue Ultraweitwinkelobjektiv in iPhone 11 und iPhone 11 Pro ermöglicht neue künstlerische Freiheiten.

Das iPhone 11 Pro als Nachfolger des iPhone XS hat ein drittes Objektiv bekommen und bietet damit nun einen vierfachen optischen Zoom.

liefert das Pixel 3 ohne Zutun des Fotografen auch bei äußerst bescheidenen Lichtverhältnissen erstaunlich gute Aufnahmen.

In diesem Jahr legt Apple nach. iPhone 11 und iPhone 11 Pro verfügen ebenfalls über einen Nachtmodus, wobei dieser anders funktioniert, als wir es von Google kennen. Zunächst einmal findet die komplette Bildoptimierung auf dem iPhone statt. Außerdem aktivieren die neuen iPhones den Nachtmodus automatisch, wenn die Lichtverhältnisse es erfordern. Die Resultate können sich sehen lassen. Wenn Sie nicht im Nachtmodus fotografieren möchten, können Sie die Funktion während des Fotografierens analog zum Blitz abschalten. Der Nachtmodus der iPhones funktioniert mit dem Normal- und Teleobjektiv.

Für eine spätere Version von iOS 13 verspricht Apple noch weitere Verbesserungen der Fotoqualität bei geringer Beleuchtung.

Wasserdicht

iPhones sind schon seit einigen Jahren wasserdicht. Die neuen Top-Modelle überleben sogar in einer Tiefe von 4 Metern für eine halbe Stunde, so Apple.

Selfies mit 12 Megapixel und in Zeitlupe

Die „Selfie-Kamera“ steht der rückwärtigen Kamera ab sofort kaum noch nach. Sie erlaubt Fotos mit 12 Megapixel und 4K-Videos, dazu die Möglichkeit, Videos in „Slow Motion“ aufzunehmen. „Slofies“ tauft Apple die Resultate liebevoll. Wie die rückseitige Kamera, liefert auch die vorderseitige realistische Aufnahmen, obwohl sie manchmal im Weißabgleich daneben liegt und leicht gelbstichige Porträtaufnahmen produziert.

Vier nutzbare Videokameras

Bei Filmaufnahmen überzeugen iPhone 11 und iPhone 11 Pro auf ganzer Linie. Das iPhone filmt 4K bei 60 Bildern pro Sekunde und macht dabei hervorragende Arbeit. Hier kann das Vorjahres-iPhone aber auch noch mithalten. 60 fps entsprechen nicht den ästhetischen Vorlieben vieler Menschen, weil wir es gewohnt sind, Filmmaterial in 24, höchstens 30 fps anzusehen. Aufnahmen in 60 fps wirken auf viele Zuschauer unnatürlich. Man kann die Aufnahmen zwar später runterrechnen auf 30 fps, aber ganz so einfach ist das bei bewegten Bildern eben noch nicht.

Filmt man gleich bei 30 fps, dann kann man mit dem iPhone 11 Pro zwischen Weit- und Ultraweitwinkelobjektiv wechseln - und zwar ohneVerschiebungen bei Farben oder Belichtung. Das ist durchaus beachtlich und wird von kaum einem anderen Smartphone außer aktuellen Top-Modellen von Samsung angeboten.

Beeindruckend ist auch, dass das iPhone 11 Pro alle verbauten Kameras gleichzeitig ansteuern kann. Entsprechende Apps (etwa Filmic Pro) vorausgesetzt, zeichnen Sie so vier 4K-Videostreams parallel auf. Das kann doppelt nützlich sein: Zum einen nehmen Sie so drei Brennweiten (Weitwinkel, Ultraweitwinkel, Tele) gleichzeitig auf und können im Nachhinein die beste auswählen oder zwischen den drei Aufnahmen wechseln. Mit der Selfie-Kamera können Sie zusätzlich eine gegenüberstehende Personen aufnehmen, zum Beispiel in Interviewsituationen.

Von einer großartigen Neuerung profitiert unter anderem die App Filmic Pro: das iPhone Pro ermöglicht es, die Video-Streams aller vier Kameras parallel aufzuzeichnen

Das iPhone 11 ist der verbesserte Nachfolger des iPhone XR und ist wie dieses in diversen Farben erhältlich.

Mehr Power: A13-Prozessor

Wie schon im vergangenen Jahr sind alle drei Modelle - iPhone 11, iPhone 11 Pro und iPhone 11 Pro Max - sind mit dem neuem A13-Bionic-Chip ausgestattet, der sowohl leistungsstärker als auch effizienter als der A12 aus dem Vorjahr sein soll. Echte Performance-Sprünge, merkt man allerdings nicht. Das liegt auch daran, dass viele neue Funktionen (besonders die des neuen Kamerasystems) leistungshungriger sind als ihre Vorgänger auf dem iPhone XS oder XR. Dass sich die neuen iPhones nicht langsamer anfühlen, ist also eigentlich schon beeindruckend genug. Außerdem profitiert man von einer gewissen Reserve, wenn man sich nicht jedes Jahr ein neues iPhone kauft.

Längere Akkulaufzeit

Apple gibt an, dass der Akku des iPhone 11 Pro bis zu vier Stunden länger durchhält als der des iPhone XS. Bei den Max-Varianten erhöht sich dieser Wert gar auf fünf Stunden, während das iPhone 11 in etwa so lange ohne neuerlich Stromzufuhr auskommt wie vorher das iPhone XR. Das alles sind Werte, die sich nach mehrtägiger Nutzung der Geräte richtig anfühlen. Und wer sein iPhone XR/XS ein Jahr lang täglich intensiv genutzt hat, liegt jetzt vermutlich bei etwa 90 Prozent Akkukapazität, sodass das reale Plus an Laufzeit sogar größer ausfallen dürfte, als Apples Vergleich neuer Geräte angibt.

Die Akkulaufzeit ist ein wichtiges Kaufargument. Denn anders als bei der Apple Watch ist es bei den bisherigen iPhones nicht unbedingt sicher, dass man bei starker Nutzung über den Tag kommt. Der Plus des iPhone 11 Pro ist im Alltag ein echter Vorteil.

Bleiben wir noch kurz beim Thema Stromversorgung. Bei den Pro-Modellen ersetzt Apple das alte 5-Watt-Netzteil durch ein Ladegerät, dass das iPhone mit 18 Watt befeuern kann. Wer das „normale" iPhone 11 kauft, bekommt weiterhin ein 5-Watt-Netzteil, was 2019 einfach nicht mehr zeitgemäß ist.

Dual-SIM

Die drei neuen iPhones können parallel zur normalen SIM-Karte noch eine eSIM als Zweitkarte nutzen. So können Sie unter zwei Rufnummern erreichbar sein oder im Ausland vorübergehend eine zusätzliche lokale SIM-Karte verwenden, wenn Sie Ihren normaler Tarif auf eSIM umgestellt haben.

Die Qual der Wahl

Alle Modelle verfügen über brillante Displays, großartige Kameras und ausreichend lange Akkulaufzeiten. Wenn Sie gern und viel mit Ihrem Smartphone fotografieren und filmen, sind die neuen 11er-Modelle eine echte Empfehlung.

Das iPhone 11 ist ein grandioses Gerät und sicherlich die richtige Wahl für die große Mehrheit potenzieller Käufer. Wer sich für das iPhone 11 entscheidet, verzichtet im Vergleich zum iPhone 11 Pro auf das OLED-Display, ein Teleobjektiv und etwas LTE-Geschwindigkeit. Die Display-Qualität ist aber trotzdem über jeden Zweifel erhaben, einen Unterschied bemerken Sie wahrscheinlich nur im direkten Vergleich. Ein Tele als zusätzliches Objektiv

Das iPhone 11 Pro steht in vier relativ dezenten und durch die matte Rückseite edel wirkenden Farben zur Auswahl. Die besondere Stärke ist das Kamerasystem.

hätte uns offen gestanden deutlich besser gefallen als das fotografisch schwer beherrschbare Ultraweitwinkel. Von dem theoretischen Plus an LTE-Geschwindigkeit werden Sie, Hand aufs Herz, in Deutschland so bald nichts mitbekommen.

Sie machen mit dem iPhone 11 aber auf keinen Fall etwas falsch. Wenn Sie mehr als die dafür von Apple verlangten 799 Euro ausgeben können und wollen, sollten Sie zunächst auf eine Erweiterung des Speichers schielen. Denn bei einem Smartphone, das Fotos mit 12 Megapixel und Videos in 4K schießt, sind 64 GB Speicherkapazität schon fast eine Frechheit. Apple hätte gut daran getan, auf ein paar Euro im Ertrag zu verzichten und die Mindestausstattung auf 128 GB anzuheben. So aber zahlen sie dafür die ersten 50 Euro Aufpreis. Im eher selten sinnvollen Vollausbau mit 256 GB müssen Sie 969 Euro investieren.

	iPhone 11	iPhone 11 Pro	iPhone 11 Pro Max	iPhone XR
Farben	Violett, Gelb, Grün, Schwarz, Weiß, Rot	Silber, Space Grau, Gold	Silber, Space Grau, Gold	Blau, Weiß, Schwarz, Gelb, Koralle, Rot
Display	6,1 Zoll LCD IPS, 1792 x 828 Pixel bei 326 ppi	5,8 Zoll OLED, 2436 x 1125 Pixel bei 458 ppi, 3D Touch	6,5 Zoll OLED, 2688 x 1242 Pixel bei 458 ppi, 3D Touch	6,1 Zoll LCD IPS, 1792 x 828 Pixel bei 326 ppi
Hauptkamera	2x 12 MP, 4K Video Ultraweit (1:2,4), Weitw. (1:1,8)	3x 12 MP, 4K Video Ultraweit (1:2,4), Weitw. (1:1,8), Tele (1:2,0)	3x 12 MP, 4K Video Ultraweit (1:2,4), Weitw. (1:1,8), Tele (1:2,0)	12 MP, 4K-Videos, Weitwinkel (1:1,8)
Frontkamera	12 MP	12 MP	12 MP	7 MP
Prozessor	A13 Bionic	A13 Bionic	A13 Bionic	A12 Bionic
Speicher	64/128/256 GB	64/256/512 GB	64/256/512 GB	64/128 GB
Identifizierung	Face ID	Face ID	Face ID	Face ID
Lademöglichkeit	Lightning, drahtlos (Qi)	Lightning, drahtlos (Qi)	Lightning, drahtlos (Qi)	Lightning, drahtlos (Qi)
Schutzklasse	IP 68	IP 68	IP 68	IP 67
Abmessungen	151 x 76 x 8,3 mm	144 x 71 x 8,1 mm	158 x 78 x 8,1 mm	151 x 76 x 8,3 mm
Gewicht	184 g	188 g	226 g	194 g
Preise	799/849/969 Euro	1149/1319/1549 Euro	1249/1419/1649 Euro	699/749 Euro

Das iPhone 11 Pro bekommen Sie ab 1.149 Euro, ebenfalls mit für ein Spitzenmodell mageren 64 GB. Die weiteren Ausbaustufen sind 256 und enorme 512 GB. Das ist teuer und für die wenigsten Nutzer sinnvoll. Die Vernunftgröße 128 GB fehlt beim iPhone 11 Pro (Max). Der Preisabstand vom normalen iPhone 11 Pro zum Max beträgt 100 Euro. Da kann man eigentlich nicht meckern.

Es geht auch günstiger: die Vernünftigen

Nicht jeder ist bereit für ein Smartphone so viel Geld auszugeben. Kommt es Ihnen nicht auf die beste Kamera und den schnellsten Prozessor an, werfen Sie doch noch einmal einen Blick auf das 2017 vorgestellte iPhone 8. Das bleibt nämlich weiterhin im Programm. Sie bekommen es bei Apple mit 64 GB für 529 Euro

	iPhone XS	iPhone XS Max	iPhone 8	iPhone 8 Plus
Farben	Silber, Space Grau, Gold	Silber, Space Grau, Gold	Silber, Space Grau, Gold	Silber, Space Grau, Gold
Display	5,8 Zoll OLED, 2436 x 1125 Pixel bei 458 ppi, 3D Touch	6,5 Zoll OLED, 2688 x 1242 Pixel bei 458 ppi, 3D Touch	4,7" LCD, 1334 x 750, 326 ppi, 3D Touch	5,5" LCD 1920 x 1080, 401 ppi, 3D Touch
Hauptkamera	2x 12 MP, 4K Video Weitw.inkel (1:1,8), Tele (1:2,4)	2x 12 MP, 4K Video Weitw.inkel (1:1,8), Tele (1:2,4)	12 MP, 4K Video Weitw.inkel (1:1,8)	2x 12 MP, 4K Video Weitw.inkel (1:1,8), Tele (1:2,8)
Frontkamera	7 MP	7 MP	7 MP	7 MP
Prozessor	A12 Bionic	A12 Bionic	A11 Bionic	A11 Bionic
Speicher	64/256/512 GB	64/256/512 GB	64/128 GB	64/128 GB
Identifizierung	Face ID	Face ID	Touch ID	Touch ID
Lademöglichkeit	Lightning, drahtlos (Qi)	Lightning, drahtlos (Qi)	Lightning, drahtlos (Qi)	Lightning, drahtlos (Qi)
Schutzklasse	IP 68	IP 68	IP 67	IP 67
Abmessungen	144 x 71 x 7,7 mm	158 x 77 x 7,7 mm	138 x 67 x 7,3 mm	158 x 78 x 7,5 mm
Gewicht	177 g	208 g	148 g	202 g
Preise	nur Restposten	nur Restposten	529/579 Euro	649/699 Euro

Das iPhone XR macht die Welt des iPhone mit seinen sechs Gehäusefarben weiterhin deutlich bunter.

und für 50 Euro mehr auch mit dem doppelten Speicher. Das große iPhone 8 Plus kostet mindestens 649 Euro. Für die meisten Benutzer reichen die Leistung von Prozessor und Grafik oder die Qualität der Kamera immer noch vollkommen aus. Und ganz nebenbei ist es in der normalen Variante auch deutlich kleiner und leichter als das iPhone 11.

Als goldener Mittelweg könnte sich das iPhone XR entpuppen. Das Vorjahresmodell hatte schon immer ein gutes Preisleistungsverhältnis und erfährt jetzt ebenfalls eine Preissenkung. Es bleibt weiter im Programm. Mit 699 Euro für die 64-GB-Variante ist es zwar teurer als das iPhone 8, dafür aber auch technisch deutlich näher an den aktuellen Modellen. Das Display ist technisch noch aktuell und auch schon recht groß. Das iPhone XR bietet sogar einen etwas eingeschränkten Porträtmodus, obwohl es nur eine Kamera hat. Reicht der Speicherplatz nicht aus, ist es auch mit 128 GB erhältlich. Dann ist allerdings auch Schluss. Die große Version mit 256 GB entfällt, wie bei allen Vorjahresmodellen. Bei der Akkulaufzeit kann das iPhone XR weiterhin wertvolle Punkte sammeln.

U1-Chip

Erstmals integriert Apple einen „Ultrawideband-Koprozessor", den U1-Chip, in seine Geräte. Diese Neuerung wird die Kommunikation zwischen Geräten an vielen Stellen vereinfachen. Zunächst soll der U1-Chip vor allem AirDrop-Übertragungen zielgerichteter und einfacher machen, später auch für das Wiederauffinden verlorener Geräte zuständig sein.

Vorteil eSIM: iPhones mit zwei SIM-Karten

Die jüngsten iPhone-Generationen besitzen eine Dual-SIM-Funktion, die Ihnen unter anderem erlaubt, eine zweite Telefonnummer zu nutzen. Das Feature spricht zwar vor allem iPhone-Nutzer an, die für private und geschäftliche Anrufe mit einem Gerät auskommen wollen, doch es lässt sich auch im Urlaub prima nutzen, um Roaming-Kosten zu vermeiden. Und die zweite SIM in den iPhones ist eine eSIM, wie es sie auch in den Cellular-Versionen der Apple Watch gibt. Wer die zweite SIM also nicht ständig im iPhone benötigt, kann sie dort bei Bedarf aktivieren und sie die restliche Zeit in der Apple Watch nutzen - dazu gleich mehr.

Wann lohnt eine lokale SIM im Ausland

Kommen wir zuerst noch einmal zur Urlaubs-SIM im iPhone zurück. Dank EU-Regulierung sind hohe Roamingkosten zumindest innerhalb der EU, einschließlich der EWR-Länder Liechtenstein, Island und Norwegen, kein Thema mehr. Doch es gibt Fälle, in denen sich die SIM-Karte eines lokalen Providers des besuchten Landes trotzdem lohnt. Das ist zum Beispiel der Fall, wenn Sie sich nicht nur kurz im Ausland aufhalten oder einen uneingeschränkten Internetzugang haben möchten.

iPhone XR, XS und 11 (Pro) verfügen neben einem Steckplatz für eine konventionelle SIM-Karte auch über eine so genannte eSIM. Das „e“ der eSIM steht für „embedded“. Die Karte ist also schon im iPhone integriert. Vom Provider erhalten Sie lediglich einen Aktivierungscode, damit sich die eSIM in dessen Netz einbuchen kann. Das iPhone kann sogar mehrere eSIM-Konfigurationen speichern, aber immer nur eine aktiv verwenden.

Damit Sie sich im Ausland nicht auch noch damit herumplagen müssen, einen Provider zu finden, der eine iPhone-kompatible eSIM anbietet, empfiehlt es sich, bereits vorab zu Hause den vorhandenen Vertrag umzustellen. Der Wechsel von einer SIM zur eSIM ist bei vielen Smartphone-üblichen Tarifen möglich, oft sogar kostenlos. Es kommt aber im Einzelfall auf den jeweiligen Anbieter und Tarif an. Bei den großen Netzbetreibern

Nicht-EU-Ausland

Außerhalb der EU können Sprach- und Datenverbindungen weiterhin sehr teuer werden. Manchmal liegt die Roaming-Falle aber näher als man denkt. Die Schweiz als beliebtes Nachbar- und Transitland gehört nicht zur EU und ist gerade in älteren Verträgen oft nicht eingeschlossen. Wer nach dem möglichen Brexit über den Kanal reist, sollte sich ebenfalls bei seinem Provider nach geltenden Roamingregeln erkundigen.

klappt es eher als beim Reseller und bei Laufzeitverträgen eher als bei Prepaid-Karten. Fragen Sie einfach Ihren Anbieter!

Flexibler durch Multi-SIM

Statt die vorhandene SIM-Karte auf eSIM umzustellen, können Sie auch eine zweite SIM zum gleichen Vertrag buchen. Die beiden nutzen dann eine Nummer und teilen sich das gebuchte Datenvolumen. Eine solche Multi-SIM erhalten Sie üblicherweise nur zu Laufzeitverträgen, wobei Kosten und Laufzeit der Option vom Provider und Vertrag abhängen. Bei gehobenen Tarifen ist eine Multi-SIM manchmal sogar schon im Preis enthalten. Wir haben für den Workshop einem Telekom-Vertrag verwendet, in dem sich die zweite SIM als eSIM ohne einmalige Aktivierungskosten monatsweise für je fünf Euro buchen lässt. Braucht man sie nicht mehr, bestellt man sie einfach wieder ab. Der finanzielle Einsatz ist also sehr überschaubar.

Als Multi-SIM lässt sich die eSIM sehr flexibel nutzen. Sie können den Aktivierungscode über das Jahr in der Apple Watch verwenden und ihn für den Urlaub in das iPhone übertragen, um darin dann Platz für eine ausländische SIM-Karte zu haben. Oder Sie betreiben das iPhone dauerhaft mit der eSIM und können mit der normalen Karte ein zweites Gerät über den Vertrag nutzen - zum Beispiel ein iPad, ein zweites Handy oder einen mobilen Router für das Wochenendhaus.

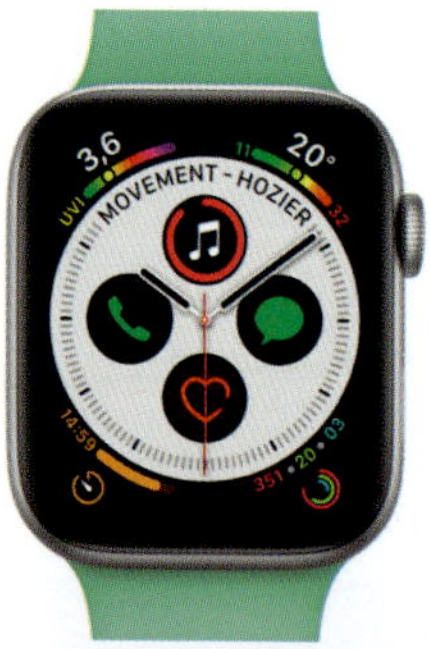

Apple Watch

Die Apple Watch 3 bis 5 gibt es als Cellular-Version, also mit eigenem Mobilfunk-Chip und eSIM. Dadurch können Sie mit ihr auch ohne iPhone telefonieren oder auf das Internet zugreifen. Außerhalb des Provider-eigenen Mobilfunknetzes kann die Cellular-Version allerdings nur über WLAN oder das gekoppelte iPhone eine Verbindung nach außen herstellen. Sie verhält sich im Ausland praktisch wie die Apple Watch ohne eSIM.

eSIM in Betrieb nehmen

Ohne Multi-SIM ersetzt die eSIM die alte SIM. Letztere lässt sich nach der Umstellung nicht parallel nutzen und sollte aus dem Gerät entfernt werden. Schmeißen Sie sie aber trotzdem nicht weg, um bei Bedarf wieder zurückzukönnen. Die Reaktivierung der Karte ist häufig schnell und kostenlos möglich, während das Zusenden einer Ersatzkarte fast immer etwas kostet.

Zur Aktivierung der eSIM erhalten Sie vom Provider einen Code, den Sie am iPhone eingeben oder scannen. Anschließend verhält sich das iPhone wie vorher mit der normalen SIM-Karte. Deren Slot ist nach der

Workshop: So aktivieren Sie die eSIM im iPhone XR, XS und 11 (Pro)

1 Aktivierungsdaten für eSIM eingeben

Zur Aktivierung der eSIM wählen Sie in den Einstellungen „Mobiles Netz > Mobilfunktarif hinzufügen“. Sie können nun die Aktivierungsdaten eingeben oder den Bar-/QR-Code vom Provider scannen. Die eSIM ist aktiv und steht in Mobiles Netz als neuer Tarif.

2 Namen für SIM-Karten wählen

Jede SIM erhält ein Etikett. Wir wollen die eSIM im iPhone lassen, nennen sie „Primär“. Die alte SIM nennen wir „Sekundär“. Dann machen wir die eSIM zum Standard für Telefon und SMS. Ist die eSIM Ihre einzige SIM entfallen dieser Schritt und die Etiketten.

3 Alte SIM-Karte herausnehmen

Sie können nun auch die alte „echte“ SIM entfernen. Tippen Sie in Mobiles Netz auf die fehlende SIM, um allen Kontakten die neue eSIM zuzuordnen. Das ist vor allem wichtig, wenn Sie die alte SIM-Karte endgültig entfernen.

Umstellung frei, so dass Sie ihn neu bestücken können, zum Beispiel im Ausland mit einer Prepaid-Karte. Denken Sie daran, dass das Gerät nicht an einen Provider gebunden sein darf („Netlock"), wenn Sie SIMs von verschiedenen Anbietern verwenden wollen.

Auf der Apple Watch aktiveren Sie die eSIM in der Watch-App auf dem gekoppelten iPhone (siehe Kasten).

Telefonieren mit zwei SIMs

Sind beide Karten im jeweiligen Netz eingebucht, wartet das iPhone auf beiden Nummern auf Anrufe („Dual Standby"). Telefonieren Sie mit einer Karte, landen Anrufe für die andere auf deren Anrufbeantworter. Es kann also immer nur eine Verbindung zur Zeit bestehen. Umgekehrt können Sie bei eigenen Anrufen vorher wählen, welche Karte Sie benutzen wollen. Ganz praktisch ist dabei, dass sich iOS merkt, welche Karte Sie in Verbindung mit einem Kontakt zuletzt benutzt haben. Diese ist dann beim nächsten Anruf vorausgewählt.

Für die Datenverbindung wählen einmal aus, welche SIM-Karte das iPhone verwenden soll. Anschließend erfolgen alle Internetzugriffe über den zugehörigen Provider. Dabei gibt es eine Ausnahme. Da das iPhone immer nur eine Karte aktiv nutzen kann, müssen Sie sich entscheiden, was geschehen soll, wenn Sie über die SIM telefonieren, die nicht für mobile Daten zuständig ist. iOS kann die Datenverbindung für die Dauer des Gesprächs umschalten. So bleibt die Internetverbindung bestehen, wird aber nicht mehr über den gewünschten Tarif abgerechnet. In der Standardeinstellung ist der automatische Wechsel der mobilen Daten deaktiviert, wodurch die Verbindung zum Internet vorübergehend ausfällt. Ist in den Einstellungen für das mobile Netz Datenroaming eingeschaltet, ist der automatische Wechsel nicht mehr möglich. Das soll den Nutzer vermutlich vor bösen Überraschungen bei der Abrechnung schützen, indem das iPhone im Ausland immer nur den ausgewählten Provider für Datenverbindungen nutzt.

eSIM übertragen

Um die eSIM-Aktivierung vom iPhone auf die Apple Watch zu übertragen, wählen Sie auf dem iPhone in Mobiles Netz den Tarif aus und tippen ganz unten auf „Mobilfunktarif entfernen". Danach kommt es auf den Provider an: Bei Telekom und Vodafone lässt sich der Aktivierungscode zum Beispiel mehrfach nutzen, bei O2 müssen Sie einen neuen Code anfordern. Öffnen Sie auf dem iPhone die Watch-App und darin „Meine Uhr > Mobilfunk". Wählen Sie „Mobilfunk konfigurieren" und folgen Sie den Anweisungen zur Aktivierung.

Workshop: Neue SIM-Karte für einen zweiten Mobilfunkvertrag aktivieren

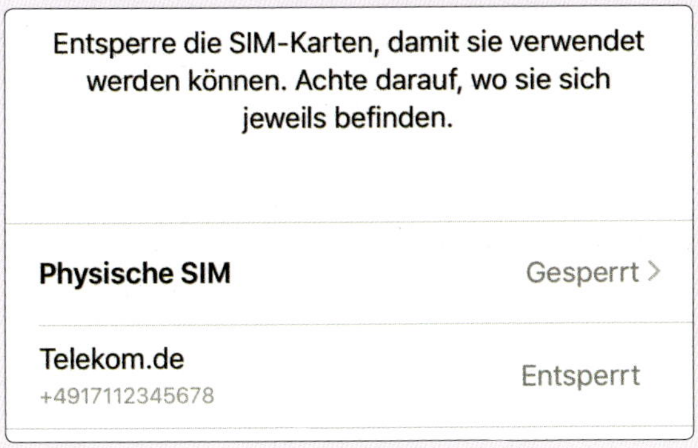

1 Zusätzliche SIM-Karte einlegen

Legen Sie zur aktiven eSIM eine zweite Karte ein, wie die lokale SIM im Ausland, zeigt das iPhone einen Hinweis auf eine gesperrte physische SIM an. Tippen Sie darauf, um die PIN der Karte einzugeben und sie zu aktivieren.

2 Etikett für neue Karte eingeben

Danach zeigt iOS beide SIM-Karten an, Sie können wieder Etiketten vergeben, um sie besser zu unterscheiden. Als Demo haben wir zur Telekom-eSIM eine O2-Prepaid-Karte in das iPhone eingelegt, die wir „Reise“ genannt haben.

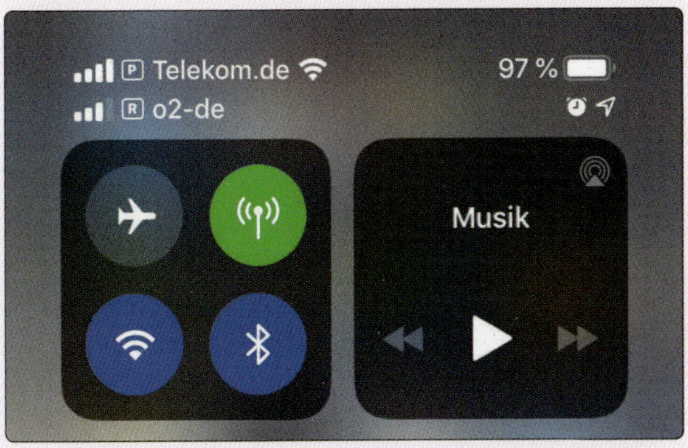

3 Status der Netze überprüfen

Mit der Aktivierung der SIM startet erneut der Assistent für die Zuordung von Leitungen und Kontakten. Etwas ungewohnt: Der Status im Kontrollzentrum zeigt oben links jetzt zwei aktive Netze, markiert mit den Anfangbuchstaben der Etiketten.

Workshop: Konfiguration anpassen, so telefonieren Sie mit zwei SIMS

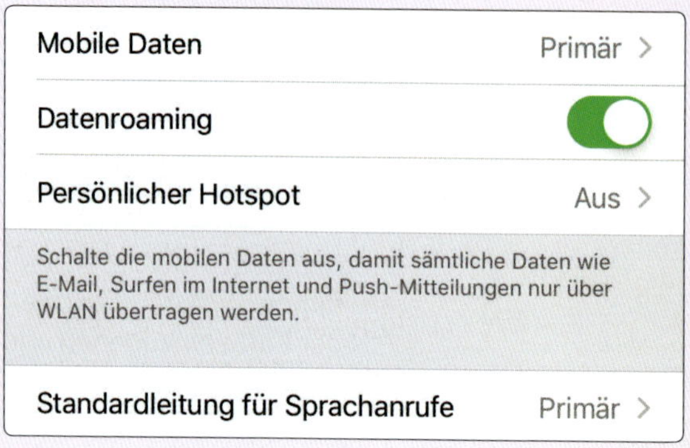

1 Einstellungen für SIM-Karten öffnen

Um die Konfiguration der beiden SIM-Karten später anzupassen, öffnen Sie die Einstellungen für Mobiles Netz. Hier finden Sie zum Beispiel den Befehl zum Ändern der Standardleitung für Sprachanrufe, also die hierfür bevorzugte SIM-Karte.

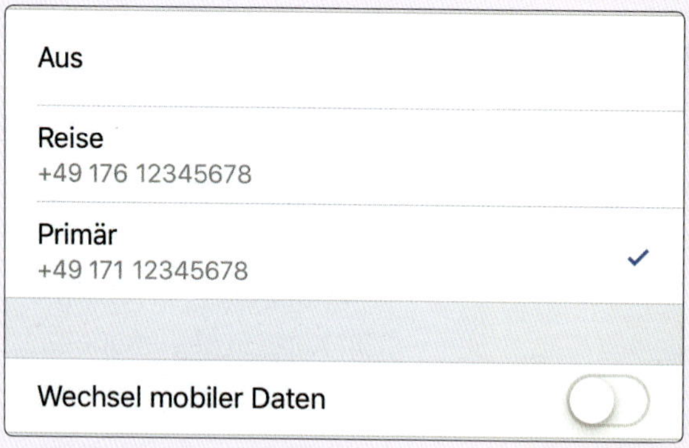

2 SIMs für Datennutzung konfigurieren

In Mobile Daten wählen Sie, welche SIM das iPhone standradmäßig für Datenübertragungen nutzen soll. Hier können Sie auch den temporären Wechsel zur aktiven SIM bei Sprachanrufen an- und ausschalten.

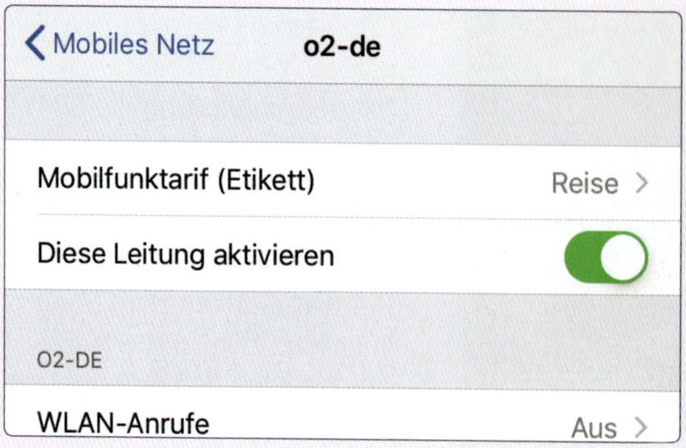

3 Karte vorübergehend deaktivieren

Tippen Sie in Mobiles Netz auf einen der Tarife, um dessen Etikett zu ändern oder die Option für WLAN-Anrufe zu aktivieren. Hier können Sie eine SIM auch vorübergehend deaktivieren ohne ihre Konfiguration zu löschen.

4 Nummer für Kontakt auswählen

Für Kontakte merkt sich iOS die zuletzt benutzte SIM-Karte und nutzt diese dann automatisch. Tippen Sie auf den zugehörigen Hinweis, um für den Kontakt eine der SIMs fest zuzuordnen. Sie wird dann immer benutzt, wenn Sie diesen Kontakt anrufen.

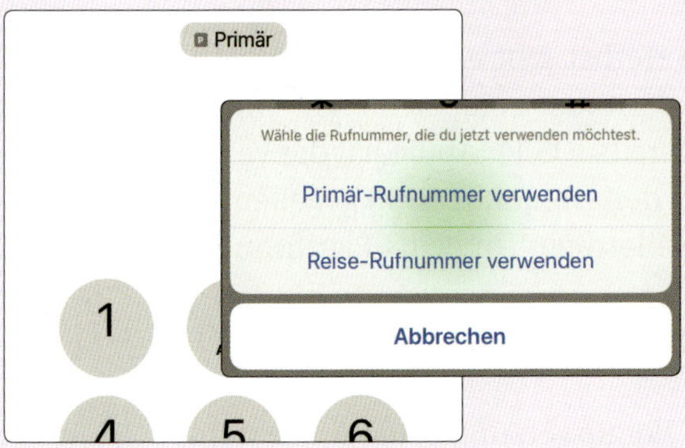

5 SIM-Karte beim Wählen wechseln

Beim manuellen Wählen über den Zifferblock zeigt die Telefon-App oben das Etikett der Standardleitung. Tippen Sie darauf, um für den aktuellen Anruf die andere SIM-Karte zu benutzen. Diese Vorgabe wird nur einmalig verwendet.

6 Eingehende Anrufe erkennen

Bei ankommenden Anrufen zeigt iOS zu Namen oder Nummer des Anrufers auch das Symbol mit dem Anfangsbuchstaben des Etiketts der SIM-Karte, auf der der Anruf eingeht. Auch in der Anrufliste steht vor dem Anschluss das Leitungssymbol.

iOS 13 im Überblick

Jedes Jahr im Herbst gibt es nicht nur eine neue Version von watchOS, sondern fast zeitgleich auch ein neues iOS. Mittlerweile gibt es bereits iOS 13. Apple hat die Version für iPads abgetrennt und ihr den Namen iPadOS gegeben. Die meisten Neuerungen gelten allerdings für beide Plattformen gleichermaßen.

Anforderungen steigen

Die Hardware-Voraussetzungen hat Apple mit iOS 13 leicht angehoben. Sie benötigen nun mindestens ein iPhone SE oder 6s. Die Modelle 5s und 6 fallen leider raus, ebenso der iPod touch der sechsten Generation. Bei der iPad-Version steigt die Einstiegshürde für die Installation auf iPad Air 2 und iPad mini 4. Die neuen Systeme sind wie üblich als kostenloses Update über die Software-Aktualisierung in den Einstellungen erhältlich.

Voraussetzungen

Sie benötigen mindestens eines der folgenden Geräte:
- iPhone SE, 6s
- iPod touch 7
- iPad 5
- iPad Air 2
- iPad Pro
- iPad mini 4

Die dunkle Seite

Die auffälligste und vorab vielleicht am meisten diskutierte Funktion von iOS 13 ist wohl der dunkle Darstellungsmodus. Der ist natürlich nur eine Option, Sie können auch weiterhin bei der hellen Oberfläche bleiben. Die einzige Überraschung beim dunklen Modus ist vielleicht, dass er erst jetzt auf iPhone und iPad kommt, schließlich hat Apple ihn auf dem Mac schon im vergangenen Jahr eingeführt.

Insgesamt ist er sehr gut gelungen, da Apple nicht nur einfach den Hintergrund schwarz macht, sondern die Apps auch entsprechend anpasst, damit man weiterhin alles gut erkennen kann. Dazu gibt es spezielle Hintergründe, die ebenfalls ihre Helligkeit anpassen. Besonders positiv fällt uns der automatisch mögliche Wechsel zwischen hell und dunkel mit der Tageszeit oder Sonnenauf- und -untergang auf. So kann man tagsüber, wenn bei vielen Anwendern eher eine gewisse Effektivität im Vordergrund steht, den hellen Modus nutzen, und abends kommt dann das wesentlich coolere und bei wenig Umgebungslicht für Augen entspannendere dunkle Erscheinungsbild zutage. Denn eins muss man mal festhalten. So schön wie der Dark Mode auch ist, im Dauereinsatz rund um die Uhr ist er doch eher lästig. Da eignet er sich unserer Meinung nach bestenfalls für Anwender, die das iPhone nicht so viel benutzen und denen die Optik wichtiger ist als praktische Erwägungen. Doch das ist natürlich auch Geschmackssache, und zum Glück lässt Apple uns ja die freie Wahl.

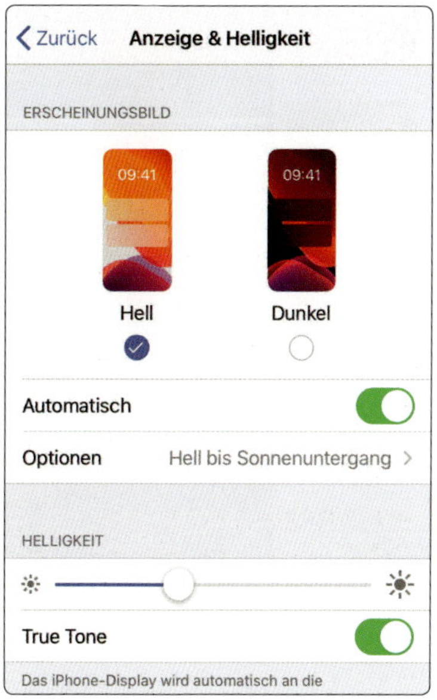

Bei automatischem Wechsel springt der neue Dunkel-Modus nur abends und nachts an

Kamera und Fotos

Keine neue iPhone-Generation kommt ohne Verbesserung der Kamera aus, und da muss natürlich auch das System mithalten und die neuen Funktionen wie die drei Objektive der iPhone-11-Pro-Modelle unterstützen. In iOS 13 erhält die Kamera-App den neuen monochromen Porträtmodus „High-Key-Licht“, der die Person auf einem hellen Hintergrund freistellt. Außerdem können Sie die Lichtintensität verschiedener Porträteffekte einstellen. Dafür benötigen Sie allerdings mindestens ein iPhone XS/XR.

Von den Verbesserungen in der Fotos-App haben dagegen alle Anwender etwas. Sie glänzt vor allem mit einer neuen Übersicht auf der Startseite. Hier kann Fotos eine kuratierte Zusammenstellung für Tage, Monate und Jahre zeigen. Dabei hilft Machine Learning, die besten Bilder auszuwählen und zum Beispiel

Fotos bietet die neue Übersicht mit intelligenter Fotoauswahl und animierten Videos und Live Photos.

Dazu gibt es erweiterte Bearbeitungsfunktionen und Filter in Fotos, viele auch für Videos.

unpassende Motive wie Screenshots oder zur Erinnerung fotografierte Etiketten auszusparen. Um den Rest zu sehen, wählen Sie einfach die Ansicht „Alle Fotos“. Die Übersicht ist außerdem durch größere Vorschaubilder und animierte Videos und Live Photos schöner und lebendiger. Zusätzlich bietet die App Fotos neue Werkzeuge und Filter zur Bearbeitung, wovon sich viele auch für aufgenommene Videos nutzen lassen.

Schutz der Privatsphäre

Ein Bereich, dessen Wichtigkeit Apple gern betont, um sich von Firmen wie Google oder Facebook abzusetzen, ist der Schutz der Privatsphäre. Ein Baustein der Bemühungen ist der neue Dienst „Anmelden mit Apple“ zu Ihrer Apple-ID. Über ihn können Sie sich bei Apps, Websites und anderen Diensten, die eine Registrierung erfordern, legitimieren. Sie geben einen Namen an, und die Bestätigung erfolgt dann zum Beispiel über Face ID oder Touch ID auf dem iPhone oder iPad. Sollte die Registrierung die Angabe einer Mailadresse erfordern, kann Apple eine Einmaladressse erzeugen, die dann auf Ihr normales Mailkonto weitergeleitet wird. Im Gegensatz zu anderen Anmeldediensten, die bei der Gelegenheit Daten über den Benutzer sammeln, geben Sie bei Apples Version kaum etwas von sich preis. Und Apple selbst gibt an, Ihre Aktivitäten nicht zu verfolgen. So trägt Anmelden mit Apple zu mehr Kontrolle über Ihre Daten bei.

Auch die Nutzung der Standortbestimmung durch Dritt-Apps hat Apple verbessert. So können Sie den Zugriff jetzt immer auf die aktiven Zeiten der App oder einen einmaligen Zugriff beschränken. Im zweiten Fall fragt iOS bei jedem Versuch einer App, den Standort abzufragen, erneut. Nur Apps, die Ihre Position tatsächlich dauerhaft benötigen - wie zum Beispiel eine smarte Heizungs-App, die Geofencing betreibt, um die Wohnungstemperatur abzusenken, wenn Sie unterwegs sind - bieten noch die Option „Immer“ für den Zugriff auf Ihren Standort.

Außerdem kann HomeKit die Bilder kompatibler Kameras speichern. Diese werden wie bei HomeKit üblich verschlüsselt übertragen und dann auf dem iCloud-Server gespeichert. Die Filme selbst gehen nicht zulasten Ihres iCloud-Speichers, Sie benötigen aber mindestens einen 200-GB-Account und für die automatische Übertragung eine HomeKit-Basis, also ein Apple TV, ein iPad oder einen HomePod.

Bessere Karten

Die Karten-App gehört als Ersatz für Stadtplan und Navi für viele Anwender längst zum Alltag. Mit iOS 13 stellt Apple auf neues

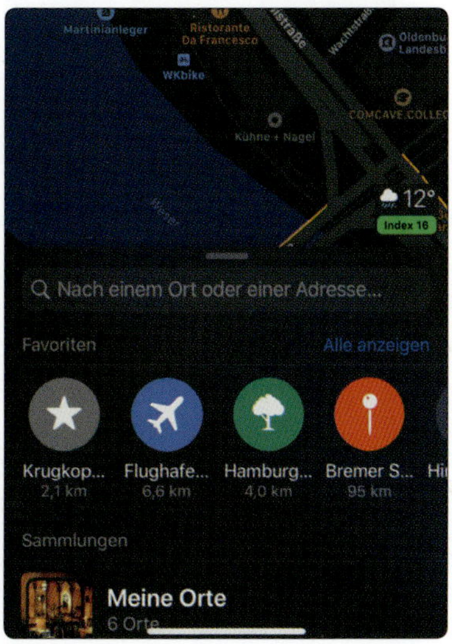

Jetzt schon nutzbar in Karten sind die praktischen Favoriten und Sammlungen.

Batterie

iOS 13 nutzt ein intelligentes Ladekonzept, um die Lebensdauer des Akkus zu verlängern. Es lädt den Akku nur auf 80 Prozent und lernt Ihre Nutzungsgewohnheiten, um ihn dann passend komplett zu laden. Das optimierte Laden lässt sich in den Batterieeinstellungen des iPhone ausschalten.

detailreiches Kartenmaterial um und fügt einen neuen 3D-Modus hinzu, mit dem Sie sich aus der Straßenperspektive umsehen können. Wie immer sind die entsprechenden Funktionen zum Start erst mal nur in ausgewählten US-Städten verfügbar. In Deutschland wird sich vor 2020 nichts tun. Und auch dann muss man abwarten, ob die neue 3D-Ansicht bei uns ein ähnliches juristisches Desaster ereilt wie seinerzeit Streetview von Google.

Bis dahin erfreuen wie uns in der Karten-App von iOS 13 an der neuen Favoritenfunktion und der Möglichkeit, Sammlungen wichtiger Orte zusammenzustellen, zum Beispiel Sehenswürdigkeiten für den nächsten Urlaub.

Nachrichten und Texteingabe

In Nachrichten können Sie Ihren Namen und Ihr Foto mit dem Gegenüber teilen, wahlweise automatisch mit allen, nur mit bekannten Kontakten oder einmalig. Als Bild können Sie auch ein Memoji verwenden.

Letztere spalten die Anwenderschaft. Die einen finden Sie supercool, die anderen halten sie für überflüssig. So oder so

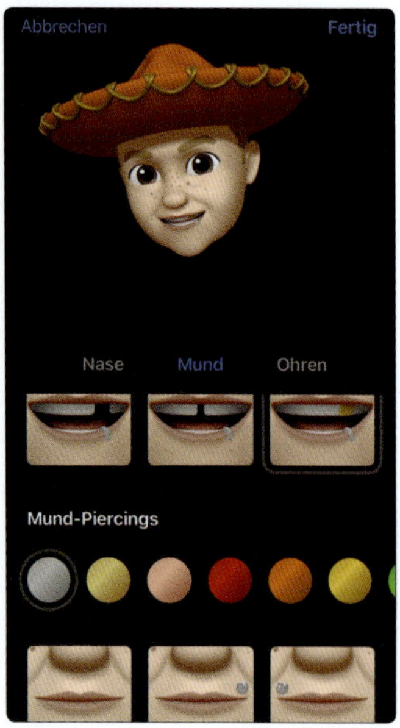

iOS 13 bietet mehr Details bei der Erstellung von Memjis. Die fertigen stehen als Stickerpaket bereit.

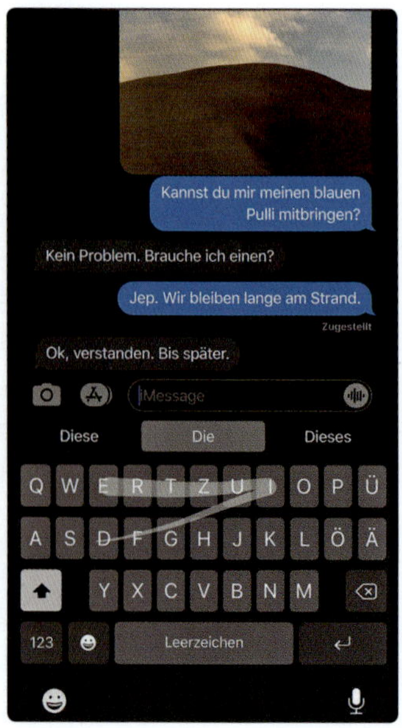

Die virtuelle Tastatur bietet mit QuickPath eine neue Eingabefunktion durch Wischen über die Buchstaben.

hat Apple mit iOS 13 noch einmal nachgelegt und die Gestaltungsmöglichkeiten für Memojis noch einmal deutlich erweitert. Neue Frisuren, Kopfbedeckungen, Make-ups und Piercings sorgen für noch mehr Abwechslung oder eben für eine noch passendere Abbildung des Benutzers. Die erzeugten Memojis fügt iOS 13 automatisch als Stickerpaket zur Tastatur hinzu, sodass Sie sie in Nachrichten, Mail und anderen Apps nutzen können.

Ebenfalls nicht exklusiv für Nachrichten ist die neue Texteingabefunktion QuickPath. Dabei ziehen Sie den Finger ohne abzusetzen von Buchstabe zu Buchstabe über die Tastatur. Die iOS-KI lernt aus Ihren Eingaben und unterstützt QuickPath, damit es die Fingerspur schnell und zuverlässig erkennt, ohne das Ganze zur Präzisionsübung ausarten zu lassen.

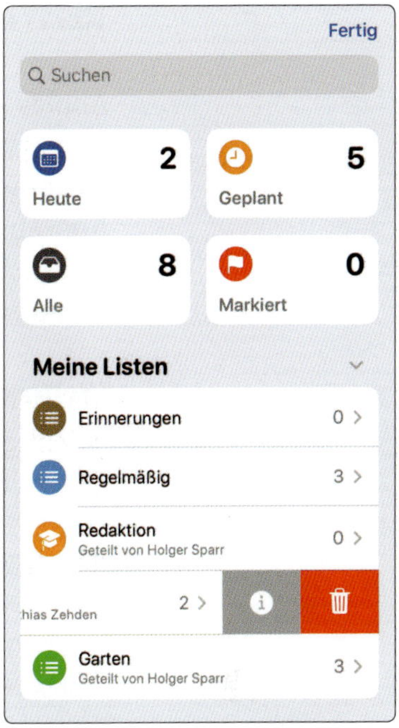

Erinnerungen hat eine elegante Oberfläche und viele neue Funktionen bekommen.

Siri und HomePod

Die App Kurzbefehle zur Erstellung und zum Aufruf von Befehlssequenzen für Siri gehört jetzt fest zum Lieferumfang von des Systems. Sie bringt außerdem neue Kurzbefehle für diverse Apps mit, die sich mit Ihren Kommandos kombinieren lassen. Während sich die mitgelieferten Kurzbefehle von Apps und Siri-Vorschläge komfortabel nutzen lassen, bleibt das Anlegen eigener Kurzbefehle jedoch etwas gewöhnungsbedürftig.

Eine andere praktische Siri-Erweiterung betrifft den HomePod. Über diesen kann Siri nun endlich die Stimmen von Familienmitgliedern unterscheiden und Eingaben auf sie beziehen, also zum Beispiel ihre Musiksammlung oder ihre Termine. Wir fragen uns, warum erst jetzt und warum nur auf dem HomePod? Wäre es nicht praktisch, wenn jemand aus der Familie auch mal schnell zu einem beliebigen iPhone greifen könnte oder Siri andersherum auf Wunsch nur Eingaben vom iPhone-Besitzer akzeptieren würde?

Praktisch: Kommen Sie nach Hause, können Sie jetzt die Audiowiedergabe oder ein Telefongespräch einfach vom iPhone an Ihren HomePod übergeben und auf diesem fortsetzen.

iOS 13 im Auto

Apples Auto-Interface CarPlay hat eine neue Oberfläche bekommen. Über CarPlay nutzt das iPhone kompatible Entertainmentsysteme im Auto quasi als externen Bildschirm, bei reduzierter App-Auswahl. Die neue Ansicht der Karten-App ist deutlich übersichtlicher, und einige Apps wie Kalender und Musik erlauben einen einfacheren Zugriff.

Weitere neue Funktionen

Damit ist natürlich lange noch nicht Schluss. Es gibt noch viele weitere neue Funktionen zu entdecken. Dazu gehört die vollständige Steuerung per Spracheingabe oder die Unterstützung für Apples Spiele-Abo „Arcade“. Dateien kann externe Speichermedien per Lightning-Adapter verwalten und Ordner per iCloud freigeben. Notizen besitzt eine neue Galerieansicht und Safari eine erweiterte Startseite. Die Apps Freunde und iPhone suchen sind in „Wo ist?“ zusammengefasst. Bildschirmzeit und Health wurden erweitert und vieles mehr.

Zum Abschluss noch ein kleines persönliches Highlight: Als Ersatz für Touch 3D auf iPhones mit druckempfindlichem Display kommt das etwas längere Drücken nun systemweit auf allen iPhones und iPads zum Einsatz. Sie können jetzt also auch auf dem iPhone 11 oder einem iPad das Menü mit den Quick Actions einer App aufrufen. Tippen Sie auf das Symbol der App und hal-

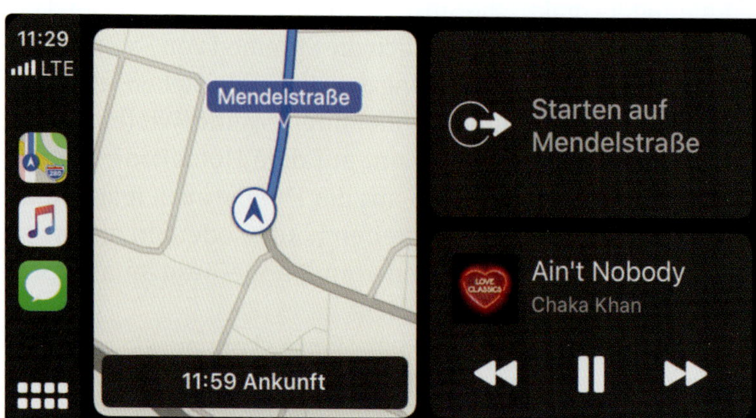

Die Oberfläche von CarPlay: Navigation mit der Karten-App mit gleichzeitigem Zugriff auf die Musiksteuerung inklusive Albumcover.

ten den Finger auf dem Display. Mit kurzer Verzögerung geht das Kontextmenü auf. Hier können Sie nun zwischen dem Anordnen der Apps auf dem Springboard und den praktischen Befehlen zur App wählen.

Insgesamt hat Apple mit iOS 13 ein solides Update hingelegt. Vielleicht ohne große Sensationen, aber deshalb nicht weniger empfehlenswert.

8

Apple Watch in der Praxis

Wer bis hierhin immer noch nicht weiß, wozu er die Apple Watch gebrauchen kann, findet hier noch eine Reihe weiterer Vorschläge, wie Ihnen die Apple Watch im Alltag zur Hand gehen kann. Denn die Apple Watch ist zwar leistungsfähig, aber nicht so kompliziert, dass man aus ihr nicht mit etwas Praxis noch mehr herausholen kann.

Apple Watch oder iPhone austauschen

Die Apple Watch und das iPhone gehen eine sehr enge Bindung ein. Wir zeigen, worauf Sie achten müssen, wenn Sie eines der beiden Geräte durch ein neues ersetzen wollen. Die Apple Watch wird an Ihr iPhone gekoppelt. Letzteres übernimmt von da an einen Teil der Konfiguration, es sorgt auch für das Back-up der Uhr, die Updates für watchOS und Apps sowie vieles mehr. Beim Update von iOS oder watchOS bleiben alle Daten erhalten, doch wenn Sie sich zum Umstieg auf die nächste iPhone- oder Apple-Watch-Generation entscheiden, muss immer erst die Verbindung getrennt und danach zwischen den neuen Partnern wiederhergestellt werden.

Back-up der Apple Watch

Das iPhone macht automatisch ein Back-up der gekoppelten Apple Watch, das Einstellungen, installierte Apps und mit der Uhr aufgezeichnete Daten enthält. Die von der Uhr erfassten Aktivitätsdaten werden mit der Health-Datenbank auf dem iPhone synchronisiert. Nicht im Back-up enthalten sind dagegen Verbindungsdaten zur Kopplung mit dem iPhone, Apple-Pay-Informationen und der Sperrcode der Uhr.

Wird eines der Geräte erneuert, lässt sich die Verbindung ohne Datenverlust wiederherstellen.

Etwas Geduld

Bei der Verbindung der Apple Watch mit einem neuen Gerät, müssen immer alle Apps neu aufgespielt werden, auch wenn die Uhr vorher nicht gelöscht wurde. Es bringt also nichts, auf das Entkoppeln und das aktuelle Back-up zu verzichten.

Apple Watch verkaufen

Durch das Entkoppeln wird die Uhr gelöscht, doch für den Verkauf sollten Sie noch etwas mehr tun. Damit der Käufer keine Probleme beim Einrichten bekommt, sollten Sie sie vorher von Ihrer Apple-ID abmelden und den Sperrcode auf der Uhr deaktivieren.

Für den Fall, dass die Uhr es beispielsweise aus Strommangel nicht mehr schafft, die jüngsten Daten zum iPhone zu übertragen, empfehlen wir, vor dem Wechsel des iPhone oder der Uhr manuell ein Back-up zu starten. Dafür laden Sie die Uhr und entkoppeln sie manuell, während sie sich in Reichweite Ihres iPhone befindet. Dabei wird ein Back-up erzeugt, sodass sich der aktuelle Zustand der Uhr auf dem iPhone befindet.

Neue Uhr aktivieren

Durch das Entkoppeln wird die alte Uhr komplett gelöscht. Für den Fall, dass Sie sich eine neue Apple Watch gekauft haben, können Sie die alte entkoppelte Uhr also getrost verkaufen. Es befinden sich keine persönlichen Daten mehr auf ihr. Ein paar Dinge sollte Sie trotzdem noch beachten (siehe Tipp). Nehmen Sie nun die neue Apple Watch in Betrieb, und koppeln Sie sie mit Ihrem iPhone. Hat das geklappt, bietet das iPhone Ihnen an, die Uhr aus einem Back-up wiederherzustellen. Darüber kommen dann die gewohnten Apps und Einstellungen wieder auf die Uhr. Der Vorgang dauert etwas, da das iPhone alle Apps erst einmal auf die neue Uhr kopieren muss. Wie bei iOS enthält das Back-up nur eine Liste der Apps, die Lage auf dem Bildschirm sowie deren Daten und Konfiguration. Am Ende des Restore-Prozesses nehmen Sie noch einige grundlegende Einstellungen vor, melden Ihre Apple-ID an, und schon können Sie die neue Apple Watch wie gewohnt nutzen.

Mit neuem iPhone verbinden

Auch der Wechsel des iPhone beginnt mit der Entkoppelung der Apple Watch. Spielen Sie nach dem Umstieg auf ein neues iPhone ein vorhandenes iOS-Back-up ein, werden damit auch die gesicherten Daten der Apple Watch übertragen. Ist das iPhone fertig eingerichtet, öffnen Sie die Watch-App und koppeln die Uhr mit dem neuen iPhone. Dann erhalten Sie wie bei einer neuen Uhr die Möglichkeit, sie aus dem vorhandenen Back-up wiederherzustellen. Setzen Sie das iPhone allerdings als neues Gerät auf, müssen Sie auch die Uhr neu konfigurieren.

Workshop: Datensicherung der Apple Watch manuell starten

1 Watch-App auf dem iPhone öffnen

Um das Back-up zu starten, entkoppeln Sie die Apple Watch. Wir empfehlen mindestens 50 Prozent Ladung. Legen Sie die Uhr in Reichweite des iPhone, und starten Sie darauf die App Watch. Wechseln Sie in „Meine Uhr".

2 Verbundene Apple Watch auswählen

Als nächstes tippen Sie in „Meine Uhr" auf den Namen der Apple Watch oben über den Zifferblättern. Anschließend tippen Sie auf das kleine orange „i" rechts von der Beschreibung der Uhr.

3 Apple Watch entkoppeln

Jetzt kontrollieren Sie oben, dass das iPhone die Uhr wirklich als gekoppelt meldet. Tippen Sie dann unten auf den roten Schriftzug „Apple Watch entkoppeln" zum Trennen der Verbindung. Dabei erstellt das iPhone ein Back-up der Uhr.

Workshop: Apple Watch aus vorhandenem Back-up wiederherstellen

1 Kopplungsprozess am iPhone starten

Beim Restore spielt es keine Rolle, ob die Watch oder das iPhone neu ist. Die Prozedur ist die gleiche. Ist keine Uhr mit dem iPhone verbunden, zeigt die Watch-App den Startscreen. Wählen Sie darin „Koppeln starten“.

2 Neue Uhr zusätzlich verbinden

Ist bereits eine andere Uhr verbunden, tippen Sie in „Meine Uhr > Apple Watch“ auf „Neue Apple Watch koppeln“. Sie schalten die Uhr ein, wählen die Sprache und starten die Kopplung. Halten Sie die Uhr vor die Kamera.

3 Wiederherstellung starten

Die Uhr zeigt die Verbindungsdaten als Pixelwolke, die die App auf dem iPhone automatisch erkennt. Hat es die Uhr gekoppelt, bietet es an, sie aus einem Back-up wiederherzustellen oder als neues Gerät einzurichten.

4 Vorhandenes Back-up wählen

Wählen Sie die Wiederherstellung, zeigt die App verfügbare Sicherungen. Wählen Sie hier das gerade vorher erstellte Back-up anhand von Datum und Uhrzeit aus, und akzeptieren Sie die Nutzungsbedingungen.

5 Gesicherte Daten aufspielen

Sie müssen sich nun noch mit Ihrer Apple-ID anmelden und einige Basiseinstellungen vornehmen. Dann startet die Synchronisierung der Uhr. Dabei stellt das iPhone die installierten Apps und Daten anhand des Back-ups wieder her.

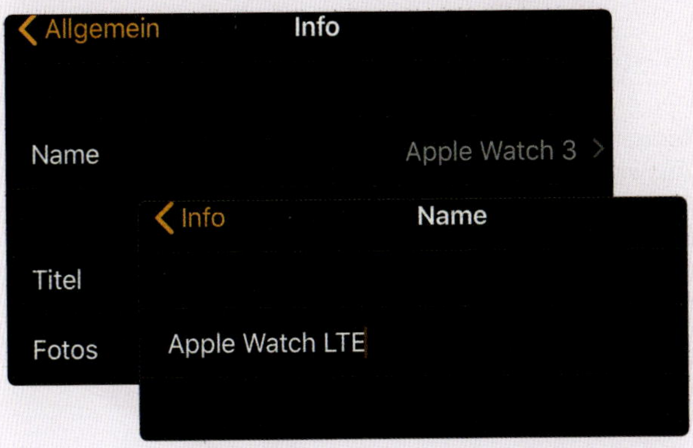

6 Namen für neue Uhr eingeben

Ist der Vorgang abgeschlossen, zeigt die iPhone-App die Apple Watch im Bereich „Meine Uhr" an. Bei einer neuen Uhr können Sie bei Bedarf unter „Meine Uhr > Allgemein > Info" einen eigenen Namen vergeben.

Gesund bleiben mit der Apple Watch

Als kalifornisches Unternehmen legt Apple viel Wert auf Gesundheit und Fitness. Und so hat die Firma nicht nur unlängst ein eigenes Krankenhaus für seine Mitarbeiter gebaut, sondern stattet seine Geräte auch mit einigen Apps, Sensoren und Funktionen aus, die bei der Verbesserung der Gesundheit helfen sollen.

Sammelstelle iPhone

Schon seit einigen Jahren bietet Apple auf dem iPhone die Health-App an, die vor allem den Zweck hat, als zentrale Datenbank für alle Arten von Gesundheitsdaten zu dienen. Apple hat über die Jahre die Fähigkeiten der App beständig ausgebaut und kann immer mehr Daten erfassen - von simplen Fixwerten wie der Körpergröße über Messwerte wie Körpertemperatur bis hin zu Klinikberichten. Und es lassen sich Aktivitäten aller Art erfassen, vom Spaziergang über gelaufene Schritte und Stockwerke bis zum harten Ausdauertraining, wobei wir dem Bereich Fitness und Sport ja ein eigenes Kapitel gewidmet haben.

Für die Messung und spätere Auswertung der Gesundheitsdaten bilden Apple Watch und iPhone ein gutes Gespann.

Workshop: Herz analysieren mit der Apple Watch

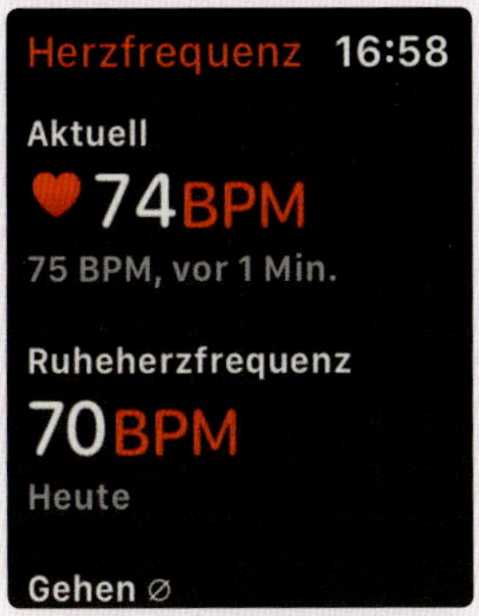

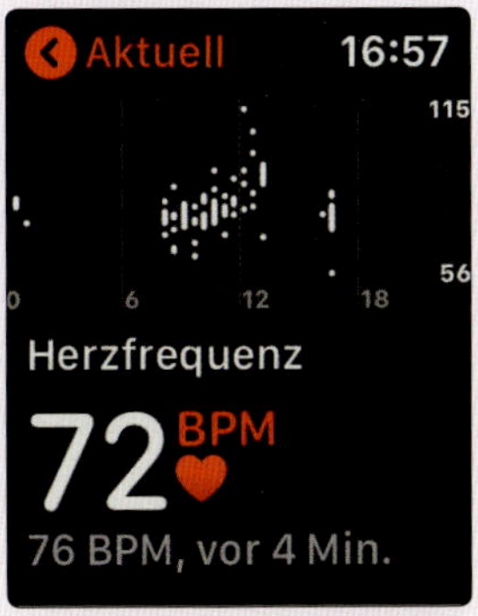

1 Herzfrequenz mit der Uhr messen

Wenn Sie die Herzfrequenz-App auf der Uhr starten, beginnt die Messung automatisch. So lässt sich der Puls ganz bewusst messen, doch die Uhr misst je nach Einstellung auch von selbst und bei Aktivitäten.

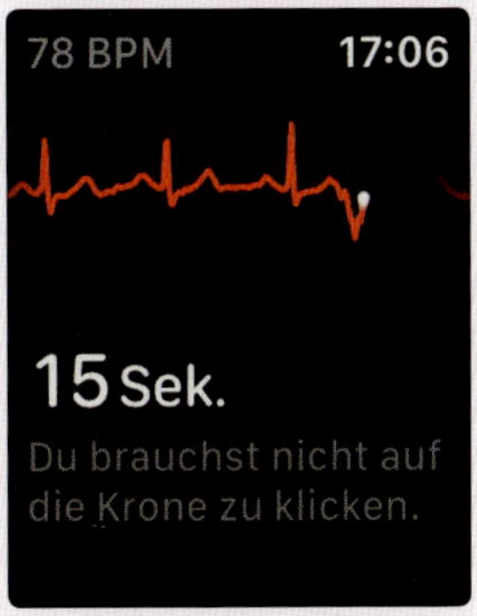

2 EKG mit der Apple Watch anlegen

Die Apple Watch Series 4 und 5 kann mit speziellen Sensoren ein EKG anfertigen und aufzeichnen. Dazu startet man die App und legt einen Finger entspannt auf die Krone, was nicht leicht im Screenshot festzuhalten ist.

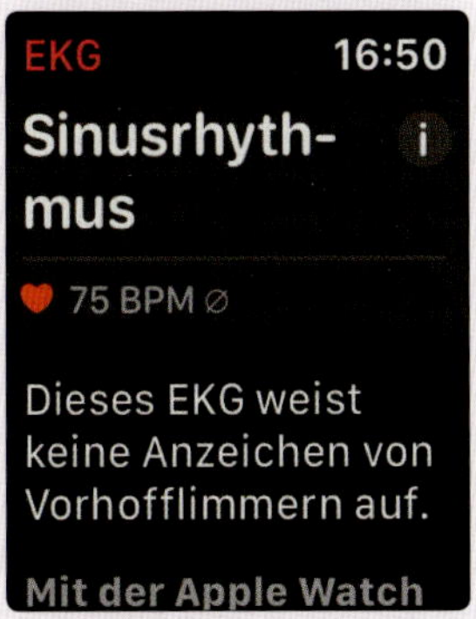

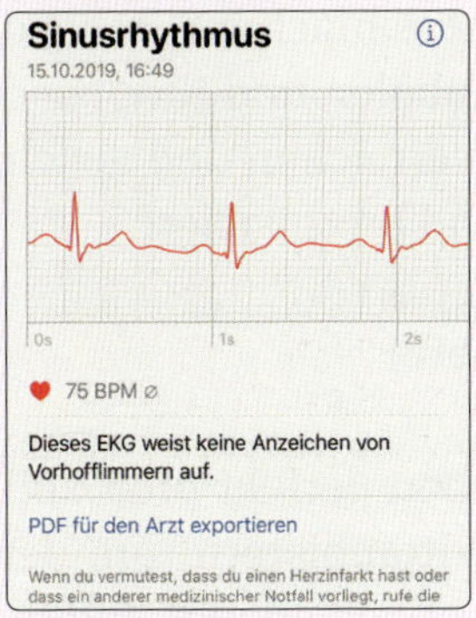

3 Ergebnis des EKG ansehen

Über das einfache EKG lässt sich vor allem das gefährliche Vorhofflimmern erkennen. Die Daten landen in der Health-App auf dem iPhone und lassen sich von dort als PDF exportieren und an den Arzt schicken.

Die Apple Watch als Quelle

Mit seinen Sensoren bemüht sich das iPhone zwar, möglichst viele Daten zu erfassen und beispielsweise mit dem Barometer auch die gelaufenen Stockwerke zu analysieren, doch das findet seine natürliche Grenze in der Tatsache, dass man das iPhone nun einmal nicht immer am Körper trägt.

Die Apple Watch hat man dagegen deutlich häufiger am Handgelenk, was die Genauigkeit der automatisch erfassten Daten deutlich verbessert. Und die Apple Watch hat Sensoren für den Herzschlag und ab der Series 4 sogar ein einfaches EKG. Dazu kann die Geräusche-App mittlerweile das Mikrofon der Uhr nutzen, um die Lärmbelastung zu messen.

Atemlos

Die Apple Watch unterstützt ihren Träger auf vielerlei Weise dabei, gesund zu bleiben. Wie sehr die Uhr dabei in die Privatsphäre ihres Trägers eingreift, ist eine Frage der Einstellungen. Beispielsweise empfinden viele die dauernde Aufforderung, aufzustehen um sein „Stehziel" oder andere Aktivitätsziele zu erreichen, als eher nervig. Verantwortlich dafür sind die Aktivitätseinstellungen innerhalb der Watch-App auf dem iPhone, wo man fein steuern kann, wie oft die Uhr Mitteilungen sendet.

Steht man den Angeboten dagegen etwas aufgeschlossener gegenüber, kann die Apple Watch ihrem Träger durchaus dabei helfen, gesünder zu leben. Dazu zählt auch die Atmen-App, die dazu anleitet, einfach mal ruhig durchzuatmen. Dabei hilft die App mit Symbolen und Klopfzeichen dabei, die richtige Atemfrequenz zu erreichen und gleichzeitig wird die Herzfrequenz gemessen und protokolliert.

Fremdanbieter

Wer sein Leben perfekt protokollieren möchte, kann dies mit Apps von Drittanbietern tun, denen man den Zugriff auf die Health-Datenbank erlaubt und für die es oft auch Watch-Apps gibt. Mit ihnen lassen sich beispielsweise die Ernährung protokollieren oder andere Daten erfassen.

Workshop: Richtig atmen und Geräusche messen mit der Apple Watch

1 Atmen üben mit Unterstützung

Die Atmen-App hilft einem, richtig ein- und auszuatmen. Dazu gibt die App mit Texten und Symbolen Hinweise, denen man nur folgen muss. Gleichzeitig wird die Herzfrequenz gemessen und die Ergebnisse werden ans iPhone übertragen.

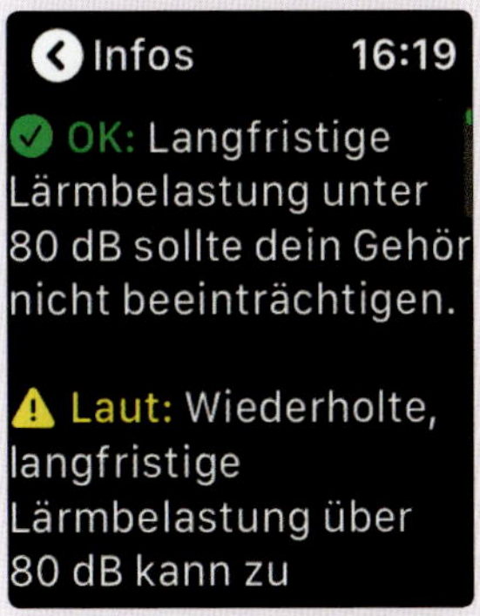

2 Lärm messen und vermeiden

Die neue Geräusche-App misst nach dem Starten die Lärmbelastung und gibt Hinweise darauf, was die Messwerte bedeuten. So kann man sehr schnell die Belastung des Gehörs am Arbeitsplatz überprüfen.

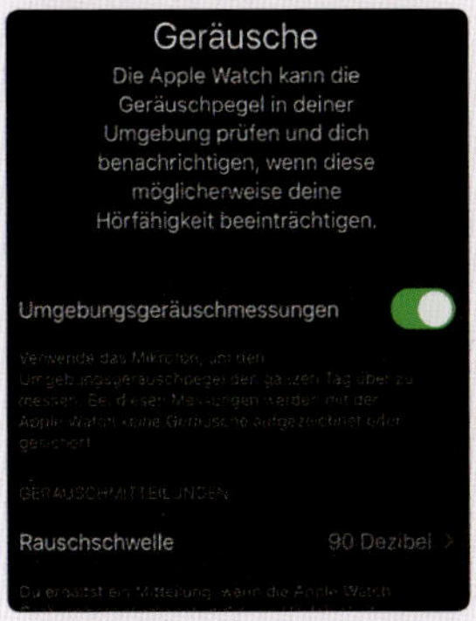

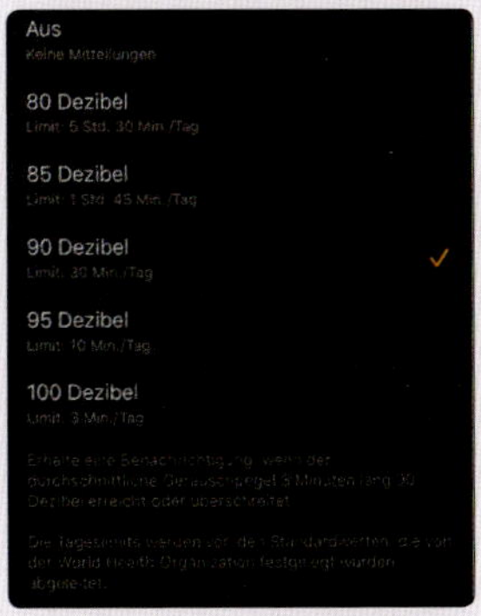

3 Vor erhöhter Lärmbelastung warnen

In den Einstellungen für Geräusche in der Watch-App auf dem iPhone kann eine ständige Lärmmessung auf der Uhr aktiviert werden. Keine Bange: Dabei wird nichts gespeichert. Die Schwelle für Warnungen lässt sich einstellen.

Workshop: Die Health-App zusammen mit der Apple Watch nutzen

1 Übersicht zeigt die wichtigsten Werte

Alle von der Apple Watch und anderen Geräten ermittelten oder per Hand eingegebenen Werte werden in der Health-App auf dem iPhone gesammelt. Die Übersicht zeigt die wichtigsten Werte und Auswertungen.

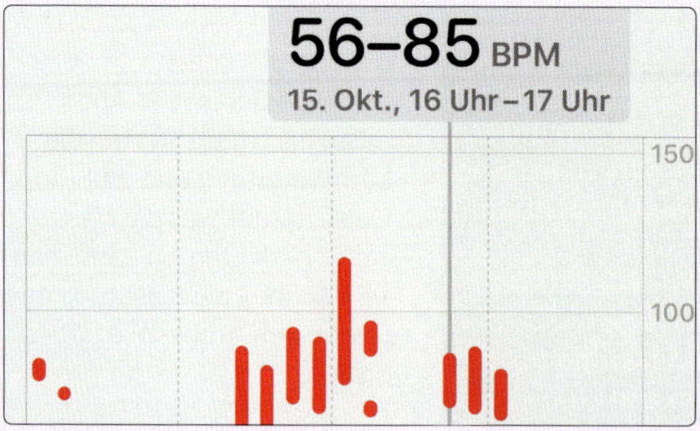

2 Herzchlag jederzeit auswerten

Zu praktisch allen Bereichen gibt es eine Detailansicht, die man per Fingertipp erreicht. So lassen sich auch nachträglich die Verläufe der Werte - in diesem Fall des Herzschlags - auswerten und meist auch in geeigneter Form exportieren.

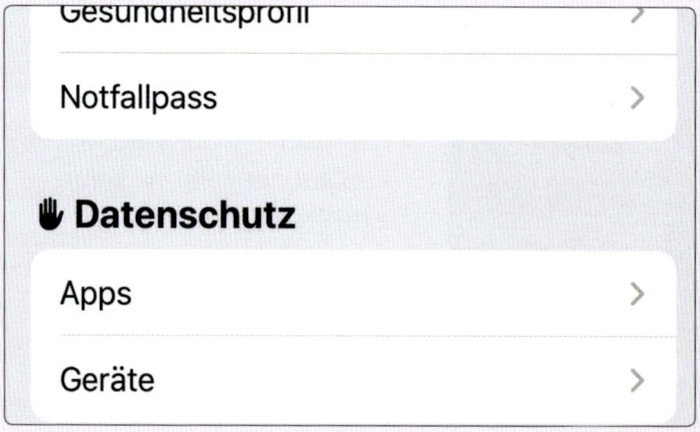

3 Datenquellen für Health-App

Im Bereich der persönlichen Daten lassen sich die verbundenen Geräte und Apps überprüfen. Auch andere Apps können die Health-Datenbank befüllen und auswerten, aber auch Geräte, die beispielsweise per Bluetooth mit dem iPhone verbunden sind.

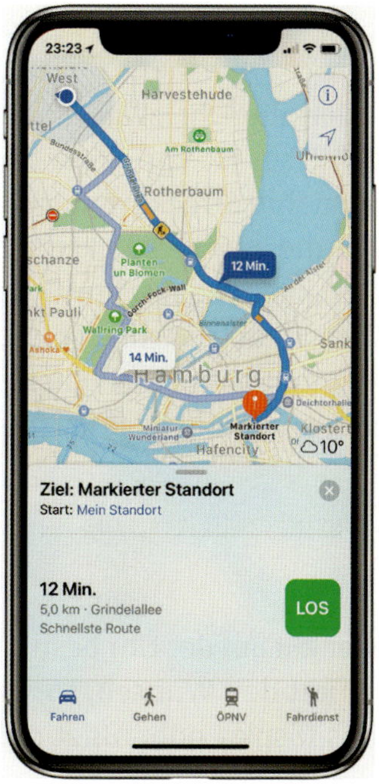

Bei der Navigation arbeiten Apple Watch und iPhone Hand in Hand und lassen sich gleichzeitig nutzen. Das iPhone kann oft in der Tasche bleiben.

Navigieren mit der Apple Watch

Früher einmal waren „Saugnapf-Navis“ für die Windschutzscheibe der letzte Schrei und geradezu ein Statussymbol für diejenigen, die nicht die Königslösung, das fest eingebaute Navigationssystem, im Auto hatten. Das ist längst vorbei, und Smartphones haben das Genre fast vollständig übernommen. Kein Wunder, denn sie haben eine Internet-Verbindung, mit der sie neueste Karten und Verkehrsinfos abrufen können. Das Einzige, was man für die Nutzung des iPhone als Auto-Navi braucht, ist eine passende Halterung, um das Display gut im Blick zu behalten.

Doch was ist, wenn man eine solche Halterung oder womöglich das ganze Auto gar nicht hat? Wenn man als Beifahrer den Navigator geben, das Fahrrad nutzen oder gar zu Fuß gehen möchte? Wer nicht mit dem iPhone vor der Nase herumlaufen möchte, kann einfach die Apple Watch nutzen. Diese zeigt nicht nur auf ihrem Display die passenden Abbiegehinweise, sondern setzt auch ihre Taptic Engine für Klopfzeichen ein, die ohne Hinsehen und Hinhören den Weg weisen.

Navigation beenden

Ein fester Druck aufs Display bringt den Beenden-Knopf hervor. Damit lassen sich auch iPhone-Navigationen schnell beenden.

Zusammenarbeit

Seit der Apple Watch Series 2 hat die Uhr zwar einen GPS-Empfänger an Bord, doch dieser ist vor allem für Sportler gedacht, die beim Joggen ihre Strecke aufzeichnen wollen, ohne das iPhone in die Tasche stecken zu müssen. Selbstständig navigieren kann die Apple Watch nicht, vielmehr ist sie bei der Navigation tatsächlich nicht viel mehr als das Zweitdisplay zum iPhone. Das iPhone übernimmt die Routenberechnung und die Positionsbestimmung.

Suchen und finden

Den gewünschten Zielort kann man aber gut auf der Uhr bestimmen: Man sieht ihn auf der Karte, diktiert den Wunsch, sucht ihn aus den Kontakten, kritzelt ihn aufs Display oder nutzt die Umgebungssuche.

Da im Endeffekt immer das iPhone die Navigation übernimmt, ist es egal, ob man den Zielort auf dem iPhone oder der Apple Watch bestimmt, und auch, von wo aus die Navigation gestartet wird. Startet man sie von der Apple Watch, läuft automatisch die Karten-App auf dem iPhone. Umgekehrt gibt die Apple Watch immer Abbiegehinweise, sobald das iPhone eine Navigation durchführt.

Klopfzeichen

Die Apple Watch zeigt während der Navigation recht simple, aber sehr effektive Abbiegepfeile und auf Wunsch auch eine Karte, was aber auf dem kleinen Display eher wenig Sinn hat. Dafür aber gibt die Uhr „Klopfzeichen" mittels der Taptic Engine: Zwölfmal klopfen heißt rechts abbiegen, dreimal zwei Taps hingegen links. Kurz vor und bei der Ankunft kündigt die Uhr außerdem das Erreichen des Ziels an. Diese Art, Hinweise zu erhalten, ist sehr dezent im Vergleich zu Displays oder der Sprachausgabe und damit oft sehr praktisch - wenn man beispielsweise nicht möchte, dass jeder mitbekommt, dass man mal wieder den Weg nicht weiß.

Workshop: Orte und Adressen mit der Uhr suchen und finden

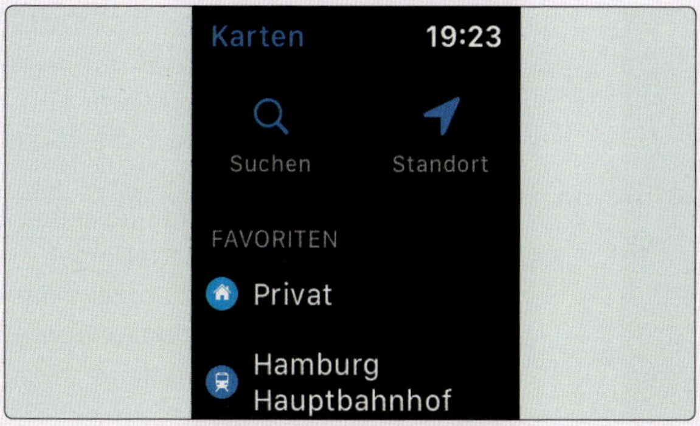

1 Startbildschirm der Karten-App

Eigentlich erfordern Karten ja Übersicht durch Größe, doch die App auf der Uhr macht dies durch intelligente Möglichkeiten wieder wett. So zeigt die App auf dem Startbildschirm die in der iPhone-App eingerichteten Favoriten an.

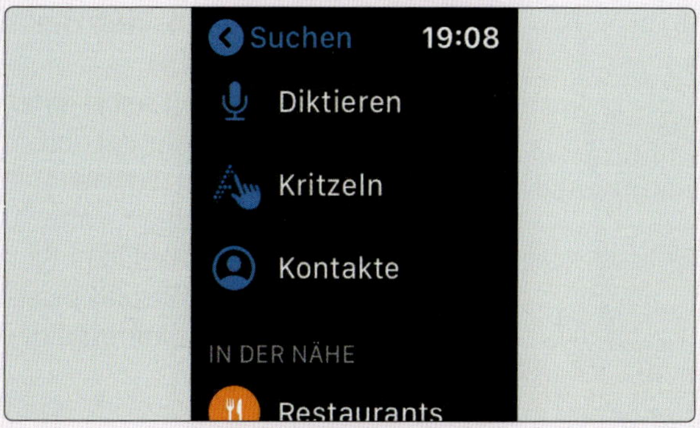

2 Orte auf der Karte suchen

Für die Suche des Zielorts für eine Navigation bietet die Apple Watch viele Möglichkeiten: Suchen lässt sich per Diktat, Kritzeln auf dem Display, in den Kontakten oder in der Umgebung. Alternativ darf man auch das iPhone nutzen.

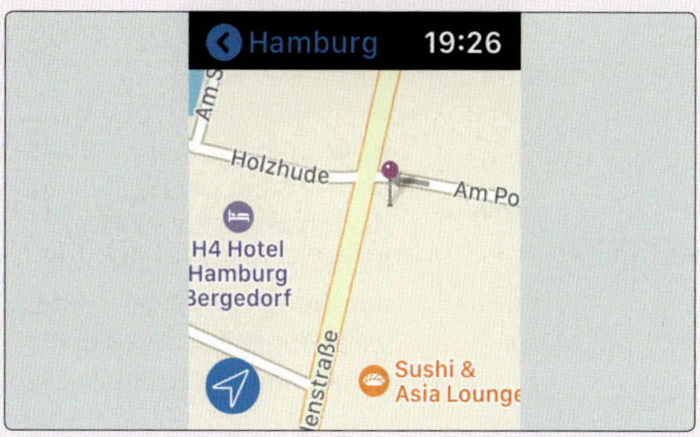

3 Suchergebnisse auf der Uhr ansehen

Doch man kann auch wie vom iPhone gewohnt auf der Karte suchen und eine Stecknadel setzen. Zum Zoomen gibt es die Krone, zum Verschieben der Karte nutzt man den Finger. Die Stecknadel setzt man mit längerem Druck.

Workshop: Navigieren mit der Apple Watch und dem iPhone

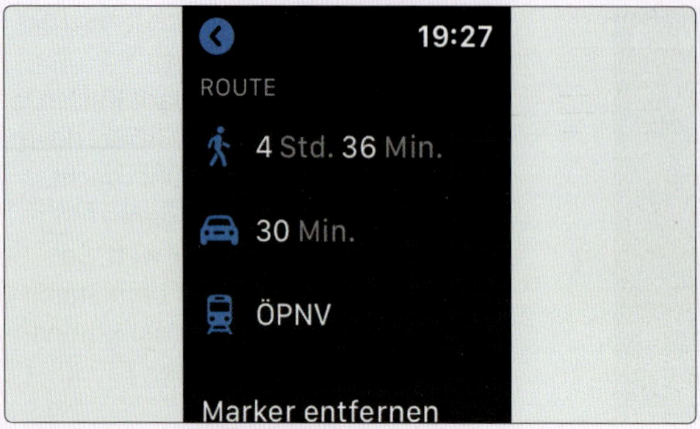

1 Route planen mit der Apple Watch

Hat man seinen Zielort bestimmt, lässt sich die Route dorthin leicht errechnen, wobei die Berechnung selbst auf dem iPhone stattfindet. Wartet man kurz ab, zeigt die App, wie lange man für den Weg brauchen wird.

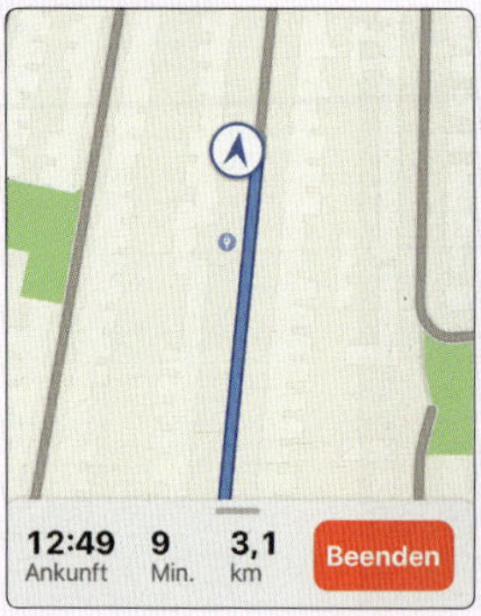

2 Navigation auf der Uhr starten

Da die Navigation selbst auf dem iPhone stattfindet und die Uhr grundsätzlich als Zweitdisplay fungiert, kann man beide gleichzeitig nutzen. Das iPhone-Display zeigt dabei stets mehr Informationen als die Uhr.

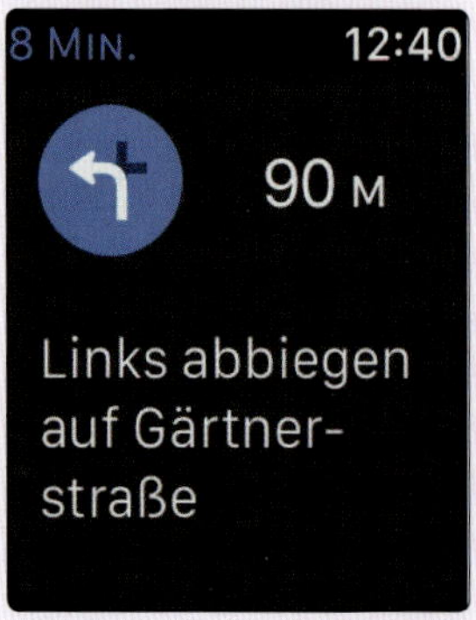

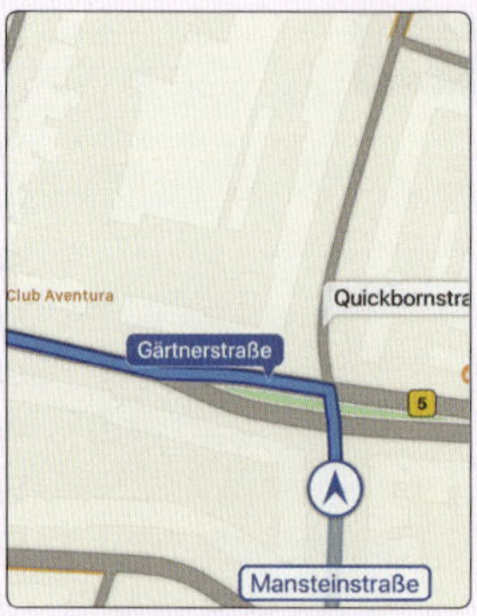

3 Abbiegen mit Hinweisen

Beim Abbiegen zeigt das iPhone die Karte, doch auch die Uhr stellt wichtigste Informationen wie Entfernung, Richtung und Ankunftszeit dar. Zudem klopft sie in Intervallen für Linkskurven und dauerhafter für Rechtskurven.

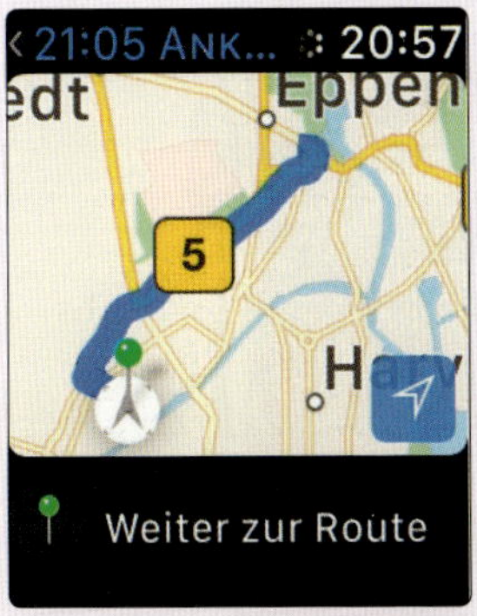

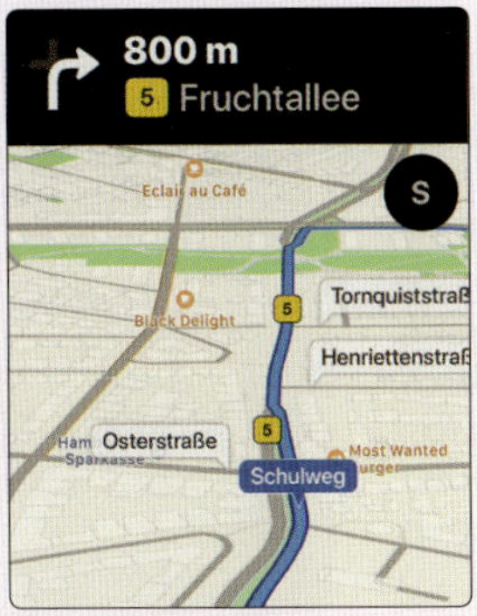

4 Karte während der Navigation

Die Navigation per Anklopfen funktioniert erstaunlich gut, allerdings machen einen längere gerade Strecken etwas nervös, weil nichts passiert. Streicht man nach links, kommt man jederzeit zur Kartenansicht.

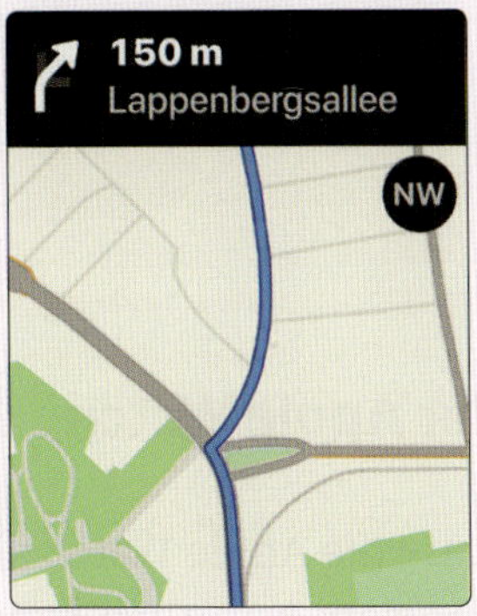

5 Mehrdeutige Situationen meistern

An seine Grenzen kommt das Klopfsignal, wenn es mal nicht mustergültig um die Ecke geht. Bei dieser Kreuzung geht es auch scharf nach rechts. Die richtige Richtung bekommt man nur mit einem Blick aufs Display heraus.

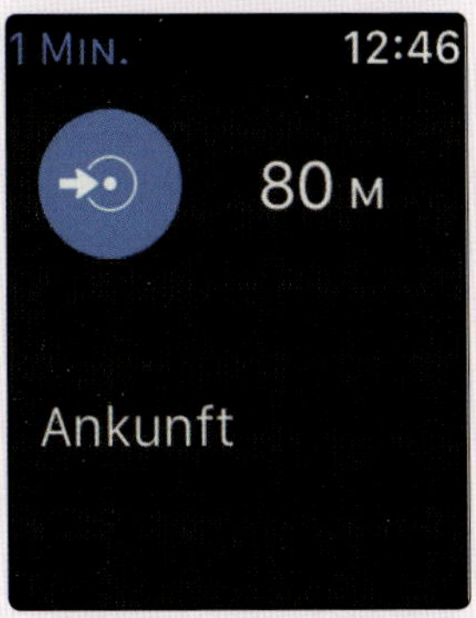

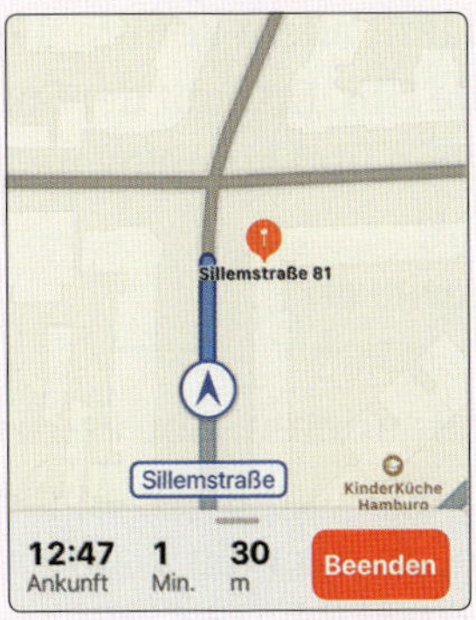

6 Anklopfen zum Ankommen

Auch die Ankunft am Zielort wird durch längeres Klopfen gemeldet. Hat man sich etwas an die Apple Watch als Navi gewöhnt, kann das iPhone auch in der Tasche bleiben, und das große Display entpuppt sich als verzichtbar.

Als Alleinunterhalter taugt Siri auf der Apple Watch eher nicht, aber es macht die Bedienung der Apple Watch deutlich leistungsfähiger und angenehmer.

Siri auf der Apple Watch

Ohne Siri wäre die Apple Watch als eigenständiges Gerät kaum denkbar gewesen. Natürlich kann man eine Handvoll Tasten auf dem Display abbilden und die Krone zum Scrollen verwenden, aber damit allein könnte die Apple Watch kaum mehr als eine normale Uhr. Erst mit der Spracherkennung Siri lassen sich Texte eingeben und komplexere Befehle erteilen.

Siri konfigurieren

Viel zu konfigurieren gibt es für die Nutzung von Siri nicht. Theoretisch übernimmt die Apple Watch die Siri-Einstellungen vom iPhone, an dem die Watch angemeldet ist. Denn wirklich unabhängig vom iPhone funktioniert Siri auf der Uhr nicht, weshalb es auf dem iPhone aktiv sein muss. Davon abgesehen hängt es vom Apple-Watch-Modell ab, welche Möglichkeiten die Uhr

Workshop: Siri direkt auf der Apple Watch konfigurieren

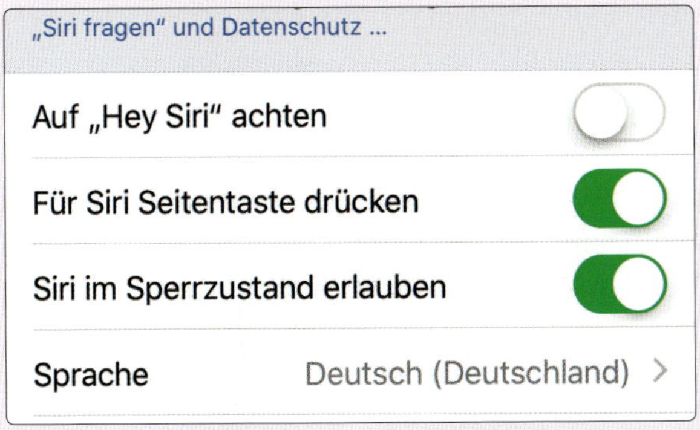

1 Spracherkennung auf dem iPhone

Voraussetzung für die Nutzung von Siri auf der Apple Watch ist, dass es auch auf dem verbundenen iPhone aktiviert ist. Die Aktivierung per „Hey Siri" betrifft hier nur das iPhone und ist für Watch-Besitzer meist unnötig.

2 Siri auf älteren Modellen

Bei älteren Apple-Watch-Modellen bis zur Series 2 lässt sich unter „Einstellungen > Allgemein > Siri" die Sprachaktivierung durch „Hey Siri" aktivieren. Der Rest wird vom iPhone übernommen und ein Feedback gibt es nur visuell.

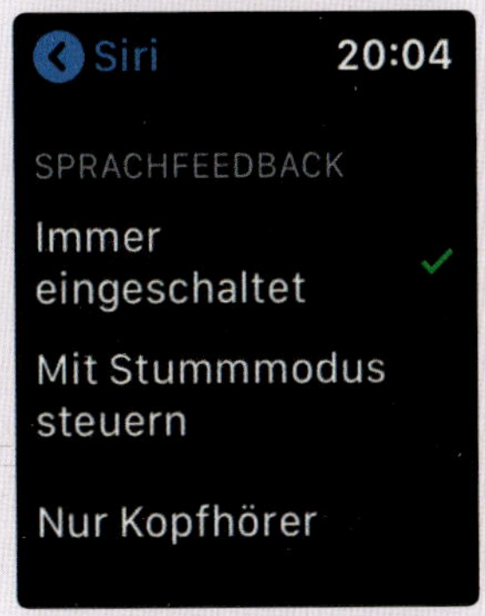

3 Spracherkennung auf neueren Uhren

Auf den Apple Watch-Modellen mit ihren schnelleren Prozessoren hingegen lässt sich Siri auch durch Führen des Armes zum Mund aktivieren und die Uhr gibt auf Wunsch auch Feedback per Sprachausgabe.

bietet. Die Modelle der Series 3 bis 5 können wie vom iPhone gewohnt mit Sprache antworten, wobei man einstellen kann, dass Antworten beispielsweise nur über den Kopfhörer als akustisches Feedback kommen. Die älteren Apple Watches beschränken sich von vornherein darauf, Antworten visuell über das Display zu geben.

Hey, Siri!

Die Konfigurationsmöglichkeit auf der Apple Watch selbst liegt darin, die Befehlseingabe per „Hey Siri" oder auch über einfaches Heben des Armes zu erlauben. Lässt man das nicht zu, kann man Siri nur über einen längeren Druck auf die Krone aktivieren. Sobald sich Siri aktiviert hat, darf man die Krone auch wieder loslassen.

„Hey Siri" hingegen wollen viele Anwender nicht aktivieren, weil sie fürchten, die Uhr könne Unterhaltungen missverstehen und sich ungewollt aktivieren. Doch die Sprachaktivierung funktioniert nur dann, wenn man die Uhr kurz zuvor in Richtung Kopf schwenkt und so aktiviert - die Gefahr einer ungewollten Befehlseingabe ist da ziemlich gering.

Möglichkeiten und Grenzen

Erst mit Siri sind manche Dinge auf der Apple Watch überhaupt erst möglich. Beispielsweise ist das Anlegen von Erinnerungen auf der Apple Watch nur über Siri machbar, mit Krone und Display kann man nur in bestehenden Erinnerungen blättern. Und so ähnlich ist es auch mit so manch anderer „Werks-App".

Auch die Eingabe von Texten, Nachrichten und dergleichen ist mit Siri möglich, was das freie Texten von Mails oder Ähnlichem überhaupt erst rudimentär ermöglicht. Dazu kommen die einfachen, aber nützlichen Anfragen wie etwa nach dem Wetter.

Allerdings hat Siri seine Grenzen, wenn es um allzu komplexe Befehle geht. Der Versuch, einen Termin mit Dauer, Ort und Teilnehmern auf der Watch einzugeben, kann die Lebensdauer des Besitzers negativ beeinflussen. Dafür ist aber nicht nur Siri selbst, sondern auch das nicht gerade Hi-Fi-taugliche Mikrofon der Apple Watch verantwortlich.

Workshop: Spracherkennung auf der Apple Watch nutzen

1 Siri bequem aufrufen und nutzen

Siri lässt sich auf zwei Arten aktivieren: Ein längerer Druck auf die Krone aktiviert die Funktion, und Befehle lassen sich einsprechen. Hat man die Sprachaktivierung erlaubt, klappt dies nur, wenn man die Uhr zuvor zum Kopf dreht.

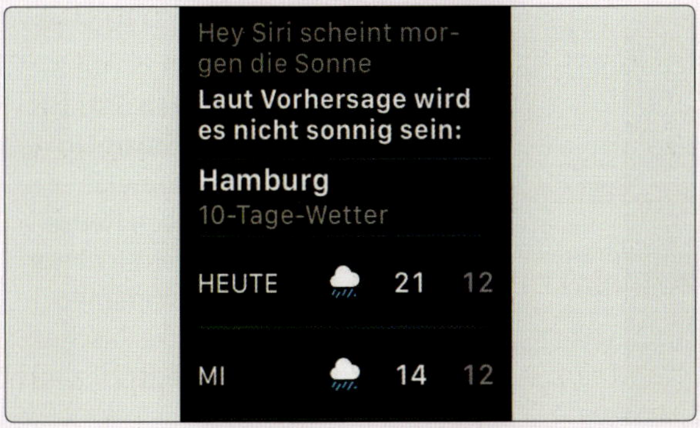

2 Einfache Fragen per Sprache stellen

Was auf dem iPhone wie ein trivialer Befehl klingt, macht auf der Apple Watch meist mehr Sinn. Einfache Fragen wie die nach dem Wetter oder den letzten Fussballergebnissen beantwortet die Uhr recht elegant und schnell.

3 Nachricht per Siri verfassen

Ein klassisches Beispiel für eine Siri-Anwendung auf der Uhr ist das Verschicken einer Nachricht oder einer Mail. Für die Beantwortung von Nachfragen darf man entweder den eingeblendeten Knopf oder „Hey Siri“ verwenden.

Workshop: Spracherkennung auf der Apple Watch nutzen (Fortsetzung)

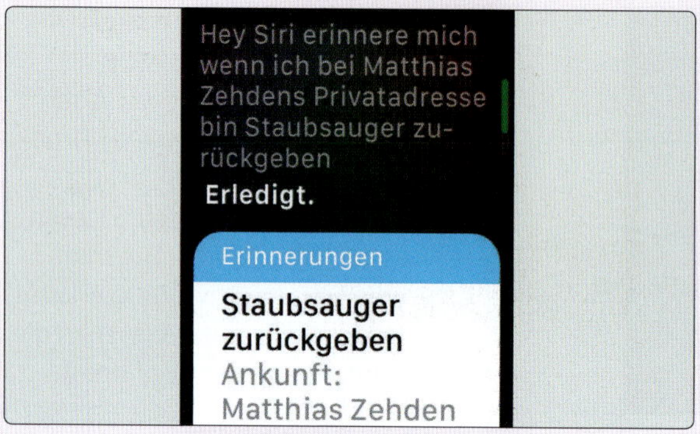

4 Erinnerungen per Diktat anlegen

Wenn die Aufgabe nicht zu komplex ist, kann man sie in einem Satz formulieren. So lassen sich beispielsweise auch Erinnerungen mit Ortsbezug und Inhalt anlegen, was ohne Siri auf der Apple Watch nicht möglich ist.

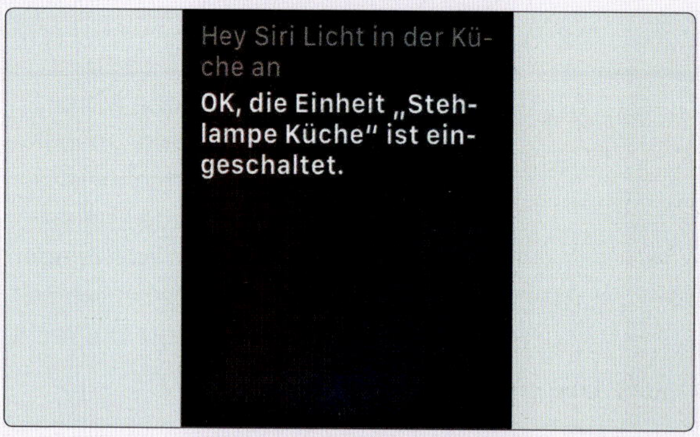

5 Homekit-Geräte mit Siri steuern

Wirklich praktisch ist Siri aber zum Steuern von Smart-Home-Geräten per Homekit. Wer im Dunkeln nach Hause kommt, kann so das Licht nur über ein Sprachkommando anschalten, ohne die Taschen aus der Hand zu legen.

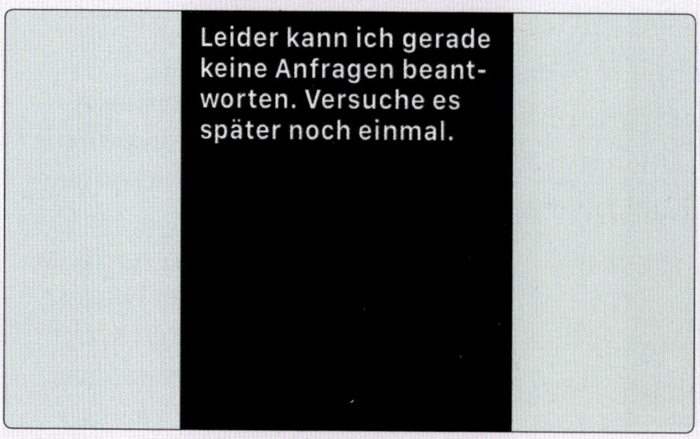

6 Siri nur mit Internet-Verbindung

Siri funktioniert nur mit Internet-Verbindung, was auf Reisen problematisch ist. Zwar werden einfache Begriffe direkt auf dem Gerät interpretiert, doch wenn Siri etwas nicht versteht, wird es an Apples Server geschickt.

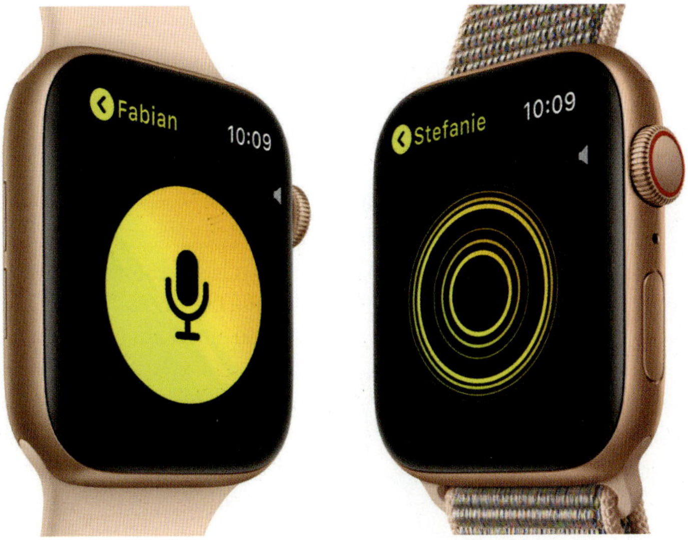

Die App Walkie Talkie simuliert die gute alte Sprechfunkverbindung, bei der wechselweise der eine redet und der andere empfängt.

Heißer Draht für Freunde

Für uns gehörte Walkie-Talkie seinerzeit zu den Favoriten unter den neuen Funktionen von watchOS 5. Die App spricht vielleicht nicht ganz so viele Anwender an wie die verbesserte Trainings- und Aktivitätsfunktionen oder die komfortablere Nutzung von Siri, aber Sie sollten sie trotzdem unbedingt mal ausprobieren.

Es macht einfach Spaß, sich bei Bedarf schnell mal über die Uhr zu unterhalten. Sie drücken aufs Display und sprechen. Sobald Sie loslassen, verschickt die Uhr die Aufnahme an den ausgewählten Empfänger. Der kann dann im Ping-Pong-Prinzip auf die gleiche Art antworten. Das ist nichts für stundenlange Gespräche, sondern eher für den schnellen Austausch von Nachrichten in der Familie oder unter guten Freunden und einen kurzen persönlichen Kontakt. Es ist einfach etwas anderes, ob man miteinander spricht oder nur eine Nachricht schreibt.

Direkte Verbindung

Walkie-Talkie funktioniert nach einem Einladungsprinzip. Ihr Gegenüber muss der Nutzung einmal zustimmen, doch dann richtet watchOS eine Art heißen Draht zwischen den Teilnehmern ein. Damit ist auch klar, dass man diese sorgfältig und in

Workshop: Sprachverbindung per Walkie-Talkie herstellen

1 Freunde zum Funken einladen

Beim ersten Start von Walkie-Talkie bietet die App an, Kontakte einzuladen. Nehmen diese an, erhalten Sie eine Mitteilung und können die Funktion anschalten. Aktive Kontakte sind gelb, eingeladene werden grau dargestellt.

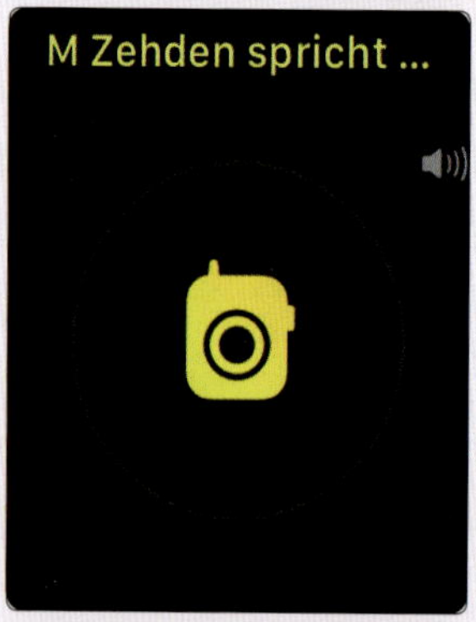

2 Konversation per Knopfdruck

Öffnen Sie einen Kontakt, prüft die App die Erreichbarkeit. Drücken Sie auf die gelbe Taste zum Sprechen. Beim Anhören des Gegenübers erscheinen Kreise. Mit der Krone können Sie die Lautstärke einstellen.

3 Eigene Verfügbarkeit steuern

Oberhalb der Liste mit den Kontakten finden Sie in der App den Schalter „Walkie-Talkie", mit dem Sie Ihre eigene Erreichbarkeit signalisieren können. Wischen Sie einen Kontakt der Liste nach links, um ihn zu entfernen.

nicht zu großer Zahl wählen sollte, sonst wird es schnell nervig, wenn dauernd jemand etwas will. Im Unterschied zu Sprachnachrichten via Whatsapp oder Nachrichten, bei denen man nie so genau weiß, wann sie abgehört werden, funktioniert Walkie-Talkie sofort. Man schickt sich schnell ein paar Sätze hin und her, fertig. Dafür müssen beide Uhren online sein, entweder über das gekoppelte iPhone, einen eigenen WLAN-Zugang der Uhr oder deren LTE-Chip.

Außer der Einladung ist keine besondere Konfiguration mehr nötig. Wollen Sie nicht gestört werden, schalten Sie Ihre Erreichbarkeit über die Walkie-Talkie-App einfach vorübergehend ab.

Das eigene Zifferblatt macht die Apple Watch individuellwr. Die Grundlage können Ihre Fotos oder auch Grafiken sein.

Zifferblätter mit eigenen Fotos

Eigentlich ist es erstaunlich, dass man sich an den vielen Zifferblättern, die sich Apple zur Uhr ausgedacht hat, irgendwann sattgesehen hat, denn schließlich lässt sich bei normalen Uhren die äußere Erscheinung überhaupt nicht verändern. Doch gegen das immer gleiche Aussehen lässt sich recht leicht etwas tun, noch dazu lässt sich die Apple Watch damit perfekt individualisieren.

Fotos als Hintergrund

Hat man unter den vielen Zifferblättern, die Apple für die Apple Watch anbietet, nichts Passendes gefunden, kann man seine eigenen Bilder als Grundlage für ein Zifferblatt nutzen. Natürlich sollten diese Bilder auf dem iPhone vorliegen und zumindest halbwegs das passende Format aufweisen. Das Display sieht man im Hochformat, und es hat ein Seitenverhältnis von etwa 4 zu 5, was bei Kameras unüblich ist. Wer also absolut sichergehen möchte, dass die Bilder auf der Uhr nicht beschnitten werden, sollte sie vorher passend bearbeiten, was auf dem iPhone passieren kann. Auf dem iPhone kann man nun ein Album mit passenden Bildern anlegen.

Anlegen von Zifferblättern

Es gibt verschiedene Möglichkeiten, Zifferblätter mit eigenen Fotos anzulegen. Zunächst einmal kann man dies sowohl auf dem iPhone als auch auf der Apple Watch selbst erledigen.

Auf dem iPhone ist es natürlich etwas bequemer und einfacher: In der Watch-App unter „Zifferblätter“ gibt es den Bereich Fotos. Hier schlägt die App einige automatisch angelegte Zifferblätter vor, die man übernehmen kann und die ähnlich wie die Rückblicke in der Fotos-App automatisch erzeugt werden. Doch man darf auch eine eigene Auswahl an Bildern als Grundlage wählen.

Vorteil iPhone

Das Anlegen der Foto-Zifferblätter auf dem iPhone hat neben der etwas einfacheren Bedienung vor allem zwei Vorteile: Zum einen lassen sich bis zu zehn Bilder pro Zifferblatt auswählen, die automatisch im Wechsel gezeigt werden. Der Wechsel findet jedes Mal, wenn man auf die Uhr blickt, oder auf einen Fingertipp hin statt. Legt man dagegen ein Foto-Zifferblatt auf der Uhr selbst an, lässt sich nur ein einziges Bild als Grundlage wählen. Das wirkt zwar ruhiger und in manchen Fällen sicher passender, doch natürlich kann man solche Zifferblätter auch auf dem iPhone anlegen, indem man nur ein einziges Foto auswählt.

Zum anderen lassen sich Bilder auf dem iPhone skalieren und optimal in den Ausschnitt einpassen, den die Apple Watch anzeigen kann. So lassen sich selbst Aufnahmen nutzen, die ein vollkommen falsches Seitenverhältnis haben. Die Auflösung der (großen) Apple Watch Series 4 und 5 liegt übrigens bei 368 mal 448 Pixeln. Die meisten Fotos übertreffen das recht deutlich und bieten somit entsprechend satte Reserven für eine Skalierung.

Natürlich lassen sich auch grafische Vorlagen für Zifferblätter nutzen. Beinahe noch besser passen aber Aufnahmen mit geringer Schärfentiefe und damit vielen unscharfen Bereichen, die mehr Tiefe suggerieren und vor denen sich Ziffern und Komplikationen noch deutlich besser abheben.

Kaleidoskop

Der Kaleidoskop-Effekt nutzt zwar Fotos als Grundlage, doch diese sind als solche kaum zu erkennen. Seinen Reiz hat er dennoch, zudem zeigt er ein analoges Zifferblatt.

Workshop: Eigene Zifferblätter auf der Watch anlegen

1 Foto-Zifferblatt auf der Uhr erstellen

Auf der Apple Watch selbst lassen sich Zifferblätter durch einen festen Druck aus der Fotos-App heraus erzeugen und basieren dann auf nur einer einzigen Aufnahme, nicht aber auf einem Album, dessen Bilder wechseln.

2 Kaleidoskop oder Foto-Zifferblatt

Man hat die Wahl zwischen einem Fotos-Zifferblatt und einem Kaleidoskop, das auf dem Foto basiert. Vom Foto selbst erkennt man dabei herzlich wenig, aber der Effekt kann je nach Vorlage durchaus reizvoll sein.

3 Foto-Zifferblatt anpassen

Alle Zifferblätter lassen sich per Force Touch anpassen. Bei Foto-Zifferblättern lassen sich Komplikationen und die Position der Uhrzeit bestimmen. Bei Foto-Zifferblättern gibt es nur die Digitalanzeige, die das Foto nur wenig verdeckt.

Workshop: Zifferblatt für die Uhr auf dem iPhone erzeugen

1 Album für Zifferblätter erzeugen

Auf dem iPhone empfiehlt es sich, in der Fotos-App eines oder mehrere Alben mit Aufnahmen für Zifferblätter anzulegen, Dabei sollte man die Bilder passend zusammenstellen und etwas ruhigerer gestaltete Bilder wählen.

2 Fotos für Zifferblatt auswählen

Im Bereich Zifferblätter finden sich unter Fotos einige nicht immer sinnvolle Vorschläge, die das iPhone selbst macht. Bevorzugt man eine eigene Auswahl, klickt man auf den Namen eines Albums - hier „Für Zifferblätter".

3 Bilder an die Apple Watch übertragen

Als Album lässt sich eines auswählen, das man bereits mit der Uhr synchronisiert hat, oder ein eigenes, das man frei auswählen darf. Die benötigten Bilder werden anschließend automatisch auf die Watch übertragen.

4 Bilder für Wechsel auswählen

Hat man ein Album ausgewählt, darf man einzelne Fotos auswählen und aus der Auswahl löschen. Bis zu zehn Bilder werden im Wechsel im Zifferblatt gezeigt. Wer nur ein Bild sehen möchte, löscht einfach alle anderen.

5 Fotos skalieren und einpassen

Jedes Bild lässt sich einzeln skalieren und in den Ausschnitt bewegen, der auf der Apple Watch gezeigt werden kann. So lassen sich auch eigentlich unpassende Bilder im Querformat nutzen, zumal die Auflösung reichen sollte.

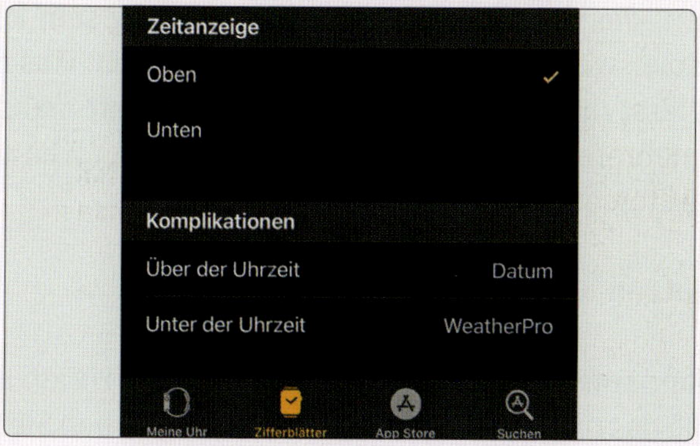

6 Optionen für Foto-Zifferblatt

Die Position der Zeitanzeige und der Inhalt der beiden Komplikationen lassen sich in den Einstellungen festlegen. Das Foto-Zifferblatt kann eine große und eine kleine Komplikation zeigen, die den Blick aufs Bild kaum verstellen.

Notruf konfigurieren

Die Apple Watch Series 4 nutzt ihren schnelleren Prozessor und ihre besseren Sensoren zur Erkennung von Stürzen, die einen Notruf auslösen können.

Vorsicht ist besser als Nachsorge. Nach diesem Motto beherrscht die Apple Watch einen Notrufmechanismus, dem die meisten Besitzer wohl wenig Beachtung schenken, der aber im Notfall dennoch sehr hilfreich sein kann. Natürlich hofft jeder, den Notruf nie benutzen zu müssen, aber man muss auch nur wenige Minuten investieren, um ihn gegebenenfalls sinnvoll einsetzen zu können.

Rufen und informieren

Die Grundidee hinter dem Notfallmechanismus ist relativ einfach: iPhone beziehungsweise Apple Watch stellen spezielle Knöpfe für das Rufen des Rettungsdienstes bereit, die man hoffentlich auch dann noch bedienen kann, wenn man normale Nummern nicht mehr unbedingt wählen kann. Der Rettungsdienst sieht beim Eintreffen wichtige Informationen für die erste Hilfe, beispielsweise zu Allergien, Vorerkrankungen oder Dauermedikationen, um effizienter helfen zu können. Und schließlich werden Angehörige automatisch benachrichtigt, und es wird ihnen auch der Standort mitgeteilt.

Einrichten in der Health-App

Zum Einrichten des Notfallpasses dient ein spezieller Bereich in der Health-App auf dem iPhone. Hier macht man einige wichtige Angaben, die vor allem für Ersthelfer wichtig sein könnten wie beispielsweise die Blutgruppe oder Allergien. Was man nicht weiß, lässt man eben weg. Außerdem definiert man hier einen oder mehrere Kontakte wie Partner, Eltern oder wen auch immer, die automatisch mit benachrichtigt werden.

Notruf absetzen

In Deutschland rufen iPhones oder Apple Watch die 112 an. Bitte probieren Sie das nicht zum Spaß aus, sondern glauben Sie uns, dass es klappt. Erst danach werden die Angehörigen benachrichtigt. Die paar Minuten Zeit zum Einrichten sind gut investiert.

Workshop: Notfallpass in der Health-App auf dem iPhone einrichten

1 Notfallpass in der Health-App anlegen

Der Notfallpass wird in einer eigenen Sektion der Health-App auf dem iPhone angelegt und auch auf die Uhr übertragen. Die Informationen kommen dann zum Tragen, wenn man sie womöglich nicht mehr persönlich geben kann.

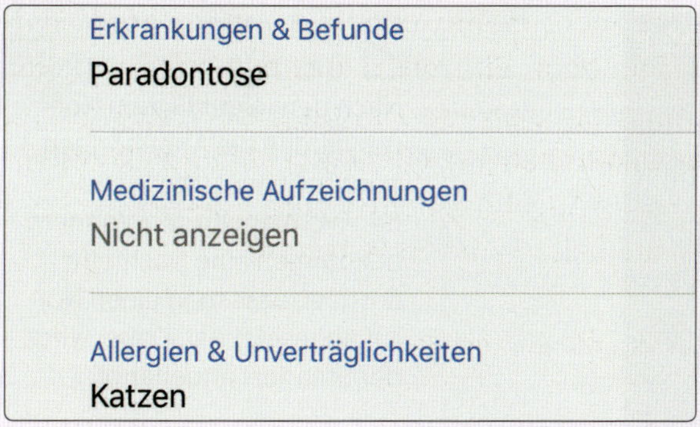

2 Vorerkrankungen dokumentieren

Wenn die Informationen Ersthelfern etwas nutzen sollen, müssen sie einerseits akkurat, andererseits so knapp wie möglich gehalten sein. Beim Ausfüllen sollte man ruhig ernsthafter als in diesem Beispiel sein.

3 Notfallkontakte angeben

Zusätzlich zum Rettungsdienst werden auch Angehörige, Ehepartner oder Freunde per SMS oder iMessage benachrichtigt, die man extra angeben kann. Diese bekommen auch eine Standortnachricht gesendet.

Workshop: SOS-Meldung absetzen und Notfall erklären

1 Notruf mit der Apple Watch absetzen

Ein längerer Druck auf die Seitentaste bringt die Wahl zwischen Ausschalten, Anzeige des Notfallpasses und Notruf hervor. Den eigentlichen Notruf setzt die Apple Watch über das iPhone ab, wenn es mit der Uhr verbunden ist.

2 Notfallkontakte benachrichtigen

Nach dem eigentlichen Notruf werden die Angehörigen benachrichtigt. Diese werden nicht angerufen, sondern bekommen eine Nachricht darüber, dass man einen Notruf abgesetzt hat. Dabei wird der Standort angehängt.

3 Notfallpass wird angezeigt

Der Notfallpass enthält die wichtigsten Infos für die Ersthelfer. Sollte man bis zum Eintreffen das Bewusstsein verloren haben, ist er auch deren einzige Informationsquelle. Das Wichtigste sollte also auf einen Blick zu sehen sein.